金税红霞

老一辈税务人好家风故事集

国家税务总局离退休干部局　编

中国税务出版社

图书在版编目（CIP）数据

金税红霞：老一辈税务人好家风故事集 / 国家税务总局离退休干部局编. -- 北京：中国税务出版社，2023.12
ISBN 978-7-5678-1425-7

Ⅰ. ①金… Ⅱ. ①国… Ⅲ. ①家庭道德—中国—通俗读物 Ⅳ. ① B823.1-49

中国国家版本馆 CIP 数据核字（2023）第 234192 号

书　　名：金税红霞——老一辈税务人好家风故事集
JINSHUIHONGXIA——LAOYIBEI SHUIWUREN HAOJIAFENG GUSHIJI
作　　者：国家税务总局离退休干部局　编
责任编辑：庞　博　张大卫
责任校对：姚浩晴
技术设计：林立志
出版发行：中国税务出版社
北京市丰台区广安路 9 号国投财富广场 1 号楼 11 层
邮政编码：100055
网址：https：// www.taxation.cn
投稿：https：// www.taxation.cn/qt/zztg
发行中心电话：（010）83362083/85/86
传真：（010）83362047/49
经　　销：各地新华书店
印　　刷：天津嘉恒印务有限公司
规　　格：787 毫米 ×1092 毫米　1/16
印　　张：24
字　　数：334000 字
版　　次：2023 年 12 月第 1 版　2023 年 12 月第 1 次印刷
书　　号：ISBN 978-7-5678-1425-7
定　　价：75.00 元

本书编委会

主　　编：杨培峰

副 主 编：王立斌　刘炜杰

编　　委：田　鑫　董继业　马振海　刘守功
包清泉　刘卫峰　于　洋　李兴伟
李俊强　刘伯羽　劳晓峰　倪廷辉
林茂椿　李德平　宋永信　丁校伟
何小平　彭友山　伍关兴　李　辉
何云高　徐德中　曾　键　何大状
杨边边　刘　刚　刘　峰　向　宇
于晓绚　贺满国　闫　勇　梁维忠
陈伟岳　张祖康　史育红　杨　庆
李文涛　林　岗　林仕华　礼恩龙
王晓玲　蒋　倩　唐千红　杨永军
程　青　卢　云　陶　健

编写组成员：	廉　清	朱　宁	朱　红	赵　杰
	郭　霏	王红兵	张　水	孙天松
	郑　瑜	郭筱桐	王水娟	汪文贵
	王合作	程柏英	许本虎	郑世同
	闫荣斌	鲁洪凯	林　莹	周友军
	陈创文	陈晓桦	廖　亮	王春海
	李　莉	秀　扎	杨卫红	张文举
	张丕青	马东波	李振明	金　岩
	陈　晔	胡胜望	毕　爽	张贤修
	闻　明	马鲁港	陆裕灿	张明江
	苍　红	吴东炜	周　芳	徐寰彤
	彭　玲	周志萍	朱永涛	王国武
	牟国玺	傅海虹	邹　运	刘春艳
	林明杰	夏铭泽	贾文凯	刘慧东
	闫映旭	李亚菲	孙政伟	路　将
	谢　刚	王文军		

总　　纂： 张林海　许　艾

前言

“天下之本在国，国之本在家”。党的十八大以来，习近平总书记对家庭家教家风建设有许多重要论述。千千万万个家庭的家风好，子女教育得好，社会风气好才有基础。

2022 年，中共中央办公厅印发《关于加强新时代离退休干部党的建设工作的意见》，税务总局党委制发《关于加强新时代税务系统离退休干部党的建设工作的若干措施》，都对组织引导离退休干部党员在家庭和社会教育中发挥言传身教作用、弘扬红色家风、传承中华民族传统美德提出明确要求。为此，税务总局离退休干部局以“老有所守传家风　金税红霞助成长”为主题，在税务系统老干部群体中开展家庭家教家风宣传教育活动。

涓滴细流终成海，寻常小事润家国。此次活动通过深入挖掘、广泛宣传税务系统老干部的优良家风，从不同年代、不同背景、不同身份、不同关系、不同角度、不同侧面的生动事迹，反映老一辈税务人坚守从税初心、永葆政治本色的坚定信念，体现老一辈税务人传承好传统、传播正能量的火热情怀，展现老一辈税务人修身守正“立家风”、崇德齐家“润家风”、身体力行“传家风”的风貌风范。在这些“最美家庭”事迹、感人家书中，有一心为党、勇往直前的奋斗者，有坚守底色、世代传续的传承者，有风雨同舟、守望相助的同行者，有孝亲敬老、无怨无悔的守护者，有热衷公益、大爱天下的传播者，有以廉为底、以洁为要的捍卫者，有保护生态、绿色低碳的推动者……他们用自己质朴的生活和纯真的感情，写就了一个个优良家风鲜为人知的“最美家庭”事迹，绘就了一幅幅沧桑温情交相辉映的立体画卷，汇就了新时代税收现代化建设的“银发力量”。本书选取部分老干部的“最美家庭”事迹、感人家书编辑成册，以飨读者。为真实呈现家书中蕴含的感人情怀，在编辑时尽量保持家书的“原汁原味”，未做大幅修改。

征程未有穷途期，奋进永无止步时。新时代税收现代化事业需要一代又一代税务人勇于担当、薪火相传，善于作为、接续奋斗，甘于奉献、继优承卓。希望读者能从一个个“最美形象”、一帧帧“最美画面”中找准方向、汲取力量，笃行修身、奋勉齐家，共同营造爱党爱国爱税、相亲相爱相帮、向上向善向好的家庭文明新风尚，以实际行动为税收现代化更好服务中国式现代化作出应有贡献。

因时间仓促、水平有限，如有不妥之处，请读者批评指正。

编者

2023 年 10 月

目录

上篇

“最美家庭”事迹

下篇
感人家书

上篇

『最美家庭』事迹

母亲的教诲让我受益终身

国家税务总局机关退休干部陈明“最美家庭”事迹

陈明，75 岁，国家税务总局机关退休干部。她敬老孝亲、热心公益，其家庭被税务总局机关评为“五好家庭”。她是税务总局老干部合唱团成员，多次被评为“优秀党务工作者”“优秀共产党员”。

陈明的母亲是一名人民教师，也是一名共产党员。老人一贯严于律己、宽以待人。母亲留给陈明最宝贵的遗产、使她受益终身的，就是懂得理解和尊重。无论职位高低，都要发自内心地尊重他人，学习他人的长处，尽自己所能帮助解决他人的困难。

陈明 4 岁那年，父母同时被派到外地工作，家里请了一位保姆照顾她。保姆的孩子和丈夫都去世了，孤身一人，后来就一直留在了陈明家。母亲常对陈明说，保姆只是一项工作，没有身份之别，你要学会尊重她。如果陈明对保姆发脾气或说了难听的话，母亲总会严厉地批评她，直到她认错道歉为止。久而久之，陈明懂得了尊重的意义。

因为尊重，陈明和没有血缘的保姆处成了一家人。“文革”期间，父母被关在单位，家里只剩下陈明和年幼的妹妹，保姆主动支撑起这个家，给了父母极大的安慰。后来，保姆岁数大了，陈明一家全力照顾她，给她看病吃药，让她安享晚年。保姆 90 岁时，陈明又请了一位年轻保姆照顾她，直到

94岁为她送终。

因为这种尊老爱幼的家风，陈明的独生女儿从小就知道，有了好吃的东西，第一个给太姥姥，就是陈明家年迈的保姆，第二是姥姥、姥爷，然后才轮到陈明。后来有了小外孙，陈明和女儿在如何教育孩子的问题上有过观念上的冲突。陈明主动从网上、书上学习新知识，和女儿心平气和地讨论。慢慢地，陈明发现新的教育理念的确更有利于孩子适应如今飞速发展的时代，于是就把传统文化、传统教育与新的理念结合起来讲给女儿听，女儿也愿意接受，这样矛盾很快就解决了。

陈明家还有一个规矩，就是遇事不冲动、不计较、不抱怨，只思考解决问题的办法。陈明的父母80岁以后患有很多老年病，每个月都要去医院取药，还要经常送急诊或住院。女儿上大二时患了局限性硬皮病，每个月都得去协和医院看病。后来，陈明又手术置换全髋关节，拄双拐达8个月。前前后后碰到这么多事，很容易让人着急。

在陈明最困难的时候，领导和同事给了她莫大的支持和安慰。陈明也迅速调整自己，用笑容和信心来安慰亲人们。那些年，为了照顾父母，陈明的年休假都用来取药或陪床。有时，陈明白天在医院，晚上照顾完老人后再继续加班。女儿大学毕业后当了老师，为了方便看病的同时又不影响女儿工作，陈明总是早上6点去医院挂号，等女儿上完课再去看病，这样坚持了多年。重压之下，家里没有过指责和争吵，仍然和谐融洽。

退休以后，陈明先后担任税务总局原老干办党委委员和所在党支部书记，做了10年支部工作。支部里老同志多，参加活动的积极性都很高，支部每年组织一次外出参观，陈明都主动为老同志们拍照留念，有微信的同志陈明就给他们传电子版，没有手机的老同志，陈明就把照片洗出来送给他们。

在祖国日新月异、科技飞速发展的时代，只有不断学习才能不脱离社会。为此，陈明还参加了税务总局老干部合唱团、手机智能班和手机摄影班，让自己更加充实。陈明表示，愿意发挥一名老党员的余热，不忘初心，为党和国家的事业增添更多的正能量。

让火种不停燃烧的人

国家税务总局北京市平谷区税务局退休干部 王世福“最美家庭”事迹

“人生不是一支短短的蜡烛，而是一支暂时由我们拿着的火炬。我们一定要把它燃得十分光明灿烂，然后交给下一代的人们”。萧伯纳这句名言恰如其分地诠释了国家税务总局北京市平谷区税务局退休老干部王世福注重革命传统教育、传承优良家风的事迹。

王世福，男，1947 年生，1968 年入伍，服役于烟台海军机场，在部队入党，荣获嘉奖 6 次、师级先进个人 1 次，1986 年转业到地方，先后在平谷区财政局、平谷区地税局工作，曾获全国先进个人、北京地税系统二等功、北京市政府先进个人、北京市财政局先进个人、平谷区政府先进个人、北京市地税系统先进个人等荣誉。退休后，他始终坚持以党员的身份严格要求自己，加强理论学习，坚定理想信念，不忘初心使命，发挥先锋模范作用，退休不褪色，团结带领退休党员积极发挥余热，展示了一名老党员对党的忠诚与热爱，而他对党的忠诚与热爱正是源自于父母的传承。

继承 · 父母点燃的火种

平谷鱼子山曾是抗日根据地，八路军在此设置伤员安置点，王世福的父亲王庆先、母亲刘秀贤的家位于深山沟里最高、最远的地方，那里仅有几户人家居住，因此也成为隐藏伤员最隐秘的地方。1940 年起至抗战结束，数十名八路军伤病员在这里养过伤，老两口腾出自己的卧房、烧暖火炕，确保伤员住得更舒适，而自己却住进八面透风的草棚；食不果腹的年代他们也要从自己的口中省出口粮确保伤员吃得上粮食，而自己上山找野菜、野果充饥；因为药品匮乏，他们攀越陡峭的大山采挖草药为伤员疗伤。他们不仅精心救治伤员，在危急时刻，甚至勇于用牺牲自我的代价来保护伤员。一次因发现敌情较晚，鬼子距离伤员隐藏点已经很近了，为了不暴露伤员，王庆先急中生智，撒腿向山上跑，边跑边喊："鬼子来了，快跑啊！"鬼子被他引到了悬崖边上，为了不被鬼子抓到，他跳下悬崖，鬼子朝崖下放了一阵乱枪，以为他活不成了就收了队。他侥幸被山下的藤蔓接住，后被邻村放羊人救下才幸免于难。而他被救下后急忙连瘸带拐地赶往伤员藏身处，因为只有他知道地点，若不及时赶到，伤员会因无粮无水而出现生命危险。还有一次，鬼子坚壁清野，划定无人区，将村民集中到离村 10 余里靠近鬼子据点的一个破庙里。他只能趁着夜深人静，带上干粮、草药，穿过庄稼地，翻过大山，为伤员送去补给，天亮前再赶回来。在一次返回途中，王庆先被鬼子的巡逻队抓到，鬼子盘问他是不是去给山里的八路送信的，他说吃不饱到山上摘野果子充饥，鬼子不信把他吊在树上毒打，并架起火来烧他。下身被烧焦、血肉模糊的他直至昏死过去也没透露伤员的半点信息。鬼子以为他死了，才把他丢到地上。醒来后他强忍剧痛爬回破庙，自此落下终身残疾，照顾伤员、送给养的任务就落到了妻子刘秀贤的身上，并一直坚持到抗战胜利。

为了救治养护伤员，王庆先夫妇几乎是倾其所有，甚至差点搭上性命，当后来被问及这样做是否值得时，两位老人说："共产党救我们出水火，为了我们过上好日子不怕掉脑袋，不怕流鲜血，我们只是做了自己应该做的。"解放后，他们也没有因为给国家做出过贡献而向国家提过任何要求，而是继续埋头大山，日出而作、日落而息，教育孩子们听党话，多为国家做贡献。

发扬·让火种不停燃烧

王世福为有这样优秀的父母感到自豪，父母热爱党，只讲奉献、不求索取的精神也在他的成长中得到继承和发扬。青年时代他积极参军入伍，18 年军旅生涯，坚决听党指挥服从命令，吃苦在前享受在后。他响应毛主席“深挖洞，广积粮”的号召，在白天完成作训任务极度疲惫的情况下，晚上瞒着领导和战友，结合地道战的原理坚持去挖备战洞，得到上级领导的充分肯定，所在部队因此被评为师级先进战备单位。在分管后勤管理工作后，他注重细节、严格管理、杜绝浪费，并形成较大的结余，在全军评比中多次受到表彰。在部队期间，王世福先后得到 6 次嘉奖，1 次被评为师级先进个人。

转业地方后，他先后在财政、税务部门工作。负责财政监察工作期间，为掌握教育经费的分配使用情况，王世福骑着自行车在不到半年的时间里走遍了全区所有的学校，风餐露宿，饿了啃干粮，渴了喝山泉水，终于彻底摸清了经费的运行情况、存在问题以及需要提高改进的方面；负责财政审计和三查办（财务、税收、物价）工作期间，他每年都顶着各方压力，查出上千万跑冒滴漏的财税资金，为国家挽回巨大的经济损失；负责办公楼基建和办公室工作期间，他坚持原则，拒绝吃请和关系人的贿赂，始终做到清正廉洁；负责税务监察工作期间，他真抓实干、不断创新，在税务系统中首倡政务公开，形成不能腐、不敢腐的震慑，做法被中纪委采纳，并在全国各行政单位推广。工作期间被评为全国先进个人 1 次，荣立北京地税系统二等功 1 次，市、区级先进个人 9 次。

传承·让火种持久不熄

退休后，王世福积极响应习近平总书记的号召，在继续发挥余热、奉献社会的同时，注重家风及革命传统的传承。他将父母在抗战时期舍生忘死掩护救助八路军伤员的事迹撰写成回忆录，时常向女儿、外孙女进行革命传统和家风的传承教育。每年清明，他都带领全家人到鱼子山抗日战争纪念馆、父母的坟前开展祭奠活动，教育后代向为新中国的建立抛头颅、洒热血、敢于牺牲、英勇无畏的老一辈学习；他积极参加党史学习教育，组织一家人共同学习党史，学习伟大建党精神等中国共产党人精神谱系，继承前辈宝贵的精神财富，向为国家建设努力工作、任劳任怨、默默奉献的各行各业的劳动模范学习。在他的培养教诲下，女儿积极要求进步，在校期间便加入中国共产党，毕业后成为平谷区医院眼科的骨干医生，工作兢兢业业、认真服务广大患者，多篇学术报告在专业领域发表，精湛的医术让众多患者重见光明；在他的培养教诲下，外孙女在所在年级第一批加入了共产主义青年团，学习成绩一直名列前茅，高考考取了理想的大学。“姥爷您放心，请党放心、强国有我，我们这一代一定会跑好我们接过的这一棒，为实现第二个百年目标跑出我们这一代的加速度，做出我们这一代新贡献。”在他的培养教诲下，全家都养成了勤俭节约的好习惯，一家人从不在衣食住行方面铺张浪费，俭以养德成为全家的共识。王世福不仅在家庭中传承家风和革命传统，在单位安排的入职教育活动中曾多次对青年税务干部进行革命传统教育，发挥了以老带新的“传帮带”作用，让宝贵的革命精神接续传承。他撰写的《八路军伤员在我家》《为革命落下残疾的父亲》《我是一名老环卫》等文章先后在《绿谷》《北京老干部》《家风的故事》等刊物发表，为传承家风和革命传统发挥了积极作用。

传承优良家风　共建美好家庭

国家税务总局北京市石景山区税务局退休干部 张国良“最美家庭”事迹

习近平总书记指出，家庭是社会的细胞。家庭和睦则社会安定，家庭幸福则社会祥和，家庭文明则社会文明。有这样一个幸福的三口之家，夫妻恩爱、敬业爱岗、热心公益，儿子投身军营、报效祖国、青春无悔，他们用生活中的点点滴滴勾勒出“最美家庭”的模样。

爱岗敬业，并肩前行

张国良，石景山区税务局退休干部，退休前一天仍坚守在税收管理员的岗位上服务纳税人。妻子刘季佳，首钢工学院继续教育学院老师，深耕三尺讲台 36 载。夫妻二人干一行爱一行，工作上兢兢业业，彼此支持，携手共进。

2018 年，面对国税地税征管体制改革带来的新形势、新挑战，已经 57 岁的张国良克服年龄偏大、患有高血压（3 级、极高危）、冠心病、重度睡眠呼吸暂停综合征等疾病的不利因素，依然坚守在税收征管一线，多次牵头完成北京市税务局督办的核查、风控工作和上级交办的各项急难险重任务。他还将多年从事税收工作积累的宝贵经验无私地传授给年轻干部，为税务人才培养提供有力支持。“对税收工作有着高度的使命感、责任感、荣誉感”是同事对张国良这位老同志的高度评价。从税近 40 年，张国良多次获得嘉奖，荣立个人三等功。

一心扑在工作上的张国良也得到了妻子刘季佳的鼎力支持。刘老师在首钢工学院讲授中文、财务会计课程，当张国良在工作中遇到财会方面的问题，刘老师就会及时提供帮助。刘老师还曾利用课余时间，到税务所给干部们讲授会计知识。每当新的税收政策出台，张国良也会第一时间和刘老师分享，方便她更快掌握新的专业知识，更好完成教学任务，把最新的财税知识传授给学生们。

有了丈夫的支持，刘季佳以更加饱满的热情投入到教学当中。在学生眼里，刘老师和蔼可亲、诲人不倦，是可敬可爱的良师益友；在同事心中，刘老师孜孜不倦、尽职尽责，任教 36 年来，忠于党的教育事业，是桃李满门的辛勤园丁。夫妻二人生活和睦，工作上彼此支持，相濡以沫携手走过了 32 个年头。

热心公益，妇唱夫随

2021 年 3 月 22 日晚，河北卫视“中华好家风”栏目报道了共产党员刘季佳老师扶贫支教的事迹，此时刘老师已经在河北省涞水县东明义乡西官庄村做了 3 年支教老师。

2018 年，刘季佳获知相识多年的严敏文老师（78 岁的“支教奶奶”）在西官庄村开办扶贫“小课桌”义务支教后，深受感动。作为一名共产党员、曾经的高中语文教师，她不顾身患高血压、糖尿病等疾病，不辞路途辛劳、义无反顾地参与到扶贫“小课桌”支教队伍中。扶贫“小课桌”一般设在周六及节假日，主要面向西官庄村 1 ～ 8 年级的学生，提供答疑解难和学习辅导机会，最多的时候有 27 个孩子同时在教室里学习。为了激发和培养学生的学习兴趣，刘季佳老师提前备课，搜集大量资料和视频，利用多媒体设备教学……她将爱心和真情奉献给了西官庄的学生们，学生的成绩有了明显提高，多名学生考上了涞水县重点中学。

对于妻子的支教工作，张国良虽然担心爱人的身体吃不消，但依然无怨无悔地用实际行动全力支持。妻子每次去西官庄村支教，张国良就充当司机，开车往返200多公里，无论刮风下雨、天黑路滑，都是前一天晚上到达，保证第二天一早准时开课。刘老师讲课的时候，张国良就自费给支教老师们买菜、做饭，甚至做起了维修工，购买工具、材料，维修校舍、疏通卫生间管道等。夫妻二人还经常为“小课桌”的孩子们筹集经费、购买食品、捐赠图书、捐助学习用品，还捐赠了10余套课桌椅。当问起夫妻二人为何乐此不疲一干就是这么多年，张国良说，自己只是做了力所能及的事，能为社会做点事，心里很自豪。刘老师则表示，在扶贫支教志愿活动中，既感受到了劳动和奉献的快乐，又深深为自己作为人民教师而自豪和骄傲。支教一次，自教一生，未来还会继续前行。

弘扬美德，传承家风

张国良夫妇相濡以沫，风雨同舟，始终相亲相爱。他们对事业、家人和生活的热爱也影响着下一代。热爱祖国、甘于奉献、尊老爱幼、勤奋好学、热心助人等优秀的品德如春风化雨般注入了孩子心田。

在夫妻二人的悉心培养下，儿子张宏泽成长为一名优秀军人，在酒泉卫星发射中心任上尉军官。2018年，张宏泽被评为基地新兵团新训工作优秀基层干部，2019年荣获基地技术改造项目科技进步个人一等奖（军级），被评为2019年度基地军事职业教育先进个人，2020年荣立个人三等功。

对于妈妈的支教工作，张宏泽也是全力支持，还发动自己的同学、朋友们为“小课桌”的孩子们捐赠图书和学习用品，为孩子们提供力所能及的帮助。在传递爱心的同时，张宏泽表示，自己为父母自豪，在这样的家庭里成长是一种幸运和幸福。作为一名军人，既要传承好家风，更要发扬好部队的优良作风，努力工作、不断磨练自己，不负党和国家赋予的光荣使命。

家庭是社会的基石，是人生的港湾，张国良一家用实际行动诠释着最美家庭的深刻内涵，让我们感受到了“最美家庭”催人奋进的力量！

金税红霞映初心

国家税务总局天津市北辰区税务局退休干部陈立军“最美家庭”事迹

陈立军是国家税务总局天津市北辰区税务局刚退休不久的一名干部。他几十年如一日，积极践行社会主义核心价值观，争做一名合格的税务工作者。在单位，他爱岗敬业，扎实工作，无私奉献，圆满完成工作任务，多次被评为先进工作者；在家里，他努力做一名好丈夫、好父亲。无论遇到多少挫折，承受多大打击，他始终如一，用一颗金子般的爱心，默默付出，获得了邻里的赞誉，陈立军一家先后获评北辰“最美家庭”、北辰“文明家庭”、天津市“最美家庭”。

爱岗敬业　乐于奉献

陈立军，1979 年参加工作。他几十年如一日，在平凡的工作岗位上做出了不平凡的业绩。

纳税服务工作直接面向纳税人，事项繁杂，尤其是面对文化程度参差不齐的个体工商户，考验的不仅是业务能力，更是人的耐心。陈立军在个体管理岗位一干就是二十余年。面对同期进入单位的同事们一个个提职、晋升，或者调动到比较清闲的岗位，他从不放到心上，仍一心投入工作，任劳任怨，兢兢业业，只要工作需要，加班加点是家常便饭。坚守岗位，认真学习，扎实工作，也使他成为税收工作的“行家里手”。同事们在工作中遇到困难和问题，他会毫无保留积极施予援手，主动帮助解决。多年来，他养成了见困难就上，见第一就争，见红旗就扛的良好作风。而在荣誉面前，他又总是想着同事，坚持把荣誉让给同事。

关爱家人　家庭和睦

“学会理解和包容，要懂得感恩，每一个人都不容易。”这是陈立军感悟最深的一句话。在家庭中，在家庭中他默默奉献与坚守，使得家里总是充满温暖与笑声。

2005 年，陈立军的妻子和女儿在一次车祸中都受了伤，女儿当时尚未成年，大腿骨折并进行了手术，手术后逐渐康复。妻子虽然经过及时抢救保住了性命，但中枢神经不幸损伤，生活基本不能自理，智力也退化到四五岁孩童的水平。陈立军为了帮助妻子恢复健康，四处打听，求医问药，但收效甚微。可他从不放弃，坚持把照顾妻子、抚育女儿的重担扛在肩上。十七年如一日，天天给妻子按摩、喂药，洗头、洗脚。由于妻子行动不便，加之大小便失禁，经常会弄脏衣物和被褥，可他从来没有嫌弃过，总是给她换洗得干干净净。为使妻子生活得舒心，他隔三差五就做一些妻子喜欢吃的菜肴。为防止妻子在床上孤单寂寞，只要有空，他就会给妻子和女儿讲笑话，把妻子和女儿逗得哈哈大笑。

灾难虽不幸，但它却无法打倒坚强的一家人。陈立军带着一颗善解人意的心，以吃苦耐劳的精神和热爱家庭的坚守，把这个家庭打理得井井有条。2022 年 4 月，陈立军的爱人因长期卧床心衰过世。伤心过后，日子总还是要继续过下去。陈立军打起精神，让女儿看到了父亲的坚韧。

言传身教　育子有方

在单位，陈立军是踏踏实实工作的好干部；在家中，陈立军是坚强乐观的好丈夫，更是言传身教的好父亲。他不仅注重女儿的学习成绩，更注重培养孩子独立生活的能力以及广泛的兴趣爱好，时时关心孩子沿着正道走，勉励女儿刻苦学习，礼貌待人。

“笨鸟先飞早入林”“书山有路勤为径，学海无涯苦作舟”这些励志名句，他时不时地向孩子言传身教。都说父母是孩子最好的老师，女儿在他的耳濡目染下，从小就非常懂事，乐观向上。如今，陈立军的女儿本科毕业已经走上了工作岗位，拿到的第一笔工资就为他买了一双厚实的棉鞋，一句“爸爸，你这么多年辛苦了”让陈立军感到无比幸福和宽慰。

陈立军在生活中也助人为乐，与邻里相处得非常融洽。他经常帮助亲戚、邻居做一些力所能及的事情。有一次，楼内邻居家里漏水，渗到了楼下，而邻居家里又没人，陈立军千方百计想办法，打了很多个电话，终于找到邻居开了门，还帮忙拖地排水，避免造成更大的损失。有人说：“你为邻居亲朋何必那么辛苦呢！”他却有自己的想法：大家都是街坊邻居，谁家能没有个事，互相帮帮就会处成兄弟，就会睦邻友好。

余辉映旗献丹心　心齐和家满温暖

国家税务总局天津市税务局第二稽查局退休干部张广泰、李如意“最美家庭”事迹

国家税务总局天津市税务局第二稽查局退休干部张广泰、李如意夫妇都是1977年国家恢复高考后的首届大学生，1982年2月于天津市财经大学（原天津市财经学院）毕业，同年又一起进入天津市财政税务系统工作。

真诚相待　弘扬家庭美德

家就是社会的每一个细胞，拥有强健活力发挥正能量的每一个细胞，才会有强盛社会。家是一份职责，家是彼此的真诚相待，家是温暖的港湾。尊重是家庭的灵魂，互爱是和谐的基础。李如意、张广泰于1984年组成家庭。多年来他们相濡以沫，携手比肩。生活上，他们互相关心照顾；事业上，他们互相激励鞭策，同心协力，营造了良好的家庭氛围，取得了令人羡慕的成绩。两个人作为1977年的首届大学生，1982年2月于天津财经大学（天津财经学院）毕业，同年一起进入了天津市财政税务系统工作。两人组建家庭后，在各自岗位上取得了一定成绩，多年被评为优秀公务员，在2001年被市财政局评为五好家庭。他们双方的家庭都是一个大家庭，兄弟姐妹很多，但是生活中总是多为他人考虑，兄弟姐妹之间谁有困难都互相帮助，相互之间相处和睦。古训有言：百善孝为先，孝敬父母是中华民族的传统美德，孝亲敬老是营造幸福家庭的基石。在对待长辈方面，夫妻始终坚持对长辈嘘寒问暖，关心他们的生活起居。李如意爱人的父母在他们夫妻二人的精心照料下，幸福地走完了人生。李如意已经65岁了，她的母亲如今已是88岁的高龄了，她每个星期都要去两三次，与弟弟妹妹轮流孝敬照顾老人。由于老人年龄较大了，饮食需要格外注意，于是张广泰经常想方设法变着花样地给老人做各种营养餐。“家有一老，如有一宝，照顾好老人是我们应尽的责任。”张广泰经常这样说。

政治坚定　筑牢理想信念

退休后，夫妻二人继续按照党的要求，认真学习党的方针政策和习近平总书记的重要讲话精神，关心国家大事，坚持每日看新闻联播，做到在政治上清醒。李如意在担任第二稽查局离退休党支部书记期间，认真履职尽责，以高度的政治自觉，带领支部全体党员积极贯彻落实市局及区局各项部署要求，推动支部党建工作不断前进。她时刻不忘自己是一名共产党员，不论在任何时候，都严格按共产党员的标准要求自己。她是社区好居民，严格遵守居委会各项管理规定，在疫情防控方面积极配合社区工作，主动接种疫苗，及时参与核酸检测并提醒邻居参加检测。每逢有人问她怎么总是看见她参加志愿服务的身影，她常常回答道“我是共产党员”。温暖他人就是温暖自己，她是这样说，也是这样做的。2018年国庆节期间，夫妻二人来到稻城亚丁一个藏族小镇上，这是一个中外游客较多的地方，小镇上家家户户窗户上贴着五星红旗，作为一个中国人、一名共产党人，她的内心感到了强烈的自豪感。突然她发现小镇有一家餐厅窗户的五星红旗贴倒了，于是夫妻二人马上来到这家餐厅进行交涉，要求把贴倒了的国旗更正过来，但是餐厅却不予理睬。同行的人劝他们不要多事，但是他们觉得这不是小事，《中华人民共和国国旗法》要严格执行，要是让不怀好意的人看到，可能会造成政治事件。由于人生地不熟，再次与餐厅进行交涉却还是无果，但他们没有放弃。他们想，在这里有党，有党领导下的政府，就一定能够把问题解决。于是夫妻二人放弃了参观游览，寻找到了当地的镇政府的负责人，向他反映餐厅五星红旗贴倒了的情况，指出问题的严重性和有可能造成严重政治影响的后果，引起了镇政府的高度重视，立即派人对饭店情况进行了了解并进行了相应的处理。当他们再次返回那条街看到每个房屋包括那个餐厅的窗户都端端正正贴着庄严的五星红旗时，他们的眼睛湿润了。

全心投入　重视品德教育

俗话说：父之爱子，教以义方。夫妻二人说：“要求孩子做到的自己首先要做到。”他们在工作和学习中严格要求自己，给孩子做榜样。在他们的言传身教下，孩子在潜移默化中受到了良好的家庭教育。他们要求女儿从小要自立自强。女儿工作拿到第一份工资后就捐给了慈善机构，在工作上努力认真，工作能力和态度得到了领导肯定。疫情防控期间，女儿在医院经常加班和值班，女婿积极报名下沉社区协助做好疫情防控工作，很好地处理了工作与家庭关系。在他们的耳濡目染下，女儿孝敬父母、孝敬公婆，也经常去看望年事已高的外祖母，小家庭也很幸福和睦。

常言道：“父之笃，兄弟睦，夫妻和，家之肥也。”和睦的家庭能给每一个家庭成员带来温暖，带来智慧，带来前进的力量。李如意、张广泰同志的家庭就是一个这样的和睦家庭，夫妇两人相濡以沫、风雨同舟，一同克服了工作和生活中的种种困难，夫妻俩用自己的真诚、善良和孝心换来了家庭的美满和幸福。一个小家的和谐会带动更多的小家和谐美满，亿万个和谐的小家加起来就是一个和谐的中国。

忠厚传家远　云翔霞相随

国家税务总局孟村回族自治县税务局退休干部李忠云“最美家庭”事迹

俗话说，忠厚传家远，家和万事兴。家就是根，永远是叶的归宿，家是彼此真诚相待、温暖的港湾……在孟村县，提起李忠云家，周围的老老少少无不竖起大拇指。这个平凡的大家庭用生活中的点点滴滴诠释着家与爱的真谛，展现着平凡日子里的烟火人生。

家长自律，以严谨树家风

退休之前，李忠云是沧州市孟村回族自治县原地税局的第一任局长，带领第一代地税人走过了一穷二白的艰苦创业时代，在孟村县享有较高的威望和声誉。

在领导岗位上时，李忠云始终忠实地捍卫政治纪律和政治规矩，一针一线不取于公，一丝一毫一末不取于民，真正做到了清清白白做人、干干净净当官。退休后，他虽然卸下了职务、褪去了光环，但依然时刻以一名共产党员的标准严格要求自己，无论在社会上还是家庭中都积极发挥余热。李忠云特别爱学习，退休后更是不断用理论知识充实自己，用过硬的思想基础和理论知识引领整个家庭和睦相处、积极进取。

退休后，李忠云生活非常自律，他每天坚持规律作息和锻炼，科学养生、乐观生活，他说：“只有身体好了，才能担起家庭的责任。”

他坚持每天把家打扫得干干净净，一尘不染，他说：“一屋不扫，何以扫天下？”每天主动帮老伴买菜做饭，接送一对聪慧的双胞胎小孙女，夫妻俩同心合力侍候近百岁的老母亲……老两口相敬如宾、夫唱妇随，他用严格自律、率先垂范，培树了严谨的家风，其乐融融、和睦温馨的四世同堂大家庭成为当地邻里的“美谈”。

李忠云称自己的家庭为“法治家庭”，因为妻子和女儿都是司法干部，儿子继承他的衣钵，从事税收工作，儿媳是电视台法制栏目主持人，一家人都是共产党员、公职人员。作为这样一个特殊家庭的大家长，他特别定下了“敬畏、孝和、容让、勤廉”的八字家风。他解释为，敬领导、畏法律、守公德；孝长辈、和夫妻、育子女；容误会、容批评、容过错；勤学习、勤付出、不贪占。对于这些规矩，他自己更是以身作则，言传身教。

在优良家风的影响下，儿子、女儿的小家庭也和和睦睦、恩恩爱爱，他们分别在各自的工作岗位上兢兢业业、尽职尽责，儿子、儿媳、女儿、女婿都是单位的中坚力量，各自发挥着自己的聪明才智。

每当家庭成员在节假日团聚的时候，李忠云便与家人共同对近段时间在工作生活中取得的成绩、遇到的问题进行沟通总结，对下一步的工作和生活进行规划，并检验家风落实情况。用他的话说：“让年轻人生活有目标，日子有奔头就需要规划。事业成功，家风传承就得检验落实”。

李忠云每每回忆起自己的从税历程，总是感慨万千：刚参加工作时，骑上一辆自制的“铁驴”自行车走村串户收税，每天自带干粮，无论下乡到哪个大队或农家，要壶热水喝就是一顿饭。如果吃了群众家的饭必定要留下五毛钱的饭钱。每天带的饭就是两个粗粮饼子，带顿白面饼的时候都很少，吃顿净面饼简直就是改善生活。他总是用自身经历教育孩子们：我们的国家和人民都经历过艰苦和贫穷，要惜福，珍惜得之不易的美好生活。现在日子虽然是富裕了但是勤廉的党风党纪不能丢，廉洁是我们党的纪律，勤俭是我们民族的精神，每个炎黄子孙都应传承发扬。一粥一饭当思来之不易，半丝半缕恒念物力维艰。

拳拳赤子，以孝道传家训

2023年1月4日，李忠云的母亲静静地在他的怀中永远地睡去了，老人走得安详且从容，享年99岁。

母亲常年与李忠云生活在一起，老人一辈子热情开朗、勤俭持家。李忠云说：“‘百岁常忧八十儿’。母亲在半昏迷的状态下依然时刻牵心着儿女的冷暖，母爱大于天，我要让一生操劳的母亲在生命的最后一段旅程中走得更远、更长、更幸福、更温馨……”作为五个兄妹中唯一的儿子，他在母亲的床前尽着一个儿子应尽的一切。在老人卧床的这段时间里，李忠云和老伴耐心细致地照顾老人的生活起居，他和老人睡在一张床上，每天早晨醒来先给母亲放一段音乐，他知道老人最爱听的就是《世上只有妈妈好》和《父亲的草原母亲的河》，在音乐声中，他们为老人洗漱、整理尿布尿裤、喂水喂饭……老母亲年纪大了，喜欢子孙满堂的热闹，他就接连不断地组织姐妹们来自己家里与母亲团聚，让老人享受天伦之乐……

每次给母亲洗脚洗脸，李忠云都特意把那两个刚刚懂事的双胞胎小孙女叫到身边，有意识地让她们帮忙端洗脚水，帮老奶奶擦手擦脚，孩子们争着抢着帮忙。李忠云说，每当这时候他心里总甜甜的。

晚年的母亲小脑萎缩，总是说出不切实际的话，做出不切实际的事，全家人对老人从没有不耐烦，总是耐心地跟着老人一块“迷糊”，就连双胞胎的重孙女都知道“太太说得全对”。说起来对老人无微不至地照料，李忠云说：“军功章先有老伴的一半，才会有我的另一半！”

李忠云的儿媳说，每每听见近百岁的奶奶一天无数次呼喊公公的乳名，和七十岁公公高声大嗓地回应：“哎，娘！……”自己都深深被感动。奶奶一生勤俭操劳，公婆百般孝敬，并且为了支持年轻一辈的工作，每天接送孩子、做三餐、干家务，年轻一辈没有理由不努力工作、好好生活，用实际行动继承这暖心热肺的家教家风！

公益之家，用爱心传递爱

干了一辈子税务的李忠云说：“退休了我也是税务人。”

退休后，李忠云主动担当税法义务宣传员；主动挑起税务家园小区的管理工作；老家村子里每逢红白喜事，总要邀请他去主持大局，仿佛他在场，大家才心安，事情才圆满；村子里街坊邻居起了争执，闹了矛盾，也要跑来邀请老局长出山，因为他让大家信服……

李忠云的家乡李店子村距离县城25公里，是一个偏僻贫穷的村庄。在一次与老家的同学、老朋友的交谈中，他了解到一个真实的故事：本村一位青年人在外打工，谈了一个女朋友，女方家人来“相家庭”的时候，因为道路泥泞难走车进不了村而反对这门亲事。李忠云听后非常震惊，第二天就带上两万元钱找到村干部，召集村里做生意的“能人”们，筹划集资修路，在他的带动下很快就集资25万元。李忠云找到县交通局的领导马上立项上报，当年修成了10公里的“田”字形乡村路，他说“田”字代表村民有田种、有饭吃、健康平安。本村的小伙子争取到了女方家人的同意，两人最终喜结连理，在这对小夫妻的孩子出生百天的时候，老局长收到了“光前裕后”的牌匾。现在，这条路不仅是小两口的“幸福路”，更是乡村振兴中村民们的“致富路”。

乡村振兴，教育是关键。李忠云在村级小学教师们的支持下，发动村民筹集资金10万元成立了李店子村教育基金会，对本村每年考上大学的学生给予2000 ~ 3000元的奖励。他本人还定向资助了两名贫困家庭的孩子考入大学。十年来，他累计为基金会和贫困学生捐款4万余元。

在引黄入村工程中，李忠云个人捐资1万元；在“照亮全村”的安装路灯项目中，李忠云个人捐款5000元；他还多次在春节期间资助家乡李店子村失能的老党员、老干部；在他的感召下，儿子儿媳也都加入了公益助人的队伍，在水滴筹活动中多次积极捐助，帮扶贫困群众……

李忠云居住在孟村县税务局的住宅小区，小区建成初期为了节省开支，只雇有一个门卫，其他的管理李忠云都主动承担了下来，甘当志愿者。他自费购买了20多种工具，包括剪刀、小锯、撅头等，绿化带的花花草草需要修剪，公共卫生间堵了，小区井盖儿坏了……他都一一修好，十年来，为小区业主节省物业费开支50余万元。有人问：“老局长你图的啥？”他说：“首先我锻炼了身体，其次我实现了一个退休老人老有所为的价值，体会到了送人玫瑰手有余香的愉悦心情。”

忠厚传家园，云翔霞相随。李忠云说：“我做的都是最普通的小事，顶多算个热心老人，一个合格的家长。”在他看来，家庭是社会的基本细胞，若每个小家庭都能够处理好家庭关系，就能够真正实现社会稳定、人间美好。家庭以爱为根，生活以和为贵，若一家自相纷争，那家就站立不住。作为家长，要明理有节，才能引领家庭正确的人生方向。夫妻和睦是一家之福，生活本就是简简单单地分享，快快乐乐地陪伴。

一家三代都是兵　保家卫国把枪扛

国家税务总局石家庄市税务局退休干部姜伟“最美家庭”事迹

姜伟出生于军人家庭，父亲姜庆云是一名出色的军人。姜伟介绍父亲时说：“父亲常跟我讲，这辈子打过很多仗，不论战斗多么惨烈，从来都没有退缩过。”1947 年 3 月，不满 20 岁的姜庆云应征入伍，随 27 军先后参加了白马关阻击战、与国民党 11 师激战 7 昼夜，荣立三等功。“当时父亲是机枪手，英勇果敢，毙敌无数，出色地完成了作战任务。”此后著名的孟良崮战役、解放济南战役、淮海战役、渡江战役及解放上海战役，都有姜庆云英勇作战的身影。

1950 年 11 月 12 日，姜庆云随 27 军雄赳赳、气昂昂跨过鸭绿江，于 11 月 27 日参加了著名的长津湖战役。29 日清晨，时任 240 团 7 连连长的姜庆云带领连队猛冲猛打，连续夺取 4 个山头，在内洞岭重创美军第 31 团，生擒 24 名美军俘虏，并缴获大量武器装备。志愿军在长津湖畔以“气多”力克美军“钢多”对决中，也付出了沉重的代价，全连 110 人只剩下了 47 人。12 月 1 日，姜庆云率领 7 连剩余战士连续数日追击南逃美军，于 6 日下午赶到黄草岭地域，接受了第三次炸掉水门桥的任务。担任敢死队队长的姜庆云带领一个加强排和一个重机枪班 40 余人，在黄昏时分悄悄摸到水门桥附近，当距离桥头数十米时，被美军发现并遭到猛烈射击，敢死队队员当场3死4伤。此时姜庆云的左肩、右臂分别被击中，但继续指挥队员们向美军发起攻击，写下血书的敢死队队员们经过3次冲击，终于将守桥美军大部歼灭。队员们将每人身上背着5公斤的炸药集中起来，将水门桥炸出了8米多长的大口子，第三次炸毁了水门桥。

2019年5月19日中央电视台首播的《冰血长津湖》纪录片，2022年4月25日北京卫视播放的《档案》栏目、2022年2月24日发行的《解放军报》以及图书《血战长津湖》等都报道记载了姜庆云带领敢死队第三次炸毁水门桥的英勇事迹。2021年3月18日，94岁的姜庆云与世长辞，惊闻噩耗的中共中央政治局原委员、中央军委原副主席迟浩田上将亲笔题写挽联："哭！二十七军老战友、志愿军老英雄姜庆云同志，零下四十度血战长津湖，全歼北熊团庆云是先锋。"

1988年7月25日，姜庆云获得中国人民解放军胜利勋章；2019年10月1日，获得"庆祝中华人民共和国成立70周年"纪念章；2020年10月22日，荣获中国人民志愿军抗美援朝出国作战70周年纪念章；在2021年党的百年华诞前夕，荣获"光荣在党50年"纪念章。身经百战、九死一生、多次负伤、屡立战功的姜庆云先后荣立17次功勋，见证了共和国70多年从站起来、富起来到强起来的苦难辉煌。所有的伤痕累累都凝成了闪亮的勋章，在历史的长河中闪闪发光。

姜庆云之子姜伟，继承了父亲浩然正气的红色基因，16岁时随着父亲的脚步来到了27军240团4连。1986年12月至1988年6月，指导员姜伟带领英雄"崮山连"赴滇轮战，让连队"新兴里战斗模范连"的旗帜在老山战场高高飘扬。他们坚守阵地367天，共击退敌军数十次袭扰，取得毙敌17名伤敌25名的战绩，圆满地完成了作战任务，全连96名官兵"一个都不能少"地凯旋并荣立集体战功，姜伟荣立个人一等功。迟浩田老首长为英雄四连亲笔题词鼓励："英雄崮山连，中华好男儿"。

1990年6月，姜伟从军营来到了石家庄市税务局，实现了从老山战场到税收战线的转场。他把"老山精神"融入到税务工作中，把阵地上养成的风风火火、雷厉风行作风贯穿于税收工作中，成效显著。从税 30 年，他先后荣获河北省劳动模范、河北省优秀军队转业干部等荣誉，三次荣立二等功，多次荣立三等功。2019 年 10 月 1 日，姜伟获得“庆祝中华人民共和国成立 70 周年”纪念章。

让姜伟感到骄傲的是，儿子姜超也子承父业，从戎报国。2009 年初，姜超已经被西安某重点大学自主招生提前录取。从小在军营大院里长大的姜超，生活在一个英雄辈出的环境里，在扛过枪、跨过江、打过仗、挂过彩的爷爷的影响，以及父亲的熏陶下，从小就立志要向前辈学习，长大也要报效祖国。高考后，有着英雄血脉和红色基因的姜超，毅然选择了军校，并在第二年加入了党组织，5 年后成为部队一名基层军官。2015 年以来，姜超先后 4 次参加军事演习，多次荣获基层优秀干部及嘉奖。

国而忘家，公而忘私。一家三代军人家庭，两代参战为国立功，成为了姜庆云家族的高贵荣耀。从长津湖畔到水门桥头、从崮山之魂到老山之巅、从强军征程到报效祖国，姜庆云军人世家坚守的家国情怀、军队情怀、战士情怀，使他们成为弥足珍贵的“最美家庭”，并将继续传承下去。

革命传统代代传

国家税务总局内蒙古自治区税务局退休干部邸文强“最美家庭”事迹

国家税务总局内蒙古自治区税务局退休干部邸文强出生于1957年7月10日，1975年高中毕业后，下乡参加兵团，1976年2月应征入伍，1979年7月加入中国共产党，1980年从部队复员到内蒙古自治区供销社工作。他勤学善思，1981年考入内蒙财经学院大专班，为以后从事财经工作奠定了基础。1986年他调入山西省太原市经济管理干部学院任教，1990年调入内蒙古自治区税务局工作，1995年调入内蒙古自治区地税局直属管理局工作，先后任科长、助理调研员和调研员，2017年退休。他秉持“清正”二字家风的精髓，在其父亲——一位革命离休干部的教育和影响下，用“勤俭、正直、孝悌、清廉”作为家训。在他的影响和教育下，独生女儿邸笛也参军入伍，献身国防。女儿邸笛在部队时荣立一等功一次、二等功二次；转业到地方工作后，兢兢业业，认真负责，一次因抢救车祸受伤的儿童，被当地文明办评为“当月好人”。

邸文强出生在一个革命军人家庭，其父亲是从战火中一路走来的老兵。在父亲的影响下他和弟弟从小参军入伍，并将自己的独生女儿也培养成为革命军人。他的父亲常挂在嘴边的三句话：第一，有活干才有饭吃；第二，过日子要细水长流；第三，不是你的东西，再好都不能拿。这三句话像一颗种子，扎根在邸文强的身上并教育自己的女儿早早埋在心里。说到家训，让邸文强记忆深刻的是其父亲教育自己女儿的一件事，让他的女儿终身受益。邸文强的父亲离休后干休所给他配了一辆小车，可是他的父亲却“小气”得很，除了他自己外出公干，其他情况谁都不能用。邸文强带着他 7 岁的小女儿邸笛到干休所参加军区组织的外出看电影活动。小车开到干休所家门口，女儿高兴地钻了进去，可邸文强的父亲看到后却严厉地批评了司机并把孙女喊了下来，女儿哭着闹着不干，他的父亲却很平静地说：“小轿车是干休所配给爷爷办公用的，不是给你们的，更不是给咱们办自己私事用的，你要不愿意坐‘大轿子’，那爷爷就陪你走着去。”这件事使邸文强自己深受教育，自己女儿心里那颗公私分明的种子也开始生根发芽。女儿每每谈及此事说：“是父亲的家庭教育和爷爷的感染使自己培养成为能吃苦，有正义感的人。”

就是这样的革命家庭教育整整影响了三代人。

小家庭温暖大社会

国家税务总局辽阳市税务局白塔分局退休干部
刘长奇“最美家庭”事迹

刘长奇，男，71岁，共产党员，国家税务总局辽阳市税务局白塔分局退休干部；爱人郜素兰，71岁，共产党员，辽阳市职业技术学院退休干部。

在税务战线退休的刘长奇，和爱人郜素兰自从建立了温暖的家庭，在几十年的税务工作中，他们用爱铸“税务蓝”，保持清正廉洁。在工作和生活中，夫妻俩始终奉行“但行好事，莫问前程”，奋斗不止，只求无悔，做到家庭和睦，助人为乐，热爱公益，用爱和温暖，为社会做奉献。

积极进取，践行志愿精神

刘长奇退休的第二天，在老伴的大力支持下，就去社区报名当了一名志愿者，后来被安排在街道老科协和关工委工作，这一干就是11年。为了支持刘长奇的工作，他的老伴在社区里发起成立了30多人的“中天社区艺术团”，团内有舞蹈队、合唱队、民乐队。他们自编自演丰富多彩的文艺节目。刘长奇就利用自己爱好文艺的特长，为艺术团编写反映基层的歌曲、诗朗诵、三句半、群口快板等。

孝敬老人，弘扬家庭美德

刘长奇的老父亲2022年已是96岁高龄，参加过解放战争和抗美援朝。对待长辈，夫妻俩坚持“百善孝为先”，让老父亲健康快乐度晚年。平时对长辈嘘寒问暖，关心他的生活起居。每次全家人一起吃饭时，总是把好吃的菜往父亲碗里夹，让他多吃点。季节变化时，也会惦记着给老人添置新衣服和新鞋子。为了让父亲的营养多样化，他们经常会买些水果、牛奶、钙片、鸡蛋等营养品，给老人滋补身体。为了不让老人家寂寞，他们经常陪老父亲聊天，还给老人唱歌。2021年为了庆祝建党100周年，夫妻俩特意请父亲和全家聚在一起吃饭，席间父亲给大家讲述了他在部队火线入党的情景，刘长奇也向父亲和家人讲述了他在部队入党时的情况。在场的家人都说，重温入党场景是全家政治生命中最有意义、最难忘怀的往事，也是对家庭成员的一次红色教育。

热爱公益，传导弘扬正能量

2020年初，新冠疫情来势凶猛，面对疫情形势，刘长奇和老伴舍小家顾大家，冲在抗疫第一线。在疫情防控中，他和老伴身穿“红马甲”，手拿小喇叭，参加社区卡点值守，扫码测温，提醒居民戴好口罩，一干就是63天，以实际行动彰显了一名“老税务”的使命与担当。2022年3月，辽阳市疫情再次袭来，夫妻俩积极参加社区防疫工作。他和老伴为社区策划设计核酸检测路线图，使3000多户的小区顺利进行了7次核酸检测工作。在核酸检测中，夫妻俩自始至终站在寒风中，从早上6点一直坚持到晚上9点多，就这样他们坚持了两个多月。晚上回到家里，刘长奇对社区抗疫非常感动，就写了歌词《我们是税务工作者》，找人谱曲传唱。他还写了《疫情中的社区工作者》，由曲旭芳谱曲，被辽阳摇艺音乐学校制作成视频，参加辽阳市小视频大赛，获得最佳人气奖；他写的《社区里的红马甲》《赞抗疫志愿者》等现代诗歌，制作成小视频，被很多网络文艺媒体平台刊发。

争先创优，踔厉奋发前行

刘长奇家庭倡导发扬勤俭节约的传统美德，平时的淘米水用来浇灌花和树，既保护了环境又能够节约用水。家庭到饭店用餐，做到“光盘”行动，五人用餐，就点四盘菜。家庭的每一位成员都有一颗平凡的爱心，以帮助别人为快乐。邻居家的下水道堵了，谁家门窗坏了，他都马上四处联系，帮助协调解决。小区里有养狗的，不拴狗链、不及时清理粪便，他就耐心劝说。公共场所有人吸烟，他就温馨提示，宣传吸烟给自身和他人带来的危害。夫妻俩经常帮助清理小区垃圾，每年都参加拔豚草和植树造林活动。每逢看见街头有乞讨之人，他们都会慷慨相助。组织上号召为困难群体捐款捐物，夫妻俩都首当其冲，不甘落后。十年如一日，夫妻俩不忘自己是一名党员和税务干部，为党的事业发挥正能量，学雷锋、做公益，为社会奉献光和热，每一天都感到很充实，也获得一些荣誉。2021 年，郜素兰被白塔区委评为优秀共产党员；2018 年，刘长奇被辽阳市授予学雷锋奖章；2021 年，刘长奇被辽阳市授予“关心下一代工作先进个人”。

家庭是社会的细胞。家庭和睦则社会安定，家庭幸福则社会祥和，家庭文明则社会文明；千家万户都好，国家才能好，民族才能好。国家好，民族好，社会好，家风好，才能促进社会兴旺发达，助推中华腾飞！

小家传大爱　共守家国梦

国家税务总局沈阳市于洪区税务局退休干部赵荣侠“最美家庭”事迹

赵荣侠，于洪区税务局一名普通的退休干部。几十年来，他和他的家人相携相助，积极乐观，共同参与志愿服务，用真情温暖邻里，用“初心、匠心、真心”书写精彩人生，“善良、实干、奉献”的家风得以传承发扬。没有豪言壮语，只有无私奉献，他们以家的力量，在点滴行动中汇聚着温暖。2020 年他被评为全国税务系统表现突出的离退休干部个人，这既是对他多年善举的肯定，又是对他一路前行的激励。

兴家二字曰俭勤

赵荣侠参加工作之前，家里生活比较困难，主要经济来源是父亲的劳动收入。通过母亲的勤俭持家，才把家里的日子过得红火起来，所以他们兄妹三人从小就懂得“一粥一饭，当思来之不易；半丝半缕，恒念物力维艰”。

赵荣侠母亲说，过日子，光节俭是不行的，经常叮嘱他们“勤俭永不穷，坐吃山也空”。在那个物资匮乏的年代，就是靠着父母的勤劳肯干把他们兄妹拉扯长大。在他的印象中，虽然见父母总是在忙碌，但脸上总是带着笑。就是靠着“俭”与“勤”这两个字的家风，他们家的日子一直过得和和美美。

人求上进先读书

赵荣侠的母亲虽然没怎么读过书，但是最羡慕有学问的人。即使小时候家里很困难，父母总是节衣缩食、省吃俭用地供他们读书。父亲识字不多，但是很关心他们的学业，告诉他们只有读书才能增长本领、武装头脑。赵荣侠小时候学习成绩一直名列前茅，中学毕业后，由于没有机会继续读书，就在公社大队参加了劳动。直到 22 岁的时候有了一个读书的机会，能够去沈阳市财会学校继续深造。为了承担起家庭的责任，他压住了心中的雀跃，郑重地向家里提出“还是不去读书了，家里负担重，就安安心心地在学校当老师吧！”父亲听了他的话，马上就拍了桌子：“党和国家能给你重新学习深造的机会多么难得，这是国家对你的信任，你还不知道珍惜？”沉默了一下，又放缓了语气，“荣侠，爹知道你是放心不下家里，爹还有把子力气，能干得动。你还年轻，不懂得读书的重要性，只有读书增长了本领、武装了头脑，才能更好地为国家做贡献。”就这样，赵荣侠在家里的支持下作为工农兵学员，来到了沈阳市财经学习进修。

进修学习之初，赵荣侠也曾经历过迷茫，因为以前从来没有接触过会计工作，学习起来很是吃力。在父亲的鼓励下，他刻苦学习，终于以优异的成绩完成了 2 年的学业。这些年，他深深感受到读书的益处，所以一直鼓励自己的孩子认真读书，他的儿子以优异的成绩考上了辽宁工程技术大学。

积善之家必有余庆

赵荣侠的父亲掌握着一门修家电的手艺，在家里常备着维修电器的工具箱，但凡有找上门修电器的乡亲，他父亲从不拒绝。修好了电器，邻居们要表示感谢，他父亲总是一句话：“客气啥，下次有坏的就来找我！”

那时候，赵荣侠还小，总是缠着父亲陪他玩，父亲总是笑笑说：“修完这个陪你玩，乡里乡亲的遇到困难，爸爸不得搭把手么！”家里条件虽然不好，但是父亲说，“乡里乡亲的，谁没有个遇到困难需要帮忙的时候，凭着这点子手艺帮一把，怎么也不能收钱呀！”他的父亲有时因为忙着修电器耽误了家务，母亲就多干一点儿，从来没有怨言。邻居的阿姨说他母亲傻，母亲就笑笑说：“他就那么一点儿爱好，又是帮着乡亲，咱咋能不支持呢！”就这样，小时候他看着父亲修电器；长大一点他帮父亲递工具；再大了父亲眼睛不好使了，他也能上手帮着修理了。

赵荣侠的父亲帮着街坊邻居修电器虽然什么都不图，但是乡亲们都记在心里，家里做了好吃的总是想着他们家，有时候还能收到街坊做的饺子，那时候饺子可是过年才能吃得上的；家里遇到困难了，母亲招呼一声，随时都能得到邻居的热情帮助；他出去玩的时候一提父亲，大家没有不竖起大拇指的。

赵荣侠的儿子看着祖父和父亲捣鼓电器、工具，耳濡目染，也很感兴趣。在选择大学专业的时候，他毫不犹豫地选择了相关专业，由于兴趣所在，在读期间成绩十分优异，后来被北京奔驰汽车有限公司录取成为工程师，也算是赵荣侠父子日复一日热心助人的一点儿意外收获。

赠人玫瑰，手有余香

退休后，赵荣侠没有忘记回报社会。闲的时候就开始免费为社区居民修理电磁炉、电水壶、电饭煲等家用电器，同时向居民宣传用水用电安全知识，并为年龄大、上下楼不方便的居民上门服务，受到了社区居民和工作人员的称赞。

时间一长，赵荣侠会修电器的名声渐渐传了出去，也结识了几个同样爱好修电器的朋友。朋友越聚越多，赵荣侠便起了组织义修队的心思。在大家的共同努力下，成立了“山山爱心惠民义修队”。短短两年，义修队已经发展成了一百多人的队伍。两年来，他们利用空闲时间，隔三差五组织义修活动，忙碌起来以后，身体比以前更结实了，人也有精神头了。看见为社区居民们维修电器之后，大家高兴的笑脸，他们感觉累也值得。

多年来，于洪区税务局始终关心支持着这位有口皆碑的退休干部，并与以他为队长的义修队联合开展了多次公益活动。为传承红色基因，践行“两邻”理念，区税务局开展了“青老结对共建　传递红色基因”主题实践活动。由青年税务干部领衔的“青年邻里帮帮团”，联合“山山爱心惠民义修队”，在居民社区广泛开展义务维修家电活动，积极发挥党员的先锋模范作用，进一步强化党建引领、加强支部建设，切实做到“青老结对激活力、红色精神代代传”。志愿者们的活动也被辽宁广播电台“辽宁之声 1029 大家帮”节目直播报道，向全社会展现了税务干部的良好形象，以生动实践促税务精神代代相传。

家是最小国，国是千万家。互为榜样，互相激励，赵荣侠和他的家人携手前行，汇聚家庭力量建功新时代，“家在后方，才不惧于远方”，是这个幸福家庭奋斗路上的动力，也是新时代这个“最美家庭”的真挚誓言。

书香门第代代传

国家税务总局辽源市税务局退休干部王子涛“最美家庭”事迹

王子涛，河南省郏县人，国家税务总局辽源市税务局退休干部，共产党员。2012 年 6 月退休后随子女迁到大连市金普新区生活。他退休不褪色，积极参加当地党组织活动，是大连市经合办党委辽源商会党支部宣传委员和党课教员，2021 年被大连市政府积极合作交流办公室党委评为“优秀共产党员”。王子涛家庭是一个三代人执鞭从教的“书香门第”。妻子郭淑萍退休前是吉林省辽源市第 13 中学高级教师；儿子王存睿东北大学博士毕业，现在是大连民族大学副教授、硕士生导师；儿媳王楠楠毕业于沈阳理工大学，现在是大连民族大学校刊编辑室的编辑。

王子涛几十年如一日，“老有所守传家风，金税红霞助成长”，同妻子一道，重视家庭的文明建设，秉承“爱国传家、敬业兴家、诚信立家、孝善安家、勤俭持家、廉洁守家”的教育理念，对子孙后代进行弘扬红色家风的正能量家庭教育，曾荣获大连市“金普新区首届文明家庭（2015—2017 年度）”和大连市“滨城最美家庭”——书香文化（兰花）家庭（2020 年度）等荣誉。

打造一个温馨和谐的“书香之家”

孙子把王子涛喻为为家里保驾护航的“退休老船长”和家庭方舟发动机的“维护保养师”。他不仅把儿子培养成博士、大学副教授，孙子也在小学四年级时，被推荐为“大连市三好学生”。2017 年 5 月，大连金普新区开展“家·爱”主题征文活动，上小学的孙子写的《我的家是一个幸福的港湾》和《我们的家是一艘幸福方舟》荣获征文大赛三等奖。

刻在墓碑上的家训

1999 年 8 月 18 日，王子涛受家族重托，撰写了 144 个字的四字骈文并刻在祖父祖母墓碑上。墓碑上的《墓志铭》记述了王氏家族上三辈人的近百年历史，既有家教也有家训。碑文的主旨是诗书传家，示后人要以德治家，倾注精力培养后代成为祖国的栋梁之才。孙后代要“天行健，君子当自强不息”。王子涛还为伯父撰写万余字的自传《父辈的榜样》，是一部百年家族传承红色经典的宝贵教材。在王子涛家族中，有 3 位博士和 3 位硕士，子侄辈有 6 人在大学和中学任教，有的已经成为大学的“科研教授型学者”。

1998 年，王子涛担任东辽县国税局副局长，儿子上大学。王子涛便开始以《曾国藩家书》和《中国传统家训》为蓝本，坚持以“家书”的形式教育儿子，24 年来先后编辑整理家书 47 篇，实现了“南湖学子居东山，龙凤呈祥伴童牛”的“家国梦”。2019 年 5 月 17 日《大连先导区报》以《书香门第　人才辈出　文化熏陶代代惠及》为题，在专版“书香生活”中对金普新区首届 “文明家庭”王子涛家庭进行了专题报道。2021 年 6 月 12 日，大连市金普新区电视台也对王子涛家庭事迹进行报道。2021 年 5 月，大连市召开表彰大会，大连市妇女联合会命名王子涛家庭为大连市“滨城最美家庭”——书香文化（兰花）家庭（2020 年度）。

战胜病魔发挥余热

2012 年初，即将退休的王子涛因病在大连医大一院成功接受了“结肠癌根治术”，并在辽源老家进行了 3 年的康复治疗。2015 年初定居金普新区五彩城社区，他“牢记宗旨、不忘初心”，在五彩城社区积极参加党组织活动并担任“助学党支部书记”。2016 年 4 月 19 日，王子涛在五彩城社区组织的“朗读者”活动中荣获第一名，并被聘为政治理论学习“兼职教授”，他的家庭还被命名为“传授红色经典书香之家”。王子涛还被聘请为马桥子街道宣讲党的十九大精神的“讲师团成员”，5 年间为社区上百名党员讲授党课和“职业道德课”23 次；2020 年 6 月，他担任大连市经合办党委国内驻连机构异地商会辽源商会党支部宣传委员和党课教员，为社区党员和商会上百名党员上党课 17 次，特别是在党史学习教育和“两学一做”学习教育中，他因表现突出，被大连市政府积极合作交流办公室党委评为“优秀共产党员”。

家是最小国，国是千万家，王子涛同志的“夕阳红精神”和“书香传家精神”令人称道，他的故事只是中华民族传统美德继承和发扬的一个小小缩影，值得我们学习和借鉴。

感觉恩　家和睦　永传承

国家税务总局齐齐哈尔市铁锋区税务局退休干部温铁东“最美家庭”事迹

传承红色基因，亲情更浓，全家为党庆祝生日

温铁东的父母出生于1923年，孕育他们兄弟姐妹五人，如今已是有30多口人的大家庭。温铁东和老伴是“50后”，儿子和儿媳是“80后”。温铁东的父母为人善良忠厚，生活节俭，思想开通，明辨事理，对于子女的教育也是身体力行，潜移默化。因为在良好的家庭环境中成长，他们兄弟姐妹都是听话懂事的孩子，很少让父母操心。走上社会后努力工作，建功立业，爱家顾家，孝老敬亲，教育培养好自己的子女。在父母离世后的多年里，他们兄弟姐妹之间温馨传承，亲情更浓。虽然各自的家中不幸都有一个癌症病人，但是大家相互关爱，相互体贴，相互帮助，相互照顾，其乐融融，乐观向上。每逢节假日都相聚在一起，加深亲情，欢乐欢庆。特别是每年的7月1日，温铁东都组织全家给党过生日，要全家吃水不忘挖井人，幸福不忘共产党，懂得没有共产党就没有新中国，就没有今天好日子的深刻道理。温铁东的大家庭中大多数成员都是共产党员，每个人都热爱生活，努力学习，积极工作，感恩社会，尽其所能为国家和人民做出应有的贡献。有的成员曾多

年被评为先进工作者、优秀共产党员，温铁东的家庭在2016年被齐齐哈尔市精神文明指导委员会授予“文明家庭”荣誉。

不忘初心，“两代人”节俭办婚事

温铁东与妻子同龄，20世纪70年代参加工作后月收入都不足40元，在1980年元旦办了婚事。在筹办婚事的时候，为了减少结婚的开销，家具是他自己做的。他买了一些木匠工具，求人做了几样，又利用家里有的木料自己动起手来，边学边做，亲手制作完成了衣柜、桌子、凳子等几样简单的家具。结婚后他们夫妻和父母一起居住，新房是一间不足5平方米的小屋，就这样将就了几年。后来温铁东父亲的单位盖了新房，居住条件才有了改善。

2008年是奥运年，也是温铁东儿子儿媳喜结连理的一年。婚礼别具一格，形式非常新颖。结婚那天，既没有浩浩荡荡的迎亲车队，也没有鞭炮齐鸣的入场情景，没有鼓乐歌手演奏，也找不到司仪的身影。早晨，温铁东的儿子和儿媳从新房走到婚礼现场，他们手捧鲜花，手挽手步入了婚礼礼堂，脸上挂满了笑容，幸福和喜悦溢于言表。儿子自称是“新郎兼主持人”，面对在场所有的领导、同事、家人和亲朋好友致欢迎词，并表达了由衷的谢意。接着请单位领导宣读了结婚证书，此后又向全场来宾发表了爱情宣言，并做了婚姻承诺。婚礼在一片欢笑声中结束。

让生命与爱延续，做遗体器官捐献志愿者

温铁东十分珍爱生命，笑对人生；同时也感到时间的残酷、人生的短暂，更懂得生命中蕴含着不堪一击的脆弱，但他能坦然去面对。2005年温铁东做了决定，逝去后把遗体器官捐献给社会，并办了公证。他要把去世后的遗体器官捐献移植给他人，让需要帮助的人更深切地感到生活的美好，剩余部分供医学教学用，为培养医学人才尽些余力。温铁东认为这样做那逝去的生命之花就没有凋谢，生命和爱都在延续，生命之树在大爱中还能发芽。

移风易俗，父母“环保花葬”

2022 年 8 月 6 日，温铁东全家 20 多口人参加了齐齐哈尔市仙鹤园举办的第十届“惟愿相思祭天地，情托瑶池化灵荷”的花葬仪式，把父母的骨灰重新安放到了仙鹤园既定的环保墓地里。

温铁东的父亲是离休干部，1991 年去世后，骨灰安放在了公墓。14 年后母亲去世了，按照传统的习俗和父亲“并骨”，骨灰也安放到了公墓。每逢过年过节的时候，温铁东全家都会到公墓去祭奠。一晃多年过去了，他把二老的骨灰取了出来，为父母举办了“环保花葬”，入土为安，回归到了大自然。

奉献社会，拥军优属，乐做“助缘人”和助残人

温铁东在岗时曾做过多年的工会工作，平时也乐于助人，传递正能量。他在退休之后发挥余热，老有所为，老有所乐，尽心尽力帮人助人。他刚退休时被原单位返聘，编写《齐齐哈尔市铁锋区国税志》，历时 4 年编撰完成并出版。多年来温铁东尽心尽力、乐此不疲地为适龄、大龄青年男女解决恋爱婚姻问题，做一名“助缘人”。经他介绍并步入婚姻殿堂的情侣有 30 多对。拥军优属活动期间，为加深军民鱼水情，温铁东曾经带领局里未婚女青年去当地驻军部队“空三旅”搞军民联谊活动，成功介绍并促成三对“军婚”，让小同事成了“军嫂”。在他们儿女出生时，他还去家中看望慰问。

多年来，温铁东持续帮助三位盲人，做他们的“眼睛”，为他们接站送站、购买物品，办理一些琐事，解决生活中的难题，在过年时陪他们吃年夜饭。“有事就找老温，他肯定能帮咱解决”成了三人的共识，岁月流逝，也让他们成了推心置腹的好兄弟。

岁月如梭，初心依旧。温铁东说，作为一名退休干部，在未来的日子里，将继续发挥余热，铭记党的恩情，守好小家，护好大家。

弘扬革命精神　赓续良好家风

国家税务总局上海市闵行区税务局离休干部
陆峰毅“最美家庭”事迹

陆峰毅同志是国家税务总局上海市闵行区税务局的一名离休干部，他在烽火连天的抗战时期就投身革命，参加过抗日战争、解放战争和抗美援朝战争，在抗战中荣立过三等功，是一位久经沙场的革命老战士。他1946年加入中国共产党，一生追随党，坚定政治信仰、恪守党员职责、遵守党的纪律。他不仅严于律已，还潜移默化地影响和教育着家人，做红色基因的传承人，做对国家和社会有用的人。他的三位子女虽然都已退休，但仍在奉献自己的光和热。

赓续红色血脉，传承初心使命

抗战时期，陆峰毅同志曾在抗日军政大学盐城分校学习。在那里，他学会了人生中的第一首歌《新四军军歌》，后来下部队担任文化教员，教战士们唱得最多的就是这首歌。在艰苦卓绝的抗战年代，《新四军军歌》成为鼓舞官兵士气，打击日本侵略者的有力武器。军歌也深深印烙在他的心里，以至于今天唱来还那样烂熟于心、铿锵有力。后因组织调动，他改行做了军医，没能一直教战士学唱军歌就成了他的遗憾。2013年，陆峰毅同志的女儿陆义同志刚退休就参加了上海新四军拂晓剧团，担任指挥、艺术总监，九年多时间，她进学校、下部队、去社区、到干休所等，义演了近千场，用多种文艺形式传播红色文化，讴歌人民军队反抗侵略，捍卫民族尊严，建立新中国的丰功伟绩，鼓舞广大群众紧跟以习主席为核心的党中央，投身民族复兴的伟大征程。每次演出，《新四军军歌》是必唱的歌曲。2018 年应中央电视台军事频道邀请，上海新四军拂晓剧团参加了《我爱唱军歌》栏目演出，荣获“军歌传唱人”荣誉。

生活当以勤俭为本，工作则要奋发有为

在陆峰毅同志离休前的很长一段时间里，一家五口仅有 11 平方米的住房。生活并不宽裕，但在学习和工作上，他对子女却高标准、严要求。他一直告诫子女，职业不论高低、职位不计大小，都要以诚实的态度、勤奋的努力，掌握一两门真才实学和过硬本领，做社会有用之人。

大儿子陆平从小酷爱美术和书法，陆峰毅和爱人节衣缩食悉心培养他的兴趣爱好，高中毕业他被分配到贵州大三线工作，艰苦的工作环境并没有磨灭他积极乐观的生活态度，他坚持业余学习绘画，当全国恢复高考时，他以优异的成绩考入了西南大学（原西南师范学院）美术专业。本科毕业后，在高校从事艺术设计教育和行政管理工作 40 年，他不忘初心使命，践行立德树人，为党育人，为国育才，培养了一大批德智体美劳全面发展的创新型、复合型专门人才。他的美术、书法与设计类作品获国际、国家和省部级奖 30 余项。如今陆平退休了，仍担任重庆艺术工程职业学院党委委员、副院长、教授，为党的教育事业继续发挥着自己的一份余热。大儿媳也是共产党员，大学毕业后，先后任职于重庆幼儿师范学校、重庆师范大学。她从事师范教育事业 30 余载，秉承德高为师、身正为范的使命和责任，努力传道、授业、解惑，为幼儿师范教育战线培养了大批合格人才。她创作的中国画《彭大将军》等美术作品，在各级展览中获奖，为繁荣党的文艺事业贡献了力量。

小儿子陆建平时话不多，可干起活来却是一把好手，他秉承了父母勤俭持家、节约为荣的家规，努力钻研各种技能，大到房屋装修、汽车修理，小

到家用电器，只要自己能动手的，绝不乱花一分钱。邻里之间有困难时他都能有求必应，并帮助解决，是热情助人的能工巧匠。二儿媳退休后积极投入社会工作，担任区人民法院的人民陪审员，为维护社会公平正义、维护公民正当权益，尽心尽职，做到有一分热发一分光。

1998 年，女婿经中央电视台考试，招聘到央视工作，在参加抗洪救灾拍摄报道中荣立三等功。他退休后继续发挥传媒工作特长，在近几年的抗疫工作中，义务为多个社区和企业撰写小品文、小通讯、小特写，引导和鼓舞广大居民和职工配合政府，搞好抗疫和维稳工作。2011 年，外孙在读大学三年级时，响应国家号召，积极报名参军，为国防事业奉献青春。陆峰毅同志和他爱人得知这一消息后非常开心，他们感叹道“我们全家三代，都有当兵的人啦”，言语中流露出无比的自豪和光荣。外孙也没辜负外祖父、外祖母的嘱托，在部队认真履职，积极工作，第一年就被评为优秀士兵，并加入了中国共产党。

陆峰毅同志在子女教育和家风传承方面，发扬我党我军光荣传统，教育和鼓励后代勿忘革命战争年代的斗争历史和为人民解放事业英勇献身的先烈。2019 年春，他们不顾年事已高，坚持回苏北老家寻找当年生活战斗过的地方，看看家乡今天的变化。他们还专程带子女去淮阴刘老庄英雄连 82 位烈士战斗牺牲的地方，凭吊那些为祖国英勇献身的无名英雄，再次叮嘱子女，要记住陈毅元帅诗中所写的“遗爱般般在，勿忘缔造难”，一定要紧跟以习近平总书记为核心的党中央，为中华民族的伟大复兴继续奋发努力。

家和万事兴

国家税务总局上海市税务局第三稽查局退休干部黄世敏“最美家庭”事迹

黄世敏，2018 年 8 月从国家税务总局上海市税务局第三稽查局退休，妻子是国家税务总局上海市税务局第三税务分局的退休干部，女儿和女婿分别在银行和保险公司工作。2020 年 9 月外孙出生后，夫妻俩大部分时间住女儿家照顾外孙。三年来，这一大家子尊老爱幼，其乐融融，展现了一幅和谐向上的美好画卷。

黄世敏家的一大特点，是将中国传统美德和现代家庭理念很好地结合。黄世敏夫妇都是硕士，女儿女婿也大学毕业，他们都十分重视现代科学理念的培养，也十分注意传统美德的传承。黄世敏夫妇和女儿都是党员，女婿也是入党积极分子，在工作专业上又十分相近，家人之间共同语言较多，家里学习氛围也比较浓。黄世敏退休后读书写作，后又学起了国画，并一直担任退休党支部书记，其妻坚持每天睡前读书看报，女儿女婿积极学习专业书籍，考取各种证书。连两岁的外孙也特别喜欢听故事，专心的样子让人忍俊不禁。论家庭条件，黄世敏家可谓小康，但传统的勤俭节约思想却始终主导着全家，除了给小外孙购买一些学习用品和玩具，家里很少为大人添置衣物和奢侈品，即使外出用餐，也是精打细算，适量适度，从不铺张浪费。相反，在学习和教育上，却从不吝啬。

黄世敏家重视教育是有口皆碑的。在女儿读书前，他们就陪着她学习钢琴和声乐，小学没毕业就通过了钢琴 10 级考试，中学毕业前通过了美声 9 级考试。

“百善孝为先。”黄世敏夫妇身体力行，隔三差五地就会去看望父母，逢年过节、看病治病，更会陪伴在父母身边，他们一直是孝子孝女。2019 年，黄世敏还为其母亲撰写了传记，深情回顾了母亲对祖国、对家庭、对生活和对劳动的爱。在他们影响下，女儿女婿婚后都很孝敬父母长辈，女儿对父母关心备至，女婿几乎每天都要主动和父母视频联系。小小的生活细节，体现的是小辈厚厚的责任，更是浓浓的亲情。

黄世敏夫妇本科学的都是社会学，说“人是各种社会关系总和”，并常用“修身齐家治国平天下”和“老吾老以及人之老，幼吾幼以及人之幼，天下可运于掌”来告诫孩子，家和国不能分割，自己和他人也相互联系。2022 年上海疫情防控期间，他们积极支持女儿女婿走出家门当志愿者。

黄世敏和家人都认为家应当是一个困惑解析所、情绪转化器和工作加油站。每位家庭成员的烦恼和困惑，全家人都能相互倾听，既爱护安慰，又出主意想办法，共同保持积极向上的精神面貌。说到女儿的情况，黄世敏曾欣慰地表示，女儿富有两个能力，一是自我反思能力，从而能不断进步；二是自我调节能力，能精神饱满地迎接第二天的工作和生活。所以他对女儿还是很放心的，并希望女儿女婿青出于蓝胜于蓝，家庭兴旺发达、和谐美满，积极走向更加幸福美好的未来。

家是一块田　快乐齐耕种

国家税务总局盱眙县税务局退休干部
胡玉珍“最美家庭”事迹

自1988年以来，国家税务总局盱眙县税务局胡玉珍的家庭由原先的夫妻二人世界，发展到了儿子儿媳、两个孙子三代同堂的六人大家庭。胡玉珍的家庭虽无太多轰轰烈烈的事迹，但每个家庭成员都积极向上、热爱生活、相互包容、携手共进、共筑爱巢，他们用实际行动共同为这块田播下一波又一波快乐的种子。

互助力　比翼双飞

胡玉珍和她的爱人是同年入职税务战线的双职工，共同的志趣激发他们工作中的强大合力，工作上他们互帮互助，事业上他们共同进步，一起为税务事业谱写华章。

自参加工作以来，夫妻俩放弃无数休息时间，以单位为家，以事业为重，在不同的岗位，为单位的文明建设献计策、作贡献。夫妻俩多次荣获先进工作者、优秀公务员和优秀党务工作者等荣誉。胡玉珍在一分局工作期间带领分局同仁获得了全国文明单位、全国巾帼文明岗的集体最高荣誉；她本人也获得全省税务系统信息工作先进个人、淮安市巾帼文明标兵、淮安市三八红旗手、盱眙县十大杰出青年等殊荣。夫妻两人共同编写的《盱眙县地方税务志》被评为江苏省地方志优秀作品。工作之余，他们坚持健康生活的理念，夫妻两人多次获得乒乓球赛事的单打和团体的冠亚军奖项，两人还在2015年、2016年全省组织的家庭乒乓球比赛中，分别获得了夫妻组合的第三名和第二名。

2019年，胡玉珍光荣退休。退休后，她积极参加市、县局组织的离退休干部活动，也是“银发生辉”志愿服务活动的志愿者，积极为单位、为社会发挥余热，做到了退休不褪色。她每天坚持在“学习强国”打卡学习，为家庭成员树立榜样，全家人“学习强国”的成绩排名在单位名列前茅，也都受到了单位的表彰。榜样如是，追光而行。儿子在单位里多次被评为先进工作者和优秀共产党员；儿媳谦虚好学、竞先争优，工作技能及演讲比赛一次不落，次次获奖，他们俩的小家庭还被评为工商银行“最美家庭”，小夫妻携手共进均成为单位的中坚骨干。

守家规　家和子孝

父母的言行是孩子的人生导师。胡玉珍和爱人默契一致，以工作为重，每个人在完成本职工作的同时，尽量协调好家庭事务，多把闲暇时间留给家人。每周她和爱人都会带着儿孙去看望长辈；每逢春节、重阳等重要节日，孩子们还会给家里的长辈送上节日礼物；天热天冷了，孩子们总会想着奶奶，为老人添衣加被、嘘寒问暖；老人住院时，家庭所有成员轮流值班陪护，用亲情为老人驱赶病痛寂寞，病房的病友们都连连称道。胡玉珍小家的普通家规家风潜移默化地影响和感化着周围的人，迸发出传统中华文化团结友爱的力量。

爱飞扬　代代传承

天有不测风云，人有旦夕祸福。胡玉珍儿媳在怀孕26周时，发生交通事故，连夜转诊到南京治疗。治疗期间，胡玉珍日夜守候，给儿媳定时擦身洗漱、清理大小便，为儿媳全身推拿按摩。说不累是假话，但是心中只要有爱就能共同面对，化险为夷。在医院护理儿媳期间，胡玉珍由于劳累过度胆石病发作，紧急在同一家医院做了胆囊切除手术，术后第五天她又去病房陪同照顾儿媳。医生和护工都十分惊讶，看惯了世上婆媳矛盾的病友都直觉认为儿媳是她的女儿，都羡慕儿媳好福气。胡玉珍儿媳也以自己最大的毅力创造了南京鼓楼医院的保胎奇迹，大爱出亲情，大爱出力量，大爱出喜悦。

胡玉珍儿子家双胞胎宝宝出生后，“学习强国”里的“百灵美食”和“小红书”的育儿知识成了她的每日必读。为了让儿媳妇身体恢复得更好，她不仅学会了月子餐，还经常帮助儿媳做产后的康复训练。对此，儿媳逢人便说：“能嫁到这个大家庭，我太幸福啦。”为了宝宝的健康成长，全家总动员学习育儿知识，并经常与南京儿童医院医生联系，学习婴儿的常见病防治知识。由于她们科学和健康地护理，两个小孩没到医院“挂过水”。现在宝宝 3 周岁了，小小年纪也知道关心他人，懂得分享。

好的家风会相互影响和相互感染，就像一颗种子，不断播种并生根发芽。一次晚间，胡玉珍和儿媳带宝宝们去家附近的大润发超市，回家路上发现一个小孩独自在地下停车场哭喊着找家人，儿媳妇当即下车了解情况，不停安慰那个孩子，自己的两个宝宝却因为妈妈不在大哭起来。儿媳花了一个多小时的时间，最终帮助小孩找到了家人。作为婆婆她既着急又非常自豪，在心里为儿媳点赞：她用自己的行动为孩子们树立了榜样。多年来，胡玉珍家人积极参与社会公益活动，关注留守儿童、孤残老人，做留守儿童的爱心妈妈，坚持去养老院看望孤寡老人，经常帮助对门残疾老人修理电器等，为小区的孩子们送衣捐物，全家成员均受到了小区邻里们的称赞。

一个幸福快乐和谐的家庭就像一块田，需要每一个家庭成员共同经营和努力，只有每个人都为它播一份快乐的种子，不间断地施肥、浇水，精心养护，才能开出美丽的花朵、结出丰收的硕果。家是一块田，快乐齐耕种，愿每个家庭都能多一分快乐，少一分烦恼。

红色家风代代传

国家税务总局南通市崇川区税务局退休干部吴余发“最美家庭”事迹

吴余发，2011年从南通原国税三分局退休。从戎18年，从税24年，退休12年。吴余发是赤胆忠心的海军航空兵，是兢兢业业的税务人，更是邻里津津乐道的社区热心人。在扬州市汤汪乡志里，记录着其父亲吴浩然老先生，以及哥哥和他本人及家庭介绍。从父辈起，他们家就是汤汪乡的名人，这是他们注重家庭家教家风建设，传承与发扬优良家风，家道兴盛、和顺美满的写照，更体现了他们家在一方的影响和口碑。

红色基因，家风传承

吴余发的父亲吴浩然老先生是私塾先生，解放后筹办了汤汪乡角里小学和三里桥小学，母亲总是默默支持着父亲，协助学校管理，打扫卫生等。教学40余年，吴老先生为汤汪乡东部地区培养了大批学生，不仅教授文化知识，还注重用中华美德育人，更注意言传身教。吴浩然时常教育自己的子女，人与人之间交往，一定要宽以待人，互帮互助。在家庭熏陶下，吴余发严格要求自己，1969年应征入伍到海军航空兵部队，入党、立功、提干，在部队一干就是18年。妻子张凯是部队医院军医，同样来自一个书香世家。一路携手，一生扶持，从部队到地方，两个人在各自的工作岗位上默默耕耘，成为各自系统里的行家里手，吴余发多次被评为优秀税务工作者，并被嘉奖。退休后，吴余发发挥余热，带领小区居民开展小区自治。2017年，他被南通市委组织部和老干部局评为“十佳先进个人”。

躬行为重，服务一方

吴余发所居住的紫竹苑小区是20年前开发的老小区，2013年底物业公司因亏损撤出小区，小区无保安、无保洁，成为一个烂摊子。在大家的推荐下，吴余发被虹桥街道党工委聘任为紫竹苑理事会理事长，从此，吴余发带领12位理事（楼道长）开启了小区自治。10年来，这个1000多人的无保安、免收物业费的小区，无论是社区安全、邻里关系，还是疫情防控工作，都成为一个典范，这一切都来自吴余发的无私付出。

物业公司撤走后，解决小区卫生状况是首要问题。吴余发以自己的退休金为担保，请来保洁员；牵头组织了以党员、理事为主力的义务拔草劳动，并苦口婆心动员居民缴纳保洁费，及时恢复小区保洁工作，使小区的面貌大为改观。在理事会人员的基础上，他有意识地进行调查摸底，与具备业委会成员条件的人逐一谈心交心。2014年6月，经选举产生了紫竹苑业主委员会。2015年8月，南通市《江海晚报》对该小区自治的做法进行了专题报道。为了维护小区业主的合法权益，吴余发查清了小区部分配套公建用房的产权下落，对使用小区房屋、土地、道路等四个单位进行维权，维权后小区每年获得了数万元收入，有效解决了小区管理的资金问题。在解决好小区管理组织、经费来源、卫生保洁等基础问题后，吴余发牵头给小区安装了15只高清红外摄像头，为保护业主生命财产安全装上了“千里眼”，并自学电脑、摄影摄像知识，承担起小区视频监控管理的责任。吴余发始终做到坚守组织纪律规矩与干部监督管理要求，几年前他主动卸任小区理事长，但是小区大大小小的事情，仍然找他解决，从原来的志愿型的理事长，变成了现在的编外管理员，吴余发一直无怨无悔。老吴每天都很忙，忙着小区的大小事情，帮助解决小区车辆停放问题、绿化带种菜等各种矛盾与纠纷……吴余发成了小区里公认的“老娘舅”，做到“小矛盾不出社区”，得到了小区居民的称赞和好评。吴余发还是让居民放心的“知心爷爷”。2022 年，小区一家孩子高考成绩不理想，与父母发生冲突深夜离家出走，孩子家长第一时间找到老吴，老吴赶紧调取监控，和孩子家长一起找回孩子，并和老伴儿一起做孩子以及家长的思想工作。疫情防控期间，吴余发几乎每天在小区门口值班，不厌其烦做宣传，守护着小区疫情防控的第一道关口，而全家人也一直默默支持着老吴的这份爱管“闲事”的爱心。

赓续传承，最美家庭

吴余发在红色教育下成长，吴余发夫妇多年来用行动支持社区志愿服务，多次被媒体宣传报道。他的家庭新老传承，受父母传统教育和优良品格的影响，后辈们事业学业皆有所成。老吴的儿子是一名年轻的科级领导干部，以勤奋踏实的工作得到领导和同事们的高度肯定；儿媳妇从事财税工作，业务精湛，是南通市劳动模范；孙子成绩优异，目前正在江苏省南通中学上学。

吴余发一家是书香之家、军人之家、财税之家，教知识、育品德，重言传、重身教。所谓“桃李不言、下自成蹊”，吴余发从父辈身上学到了无私奉献的精神，他身体力行，将勤勉、忠诚、奉献的作风传承给了下一代，耳濡目染，后辈们踏实、敬业、担当，不断成长为对社会、对事业有用的人，这是一个令人羡慕的“最美家庭”。“最美家庭”，美在厚德立家，家庭成员之间相互支持，家庭幸福安康；美在“正家风、重家教”，始终心存感恩和敬畏之意，忠诚事业、贡献社会。

用奉献和坚守书写“最美”

国家税务总局青田县税务局退休干部陈齐斌“最美家庭”事迹

陈齐斌，男，汉族，1954年8月出生，浙江青田人，共产党员，1973年12月参加工作。他是国家税务总局青田县税务局退休干部，也曾是一名光荣的退役军人，更是优秀农村“第一书记”；妻子饶菊红是广播电视台的退休职工；女儿女婿均为人民教师，女婿受他的影响和支持，还参加了浙江省第九批援疆支教工作。

爱岗敬业，以身作则，率先垂范

老陈拥有“多重身份”，扮演“多种角色”，担负“多重使命”。他是一名光荣的退役军人。在进入税务系统前，曾在部队担任过卫生员、班长等职务。退役后的他也始终保持军人的优良作风，勤勉尽责有担当、踏实肯干有毅力。他是一名敬业的税务干部。1980年7月从部队复员回乡后，老陈被分配到章村乡税务所，先后在稽查中队、办税服务厅、办公室以及人事教育科等部门任职。当时的青田税务有一条众所周知的“催报热线”。每月一到征收期，家住鹤城东路的叶竹信老人的家中都会迎来一位义务催报员上门提醒申报纳税，这位憨实亲切的义务催报员就是陈齐斌。叶竹信老人独自经营一家副食品店，因年纪大，记性差，家里又没电话，已经两次因逾期申报受到行政处罚。对此，老人非常不解，颇有怨言。陈齐斌了解到这一情况后，二话不说，立即义务承担起了对老人的专门催报提醒工作。不管工作多忙碌，老陈都要抽空到老人家里提个醒，这一特别的“催报专线”从1995年底起，风雨无阻，从未间断过。真诚的服务赢得了老人对税务工作的理解和支持，每次前来纳税时都会对老陈竖起大拇指：“你们税务干部真不错！”

退休后，老陈主动请缨，先后任章村乡黄山头农村指导员和黄庄村第一书记。本是含饴弄孙、乐享天伦的年纪，而他却选择再次扎根基层。

“九山半水半分田”的章村乡地处偏远山区，经济落后。老陈不怕苦不怕累，坚持奋斗在危房拆迁、道路修建、美丽新农村建设的第一线，主动联系村两委班子、村民代表商讨脱贫方案，到县农业局请教“致富经”，结合黄庄村高山资源优势，发展“稻田养鱼”和“稻鱼米种植”产业。同时，他积极争取政府政策和资金支持，并动员局内干部职工和社会爱心人士捐款帮扶。在他和村干部的共同努力下，黄庄村进入了脱贫致富发展之路，种植稻鱼米100多亩、养殖稻鱼3000多尾，有效提高了农田利用率和农民收入。因驻村工作表现突出，他获得浙江省委、省政府通报表扬，并作为“农村第一书记”典型代表接受浙江新闻联播采访报道，先进事迹在《浙江税务》杂志予以刊登。

“忠厚传家远，诗书继世长。”老陈脚踏实地的工作作风和与人为善的生活态度，潜移默化地感染着家里的晚辈。女儿、女婿作为人民教师，为人师表、爱岗敬业、恪尽职守、无私奉献。因为老陈的影响和支持，女婿主动请缨，光荣地参加了浙江省第九批援疆支教工作。援疆支教期间，其女婿带头为当地学校学生募捐并设立奖（助）学金，先后资助了优秀或贫困的学生108人次。受资助的学生在接受当地电视台采访时，连声感谢青田的援疆教师。因为工作出色，其女婿的工作事迹被《阿克苏日报》和当地电视台报道，个人先后荣获民族团结工作先进个人、浙江省师德楷模、浙江省优秀援疆人才、浙江省优秀援疆教师等荣誉，并被中共新疆维吾尔自治区党委、新疆维吾尔自治区人民政府记功一次。老陈的女儿是青田县城中学教师，她工作认真、心系学生，在父亲的影响下，她也曾去青田县季宅乡支教一年。在良好家风的熏陶下，外孙品行端正，在县重点高中就读；外孙女现就读小学一年级，虽年幼，但懂事乖巧。

互敬互爱，家庭和睦，和谐维家

老陈家庭多年来夫妻和睦，尊老爱幼，团结邻里，乐于助人，是有口皆碑的“模范家庭”。妻子全力支持丈夫的事业，又把家庭经营得井井有条。长期以来，妻子侍奉老人，教导孩子，料理家务，在老陈背后默默付出，受到邻里的高度赞扬。2017 年 7 月，陈齐斌健康状况出现异常，被诊断为胃癌早期，前后经历了胃部切除手术和八次化疗，妻子寸步不离，悉心照料。一场大病，让原本身体健硕的老陈消瘦了不少，但他始终保持军人乐观、平和的心态。如今，老陈的体检指标已经正常，但他仍每天和老伴一起坚持锻炼，坚持收听、收看中央和地方新闻报道，关心时政热点。虽然医生叮嘱老陈需要静养，但他却始终心系章村，时常会拨通村干部的电话了解情况，提建议、提思路，解决村里困难。他的妻子也曾多次打趣道：“你工作了大半辈子，还天天章村章村，多想想你自己！”他总是笑笑：“村里的事也是自己的事，这么多年有感情咯！”

心怀感恩　传递善意

国家税务总局新昌县税务局退休干部刘玲娣“最美家庭”事迹

刘玲娣是国家税务总局新昌县税务局的一名退休干部。她拥有多重身份，儿媳、妻子、母亲、税务干部……多年来，她在多种角色间完美转换，2019 年她入选“绍兴好人”，她的家庭先后被评为 2018 年度浙江“最美家庭”和 2020 年度全国“最美家庭”。

无微不至日日守

百善孝为先。孝，是中华民族的传统美德，也是家庭美满和睦的基石，在刘玲娣心里，孝是印入骨髓的。

2006 年，刘玲娣的婆婆因病瘫痪在床，后来又患上阿尔兹海默症。在病魔的折磨下，原本性情温和的婆婆变得喜怒无常，动不动就摔东西。刘玲娣看在眼里，疼在心里，无论工作多忙，她每天都会坐在婆婆床边，陪她说说话，给她梳头、洗脸、喂药、捏脚。后来，婆婆意识不清，已经认不出她了，但她依然如此，能多陪一会儿是一会儿，这一照料就是整整 6 年。“婆婆待我像亲生女儿，我心中真的很感激她。”刘玲娣每每回忆起已离世多年的婆婆，眼眶都会泛红。

婆婆去世后，她更加懂得了“子欲养而亲不待”的含义。公公两次突发脑梗，母亲多次心脏病发作，都因她及时发现，送去医院悉心照料而转危为安。为了照顾公公，她把新房子空置了10多年，一直陪老人住在老房子里，就如她所说：“老人住习惯了不想搬，那我们就陪伴他住在老房子里颐养天年，老人最缺的是陪伴，让老人在其乐融融的家庭氛围中享受天伦之乐才是儿女应该做的。”

孝悌家风代代传

俗话说：“家和万事兴。”刘玲娣的丈夫在税务局对面的银行上班，退休前两人每天同进同出，很是恩爱。结婚30多年，刘玲娣和丈夫一直都是他人眼中的模范夫妻。她常说：“我们家是书香门第，公公、婆婆、爸爸、妈妈都是退休教师，有良好的家风、家教，需要我们代代相传。”她从小就培养教育孩子学会做人和做事，做对社会有作为、有贡献的人。在这样的家庭环境下，女儿成长为一个优秀的青年，她也作为唯一的家长代表受邀到女儿中学参加了“人民的教育家李辛傅思想教育研讨会”并发言，得到了参会的全国各地名校校长的赞许。

在女儿眼里，刘玲娣是一个非常优秀的母亲，生活上关心但不溺爱，尽力给孩子最好的母爱。在她的影响下，女儿在大学里也以优异的成绩和表现，光荣地加入党组织，成为了一名共产党员。同时她的孝心散发着火热的光芒，感染了包括女儿在内的周围每一个人，女儿从小到大每次回家总不忘孝敬爷爷、奶奶，问候外公、外婆，懂得感恩，懂得回报。

热心助人暖人间

“有这样的邻居，我们都感到很幸运。”提到刘玲娣一家，昔日的邻居梁亚珍赞道。刘玲娣一家以前住在新昌县南明街道，由于小区老旧，配套的基础设施很落后，十几户人家共用一只总水表，10多年来，各家轮流抄水表、收水费。后来，刘玲娣牵头，挨家挨户上门动员，推动“一户一表”改造。“一户一表”改造需要各家承担一定的费用，有几户邻居并不愿意。为不耽误进度，刘玲娣就先帮他们把钱垫上。“水管改造之后，小区的地面被挖得乱七八糟，也是刘玲娣一家悄悄出钱，将破烂的路面修复好。”梁亚珍说，刘玲娣一家人都是难得的热心肠。

“有缘成为邻居，就应该珍惜这份缘分。”在刘玲娣心中，邻里之间互帮互助是理所应当的。老屋拆迁后，原本住在一起的邻居各奔东西，但刘玲娣还是常常和老邻居们联系。在新家办乔迁酒时，刘玲娣请来了许多老邻居吃饭叙旧。

兢兢业业敢为先

刘玲娣从税 30 多年，始终爱岗敬业，是单位同事公认的业务标兵。任职中层干部 17 年，轮换了很多岗位，但不管走到哪里，她坚持把尽职尽责、无私奉献的精神带到那里。

2016 年，营改增试点全面推开，她带头挑担，加班加点、冲锋陷阵，连续 58 个白天驻守在岗位一线，更有无数个夜晚临时睡在单位的午休椅上，只是为了更好更快地完成营改增任务。

2020 年，减税降费工作如火如荼展开，作为巾帼志愿小组的成员，临近退休的她仍坚持下企业走访，进商圈宣传，倾情服务、耐心解答，以兢兢业业的付出诠释老党员的责任。成立减税降费专业组，她也像母亲一样循循善诱，讲政策、答疑惑，培养带动着一个个年轻的干部，一代代有为青年在她的感召下接过接力棒，奉献新时代。

因工作表现突出，刘玲娣多次被评为优秀共产党员和优秀公务员。2009 年先后被评为县级优秀妇女干部、市级优秀公务员和省级优秀公务员。2009 年至 2011 年她所领导的科室连续三年被评为工作目标考核一等奖。

刘玲娣说，她很感恩身边的人，所以自然而然地想把善意传递下去。一家人几十年如一日，坚持孝敬老人、团结邻里、宽以待人、热心助人，用平凡的善举温暖着周围的人，用无私的品行传承着中华民族的传统美德，也收获着自己的幸福，诠释着自身的价值。

孝行吾身先　家国永相连

国家税务总局合肥市税务局第二稽查局退休干部杜军“最美家庭”事迹

国家税务总局合肥市税务局第二稽查局退休干部杜军，在职时工作踏实肯干，乐于奉献，在家以孝为先，家庭和睦，生活中待人真诚、热心助人，熟悉他的人都亲切地喊他老杜。

言传身教

老杜出生在江苏一个农村大家庭，一家十多口人合住一起，和和美美、其乐融融。他的父母一生清苦，但勤劳、和善，从未和村里人发生过冲突，农忙时经常主动帮助别人，并教育孩子们要踏踏实实做事，老老实实做人，不要投机取巧。在这样浓厚的乡土文化教育下，老杜无论身在部队，还是转业地方，都努力传承和践行着父辈的优良家风。

为减轻父母的负担，老杜作为家里的长兄，尽力帮助弟弟妹妹成家立业。父母年龄大了，他早早把他们接到自己身边照顾，在赡养老人方面从不和弟弟妹妹计较。多年来，父母每一次住院他都用心陪护，没有让弟妹们分摊过医药费。母亲晚年髋骨骨折，无法行走，他和爱人每天帮母亲擦身、按摩数次。父亲喜欢吃猪心肺，他每周都早起去买刚宰杀的新鲜心肺。俗话说

"久病床前无孝子"，但老杜却能数十年如一日，用心照顾高龄多病的父母，老杜说，90 岁高龄的父亲幸福的笑容，是对他最大的宽慰。

温暖社会

老杜除了照顾好家人，还力所能及地奉献社会，尽心尽力地帮助他人。他在巢湖军分区工作时，一次开车从合肥回巢湖，路上发现一个被矿山放炮炸伤的伤者，老杜看到情况危急，立刻停车，抬起不省人事的伤者，辗转几家医院进行急救，挽回一个年轻的生命。他从入伍就开始义务献血，一直到退休后血站不允许献血为止，除早期部队献血记录无法查询外，8 本献血证满满记载了 20 多次，累计超过 5000ml 的无偿献血。转业时，他还主动把好的岗位让给更需要的人。他就是这样一直坚持为他人为社会奉献爱心，折射出平凡而又高尚的品质。

感召归国

在良好的家教家风的影响下，老杜的下一代也很争气，女儿和女婿在美国求学工作 9 年，在各自的专业领域均取得了优异成绩，打算在国外定居。但老杜说，走到哪里都不如祖国好，国家培养了你们，学成后没有理由不回来，做人切莫忘记根本，民族复兴、国家强盛是每一位华夏子孙的责任。在他的说服下，女儿女婿放弃美国优渥的工作生活环境，于 2019 年 10 月归国。女儿在合肥的一所大学任教，女婿在为国家的芯片产业贡献力量。

"文明至善，忠厚传家。"愿身边多一些老杜这样平凡的退休干部，注重家风教育，热心奉献社会，永葆爱国之心，将中华民族传统美德深扎于家风家教的沃土，绽放出民族强盛的绚烂之花！

三代“军旅”人　一腔赤诚心

国家税务总局黟县税务局退休干部齐国萍“最美家庭”事迹

齐国萍出生于军旅家庭，一家三代人皆有一颗燃烧的“军心”，尽管不是都能如愿从军，但对祖国的赤诚代代相传，始终如一。

父亲：当兵的人就别想着发财

齐国萍的父亲是一位老兵。1945 年，22 岁的他参军入伍，随部队转战南北，因作战英勇，不怕牺牲，先后在淮海战役、渡江战役中获得嘉奖，很快光荣入党。解放后，父亲又随军到舟嵊要塞区岱山守备区驻守海防、建设海岛，保卫祖国东大门。到了 20 世纪 60 年代，父亲又响应党中央号召，从部队转业到地方参加经济建设，任徽州地区黟县林业局局长直至退休。

在齐国萍的印象中，父亲总是很忙。在岱山时，父亲负责后勤工作，定期要去各个岛屿送物资，经常一去就是好几天。到了黟县，父亲又忙着植树造林，给各个生产线配送木材，也是经常不在家，只留母亲照顾齐国萍兄弟姐妹 5 人。齐国萍回忆，那时，他们一家全靠父亲微薄的收入过活，日子很拮据，桌上常年见不到荤腥，偶尔有块豆腐打牙祭，就能回味很久。其实，以她父亲的职务，只要稍微动用一点手中的权力，家里的生活就会改善很多。但齐国萍心里清楚，父亲是不会这么做的。“我爸最常说的一句话就是‘当兵的人就别想着发财’，他一生都是这样做的。”齐国萍说。

计划经济时代，木材是很紧俏的物资。齐国萍记得，那时常有单位或企业的采购员拿着米、肉等上门求父亲办事，父亲一概不理。后来有个采购员见礼送不出去，就趁着天黑把一条新鲜火腿扔进了她家院子。父亲不知送礼的是谁，只好先让母亲把火腿腌起来以防变质，说等以后找到人，再还回去。于是，那段时间，齐国萍姐弟5个人就只能眼睁睁看着有火腿挂在廊下，干咽口水，却吃不到。这种滋味，齐国萍一辈子都忘不了。后来每当遇到类似的事，她总能想到那条火腿，那条充满诱惑却无论如何都不能吃的“火腿”。

齐国萍父亲的一生，是精彩的，是可敬的：前半段戎马倥偬，誓死保卫国家；后半段克己奉公，一心建设国家。生命弥留之际，还在喊着“中国共产党万岁！中国人民解放军万岁”。老人用毕生践行了一名党员、一名军人的理想信念，给后辈们留下了无尽的思念和向往。

吾辈：绝不碰那条“火腿”

齐国萍兄弟姐妹5个，都是在父亲的言传身教中长大的。齐国萍出生于建国初期，父亲给她取名“国萍”，谐音“国平”，是希望她长大后继续保卫祖国的和平。大妹妹叫“永平”，是希望国家永远和平之意。等到弟弟出生，父亲希望国家越来越强大，便取名“国强”，朴实的词语，寄托着父亲的美好期望，也为下一辈的生活写下了注脚。

齐国萍生在部队，长在军营，又因父亲的关系，从小便对军人有着特殊的感情，参军入伍是她最大的理想。高中毕业那年，正好部队来黟县征兵，齐国萍第一时间报了名，就在她憧憬手握钢枪、保家卫国的时候，却被告知，由于不满18周岁，不能参军。齐国萍知道后，情绪十分低落。父亲宽慰她，说保家卫国不只在战场，鼓励她去更广阔的天地。那时正逢上山下乡热潮，齐国萍便打点行囊，去往农村，开始了5年的知青生活。5年里，她虚心学习，积极肯干，很快加入了中国共产党，担任大队团支部书记和党支部委员，不仅在开荒种地、架桥修路中冲在前面，文艺表演、体育竞技等活动中，齐国萍也是牵头人，自身得到了全面锻炼，赤诚之心也愈加坚定。

1979年，齐国萍通过招干考试进入黟县税务局，期间不论在哪个岗位，她都没有为自己谋取过私利。后来走上领导岗位，担任纪检组组长，齐国萍更是严于律己，自己坚守底线的同时，也时刻注意干部队伍的思想状况，凡发现有苗头的，立即做思想工作。任职4年间，局里从未出现过一起反面案例。2003年，齐国萍被提拔为黟县国税局局长。因为这件事，她的父亲专门召开了家庭会议。“我印象很深刻，父亲把我们姐弟5人叫到跟前，先是告诫我要时刻谨记自己的身份，然后提醒弟弟妹妹，说我是单位的局长，不是家庭的局长，他们自己的事不准来麻烦我。”齐国萍表示，那次家庭会议，他们这一辈至今都牢记在心。

那时正逢国企改制，齐国萍的两个妹妹、一个妹夫下岗在家，不少企业老板为“讨好”齐国萍，提出要帮妹妹、妹夫解决工作问题，都被齐国萍一一拒绝了，大妹妹更是宁愿一直待业也不肯让她为难。齐国萍常说，他们这一辈，没有人碰过那条“火腿”。这些，也是她父亲晚年最大的欣慰。

儿子：当不了军人，那就画军人

齐国萍的儿子刘骁是听着爷爷讲战争故事长大的，和妈妈一样，从小就有个军人梦。可惜三岁时，刘骁因一次医疗事故导致双耳听力重度损失，自此无缘军旅。但作为一名漫画师，他将军人情怀诉诸笔端，画出了一个个可歌可泣的英雄人物。

“当不了军人，我就画军人。”这是刘骁经常挂在嘴边的一句话。对此，齐国萍全力支持。“骁骁小时候看漫画，发现中国的漫画市场几乎被蜘蛛侠、奥特曼等外国形象占领，而自己崇拜的董存瑞、黄继光、邱少云等英雄人物却难寻踪影。那时他就暗下决心，要通过自己的努力来弥补这片空白，用画笔当武器去弘扬中国军魂，让更多的孩子知道，中国人也有自己的英雄。”说起儿子，齐国萍一脸骄傲，“他收藏了很多军人模型，每次下笔前，都要与模型进行深入的交流。因为在他看来，画军人不能光有形，还要切身体会他们的情，即使是面对模型，也要心怀敬意，才不会落入肤浅地描摹。”

近年来，看到祖国发生的翻天覆地的变化，加之受到《战狼》《红海行动》等主旋律电影的鼓舞，刘骁创作爱国爱军题材作品的斗志更加坚定。2017 年，在齐国萍的支持下，刘骁辞去工作，全身心投入到绘画事业中，在网上陆续发表了系列作品，点击率过亿，反响很好。后来在朋友的推荐下，他又和几位军旅题材作家、导演合作，为影视剧画分镜头。有一年冬天，刘骁随剧组长住东北，在零下十几度的严寒中，跟着工作人员一起出外景，争取更好展示剧中人物、场景的真实样貌。面对齐国萍的担忧，刘骁安慰道：“只有带着最纯朴的感情去画画，才能真正打动读者。”

一分耕耘，一分收获。2020 年，刘骁的事迹入选第四届“中国青年好网民”优秀故事，本人也受团中央邀请，前往高校进行宣讲。2021 年，刘骁的漫画《长津湖》入选中国正能量“五个一百”网络精品。2022 年，刘骁又在“寻美·中国”主题活动中被评为“先进个人”。对于这些荣誉，刘骁很淡定。未来，他的目标很明确，就是怀揣“军人梦”一直画下去，画出责任与担当，画出理想和信仰。对于刘骁的成长，齐国萍很是欣慰。

齐国萍一家三代是建党以来中华儿女的典型缩影：父辈们不畏强暴、流血牺牲，让中华民族站起来；下一辈则背负神圣使命、发愤图强，让中华民族富起来；年轻一辈们勇于担当、开拓创新，让中华民族强起来。一代人有一代人的使命，一代人有一代人的担当，正所谓“军心”常在，不负家国情怀！

四世同堂齐携手　薪火相传好家风

国家税务总局古田县税务局退休干部陈枫“最美家庭”事迹

陈枫是国家税务总局古田县税务局退休干部，也是一名军转干部。他的家庭爱党爱国，听党指挥、热爱人民，传承弘扬好家教好家风，重视道德教养，遵纪守法、与人为善，家庭和睦相处。目前他一家四代同堂，上有父亲健在，下有孙辈绕膝嬉闹；早有相互问候，晚有诗书礼乐。家人相处其乐融融，与友相处真诚以待。

立家训，振家风

陈枫的父亲陈日聘于1952年5月参加工作，1955年5月加入中国共产党。他一生为党为国不懈努力工作，先后当选为古田县第六、第七、第八、第九届人民代表大会代表，1987年10月当选为中国共产党古田县第五次代表大会代表，1987年3月被宁德地区行政公署评为宁德地区财政系统先进工作者，1987年5月被福建省财政厅、福建省财贸工会授予先进工作者称号。陈日聘出生于解放前，父亲早亡，只有他和母亲二人相依为命，常被地主村霸欺凌，是共产党给了他出头的日子，给了他幸福生活，所以他不忘党恩，始终教育子孙牢记党的恩情，永远忠于党，要力所能及为党和国家事业做贡献。他认为爱党是报恩，爱民是修德。所以在家庭教育上，特别重视家教家风，不仅教育子孙爱党爱国，也注重子孙个人道德修养。陈日聘为人勤劳朴实、踏实肯干，在职期间，始终坚持“一心为民”情怀，在古田县公房分配工作中，廉洁奉公、忠于职守、热情服务，做了很多利民之事，却从未利用职务之便为自己或亲友谋取一点私利。退休后，他在编修《宅里村陈氏族谱》时，潜心撰写了《为人治家篇》，承前启后地把家风家训郑重列入其中，推崇忠孝节义，教导礼义廉耻，让陈氏族人在生活行事中有德可循、有训可查、有风可正。

筑忠魂，善作为

陈枫曾是一名武警消防战士，1980 年 1 月入伍，1982 年 11 月加入中国共产党，1995 年转业后，在古田县税务局任职。他传承了父亲对党忠诚、诚实守信的品格，在工作和生活中以身作则，倡导爱党爱国、遵纪守法、尽职尽责理念。在部队服役期间，他参与数百次抢险救灾，在烈火中锻炼对党对人民的忠诚，在抗洪抢险中践行为民使命，在服役期间曾荣立个人三等功一次。1994 年 7 月，他被中共古田县委、古田县人民政府评为“6·20”抢险救灾先进个人。转业成为税务干部后，他始终牢记“为国聚财、为民收税”使命，认真履职，努力完成每一项工作任务，2014 年 7 月被中共古田县国税局机关党委评为 2013 年度优秀党务工作者，2015 年 6 月被古田县国税局评为 2014 年度先进工作者，2016 年 7 月被中共古田县国税局机关党委评为 2015 年度优秀共产党员。

敬贤德，话忠孝

陈枫家庭的另一个主角——他的妻子在弘扬传统美德，传承好家风好家训中发挥着重要作用。在家庭教育上，她拥有得天独厚的优势，在新华书店上班的她乐于与众多书籍为伴，欣于与广博知识为友。每次看到有家庭教育方面的书籍，就买回来与家人共同学习，日积月累，爱国爱家情怀更加浓厚，个人素养日渐提升。多年来，她坚持参与送书下乡活动，走过全县各乡镇的村级书屋，为村庄送过几万册图书。妻贤夫祸少，子孝父心宽。陈枫的妻子是一个现代女性与传统美德兼有的端庄之人，她的贤惠对家庭稳定起到了十分重要的作用。

承家声，践使命

陈枫的儿子也十分上进，大学毕业后通过考试顺利成为公安系统中的一员，后来又加入乡镇公务员队伍。受好家风熏陶，他平时工作认真负责，积极肯干，得到乡政府领导的表扬。在抗击疫情期间，他主动请缨，担任乡镇与返乡人员的联络人，不分日夜坚守岗位，为守护一方平安贡献力量。他每天要打几十上百个电话，逐个证实返乡者行动轨迹，确保本县防疫防控不漏一人。加入中国共产党，践行为人民服务的初心是他最大的理想，他时刻以一名共产党员的标准严格要求自己，现在已是一名入党积极分子。陈枫的儿媳就职于税务部门，也是一名共产党员。她工作积极，平时虚心向老同志学习，尊敬领导，团结同事，因工作成绩突出，2020 年和 2021 年连续两年被单位评为优秀公务员，2019 年和 2020 年被评为优秀党务工作者。家庭生活中，夫妻孝敬父母公婆，互敬互爱，爱护孩子，培养孩子爱学习爱劳动的好习惯。

家是最小的国，国是千万家，正所谓“天下之本在家”。“最美家庭”的美，在于注重家庭、家教、家风。而陈枫家庭的美在于三代人同心爱党爱国爱人民。在他们看来，基层工作是服务群众的“最后一公里”，为人民服务就是基层工作者最大的贡献和幸福。

以勤立业　以善传家
以文兴家　用爱相守

国家税务总局景德镇市税务局退休干部刘国祥“最美家庭”事迹

家庭是人生的第一个课堂，家风是一个家庭的精神内核，家训是融化在血液中的气质，是沉淀在骨髓里的品格，它雨润万物涵养子孙。一家仁，一国兴仁；一家让，一国兴让。在景德镇有这样一个模范家庭，他们家以“收好税，做好事，顾好家”为家训，注重家庭、家教和家风，以勤立业、以善传家、以文兴家、用爱相守，构筑起“温馨的港湾”，成为大家交口称赞的“最美家庭”“五好家庭”“文明家庭”“光荣之家”。

收好税，敬好业，清正廉洁，谦虚正直好家教

刘国祥，1948年出生于江西临川，1964年10月参加工作，在景德镇市原国税局退休。刘国祥1970年加入中国共产党，现今已是一名有着53年党龄的老党员，他同时也是一名退役军人，曾在部队荣立三等功且多次受到嘉奖，始终保持着军人本色。自从事税务工作以来，他一直扎根在基层、奋斗在基层，工作兢兢业业、任劳任怨。特别是调到市局发票管理所工作期间，

被晋升为副所长，作为骨干力量从事发票稽核检查工作，发现有企业长期不申报纳税、偷逃国家税收等行为，为稽查部门查案提供了重要线索，有力打击了利用发票偷逃税款的不法行为，圆满完成发票稽核检查各项工作任务。他团结同事、为人谦虚正直，下户工作期间自觉遵守市局各项廉洁自律有关规定，清正为民、廉洁奉公，热心为纳税人办实事，不折不扣做好各项事务性工作，服从组织安排，多次被授予市税务系统优秀税务工作者等荣誉。他身体力行踏实做事、廉洁做人的行事风格，潜移默化中给予下一代诸多正向引导，在家庭中形成了良好家风。

收好税，顾好家，以善传家、相亲相爱好传承

刘国祥性格比较内向，平时不太爱说话，但对人特别热心、周到。妻子吴桂英退休前在市物资局工作，夫妇二人都是老共产党员、市里和单位的老劳模老先进，妻子曾被授予全国和全省物资系统先进工作者、三八红旗手等荣誉，夫妻俩相亲相爱，他们家在 20 世纪 80 年代就被评为“五好家庭”。天有不测风云，1998 年 6 月 26 日妻子抗洪抢险时昏倒在洪水中，2002 年又发生脑溢血，半边身体瘫痪，手和脚摔断过四五次，甚至几次历经生死边缘的折磨。刘国祥为更好地照顾生活不能自理的妻子，2003 年年仅 55 岁的他就毅然选择了提前退休，十八年如一日，对爱妻不离不弃，悉心照顾。儿子刘勇和儿媳何伟珍更是床前床后，忙上忙下，尽心尽孝，直到 2015 年吴桂英因热射病突然离世。而不幸的事又接踵而来，2014 年 12 月，儿子刘勇的岳母在鄱阳突发脑溢血病危，刘国祥教育儿子，不仅要对自己的父母尽孝，也要对妻子的父母尽孝。在他的教育影响下，儿子儿媳第一时间将老人家接来治疗，刘国祥也积极帮着他们照顾出生仅三个多月的儿子，四处寻医问药，直到老人家康复。

收好税，做好事，以勤立业、以文兴家好家风

“收好税，做好事，顾好家”这是刘国祥时常告诫儿子刘勇的一句很朴实的家训。正是有了刘国祥的严厉监督教导和生活帮助，儿子儿媳才能心无

旁骛经营家庭、后顾无忧干好事业。一是做好工作事。儿子刘勇学校毕业后秉承父业，考到税务部门工作，成为了一名光荣的税务干部，二十多年来勤奋工作，遵纪守法，爱岗敬业，在党和组织的培养下，现在担任国家税务总局景德镇市昌江区税务局党委书记、局长。刘勇创新建立的“瓷都税务勤廉微课堂”和“赣税清风微廉播”已运行 4 年 1000 余期，被江西税务系统作为特色党建品牌在全省推广；他创作的党建和廉政漫画、瓷盘等作品也多次在税务总局、江西省局和景德镇市内获奖。儿子刘勇在外是领导和同事眼中的好干部、优秀党员，是年轻人信赖的好“勇哥”，在家是个孝子，也是一个像父亲刘国祥一样的“爱妻使者”。刘国祥儿媳何伟珍是个贤媳孝女、贤妻良母，事业上同样勤奋刻苦、创新创业，是景德镇市三八红旗手、江西省陶瓷艺术大师、江西省高级工艺美术师和非遗传承人，作品多次获得国家级金奖。她心中感恩党感恩祖国，多年来创作的《井冈雄风》《雄关漫道真如铁》等多件作品在省市相关纪念活动中展出获奖。2021 年为庆祝建党一百年，儿子与儿媳携手设计创作了“盛世中华奋斗杯”。2022 年刘勇家庭被评为全国“最美家庭”。刘国祥一边以严治家，一边倾情善待，当儿子儿媳忙于工作事业的时候，他就时常会默默地为他们买买菜、烧烧饭、带带孙子孙女，为他们分担困难和压力。二是做好善心事。待贫困户如亲人、救助陌生人、关爱孤老、爱心捐款等善心善行在他们家默默地接续传承，做在日常、胜在经常，以言传身教潜移默化地教育影响着第三代，刘国祥家庭的良好家风和优良品德也一直得到邻里同事、亲朋好友和社会群众的交口称赞。

不管生活工作中经历了多少风风雨雨、挫折困苦，刘国祥一家人始终以爱党、爱国、爱家作为共同追求和行动，彼此用爱和责任，树起了“好家风”，演绎了感人的温馨家庭故事，也时刻感染和影响着身边的每一个人，彰显了中华民族家庭的传统美德和现代家庭文明新风。

阳光向上 陶艺传承 为家庭生活添色加彩

国家税务总局景德镇市税务局退休干部钟小华“最美家庭”事迹

钟小华是景德镇市税务战线德高望重的老领导、老党员，有扎实的思想政治理论功底和持续发挥余热的初心。妻子夏慧琴，原任景德镇市粮食收储公司妇女主任，现已退休。夫妻二人生活中心态阳光、善良向上、和睦相处、互相支持，将社会主义核心价值观内化于心、外化于行，为党和国家的事业、社会的文明进步积极发挥着正能量。钟小华家庭曾获得第五届全国“五好文明家庭”、景德镇市“最美家庭”等荣誉。

钟爱陶瓷，致力传承创新

钟小华于 1953 年出生在景德镇，他热爱家乡瓷都，从事税收工作多年，为国聚财、为民收税，为景德镇地方经济发展贡献才智。更难能可贵的是，退休以后，钟小华和妻子都特别钟爱陶瓷创作，在妻子的鼓励支持下，他全心投入景德镇陶瓷文化传承创新并取得重大贡献。他是陶瓷彩绘国家一级技师高技能人才，被授予“陶瓷手工技艺——高温颜色釉堆雕代表性传承人”

称号，被评为中国轻工业陶瓷研究所艺术中心高级画师，2021 年，他被江西省文化和旅游厅认定为景德镇手工制瓷技艺省级代表性传承团体装饰工艺类传承人、江西省工艺美术家。他还始创了高温黑白釉艺术陶瓷，他的陶瓷色釉堆雕的独门绝活丰富了景德镇艺术陶瓷的创作语汇和审美体系，陶艺风格独步瓷苑，被瓷坛泰斗王锡良誉为“千窑一宝”。钟小华积极参加中国景德镇陶瓷国际博览会专题艺术大赛及展出，作品先后荣获 1 金、2 银、1 铜等奖项。他的 10 余篇独家性专业论文曾发表在国家核心中文期刊《中国陶瓷》和《中国陶瓷工业》上，他的色釉堆雕艺术作品被中国陶瓷馆和景德镇非遗保护中心收藏，他和妻子用传承陶艺的双手将家装点得绚烂温华。

初心不改，热心党建事业

钟小华 1969 年年末参加工作，先后在江西生产建设兵团、景德镇宇宙瓷厂、景德镇市委对台办工作。1987 年，他调入税务部门，先后任景德镇市税务局党办主任、江西省国税局征管处副处长、景德镇市国税局副局长等职务，退休后，他始终做到“离岗不离党，退休不褪色”。退休 10 年来，上级党组织对他委以重任，推荐他担任市税务局老干部党支部书记和老年体协主席，他的妻子给予了充分理解和生活上的支持，让他有充分的时间和精力组织带领百余名税务机关老干部凝心聚力，获得全省首批离退休干部“示范党支部”、全市先进党支部、关心下一代工作先进单位、全市正能量示范点等荣誉。他发挥党员先锋模范作用，带头学习党的二十大精神，在他的积极影响下，老干部总支党员掀起学习热潮，撰写的 5 篇学习党的二十大报告心得体会被省委老干部局、市委老干部局采用并在官方公众号上发布。他和妻子都热爱公益事业和志愿服务，积极发动老干部们为浮梁桃墅小学捐款，为全部教室购置安装了吊扇，在社会上产生了积极反响；组织老干部为“双创双修”开展志愿者行动，积极建言献策，2 篇稿件在《景德镇日报》双创双修专版头条发表；组织老干部开展防汛救灾和灾后重建捐款等。钟小华一家在疫情防控期间，第一时间在居住小区组织退休同志志愿服务队，协调保障小区物资供应、值班值守、秩序维护等各项工作，并帮助解决群众困难，主动协调将市税务局老干部活动室用于支持防疫工作，并协助布置室外核酸检测场地。夫妻二人用不变的初心和不褪色的赤诚为党建事业助力添彩。

阳光生活，保持和睦家风

钟小华和他的妻子牵手44年，一直风雨相伴，相敬如宾，女儿钟文，在上海进才实验中学任英语老师，女婿吴德峰在北京中轻国际工程咨询服务公司任副总经理、纪委书记，教授级高级工程师，外孙和外孙女跟随父母在上海读书，家庭和睦幸福，子女忠孝敬业。他和妻子业余爱好广泛，书法、绘画、舞剑、象棋都是信手拈来，是景德镇市诗词学会、美术家协会、作家协会、摄影家协会会员，夫妻二人的退休生活可谓丰富多彩。他常说："为人父母，与子女相处时，亦师亦友，我们夫妇二人主动接触更多新事物、新知识、新观念，也是为了更好地与子女后辈沟通交流，培养好家风。"每逢节假日，钟小华便会携妻子赴上海与女儿女婿一家团聚，聊聊女儿女婿的工作生活，关心关怀外孙女和外孙的学习成长，一家人其乐融融，共享天伦之乐。2020年疫情期间，钟小华创作了几十幅战疫诗书画作品，被《老友》杂志、《江西老年书画报》、《景德镇日报》以及市美术馆、群艺馆、档案馆官微刊发，仅《钟小华战疫诗书画微展》就有3000多人观看。钟小华言传身教，教育外孙女课外为战疫做一点力所能及之事，爷孙二人携手开展小记者中英文家庭战疫视频采访活动，北京彩视中心等多家官微进行了转播报道，《瓷都晚报》号召全市小记者向他外孙女学习，开展家庭采访为战疫助力。钟小华用积极乐观的心态和不断接受新事物的心境带动每一位家庭成员，不论身处人生的哪一个阶段都能将生活过得多姿多彩。

钟小华一家在任何时候都以阳光向上的心态笑对生活，不论是在工作中爱岗敬业，或是在学校里求学问道，又或是退休后继续发挥余热，都有着如窑火般热忱向上的家庭追求。

家在汶水上　大爱无亲疏

国家税务总局汶上县税务局退休干部
王庆习"最美家庭"事迹

"好家风"就像一把火炬，照亮家庭，温暖一方。提起王庆习家庭，谈起他的税务蓝、军营绿、爱心红，说起他们敬养双亲、叔父如山、情暖孤老的故事，当地百姓都会交口称赞。他们燃烧最美的年华，倾心奉养身患疾病的高堂父母，精心养育幼年丧父的侄子侄女，全力扶助耄耋丧女的孤寡老人，用凡人善举传承了大爱至善的和美家风，谱写了一曲新时代的美德之歌。

孝养父母　点点滴滴都是爱

百善孝为先，王庆习始终把这句话奉为自己的行为准则。1981 年 10 月，王庆习应征入伍。在 13 年的军旅生涯中，无论工作多忙，他始终坚持每月给父母写一封信，每季给父母买件换季的衣物，逢年过节给父母邮寄营养品，是部队里有名的"孝子兵"。

城里，还是乡下？在面临工作选择时，人们往往都会选择前者，而王庆习却不一样。1994 年 10 月，王庆习转业到汶上县地税局。为了弥补多年远离家乡的遗憾，方便照顾上了年纪的父母，他主动放弃了在县城工作的好机会，毅然选择去条件艰苦但相对离家较近的偏远山区乡镇上班。基层工作繁杂，经常加班，遇上下雨天，山路更是崎岖难行，但无论下班多晚、天气多恶劣，王庆习都坚持每天回家看望父母，因为“不回家看看，我总是不放心”。

王庆习出生在一个偏远的山村，家里兄妹多，父母操劳过度，积劳成疾。2018 年，82 岁高龄的老父亲因心脏衰竭，在济宁市第一人民医院抢救治疗，安装了心脏起搏器；2020 年 4 月又诊断出患慢性肾衰竭尿毒症、冠状动脉粥样硬化性心脏病等疾病。王庆习带着父母四处求医问药，几乎花光了家里的所有积蓄，还总是宽慰老人：“钱的事儿您别担心，您只管好好看病。”妻子毫无怨言地支持丈夫的事业、辅导儿子功课、照顾生病老人，是他的“贤内助”。有时王庆习工作忙，她就独自陪着老人去医院，跑前跑后办理手续，陪着老人拍片子、做治疗。老人住院期间胃口不好，她轻声细语、耐心做心理疏导，有时干脆回家做了老人爱吃的饭菜，再匆匆忙忙赶回医院，陪老人一点一点吃完。她把老人照顾得细致入微，同病房的病人都羡慕王爸爸有个“好女儿”。

王庆习夫妻常说：“家之于我，是一份信任、是一份责任、是幸福的源泉、是疲惫时心灵的港湾，父母恩情深似海，孝敬父母是人的天性和本能，丧失这一点就丧失了做人的资格。”在好家风的传承引领下，他的家庭四世同堂，充满了温暖，就连他的小孙子都知道，第一碗饭要先端给老爷爷——孩子的曾祖父。

抚养族亲　把哥哥的孩子视如己出

1998 年，就在王庆习转业回家，工作逐步稳定的时候，一场突然的变故，打乱了家里安定祥和的日子。他的哥哥在一次交通事故中意外身亡，留下一对 14 岁的双胞胎儿女孤苦无依，让年迈的双亲受到了沉痛的打击。王庆习料理好哥哥的后事，主动承担起抚养两个孩子的重任，他劝慰父母：“只要有我在，俩孩子一个也耽误不了！”往后的十几年，王庆习始终牢记着这个承诺。

家庭条件的差距、父亲突然离世，让王庆习哥哥的两个孩子萌生了辍学打工的念头。王庆习深知，农村孩子的出路，在于读书求学，没有知识是行不通的，于是批评了他们的错误想法，鼓励孩子：“你们俩安心读书，其他的事有我和婶娘呢，不是你们该担心的。”在他的支持下，两个孩子顺利完成了学业，侄女在当地找到了工作，侄子也成家立业，日子过得越来越红火。

“要珍惜自己的工作岗位，爱岗敬业，常怀感恩之心，在单位做一名好职工，在社会做一名好公民，在家庭做一名好成员。”“家庭里，要互相包容，换位思考，互相体谅。”这是王庆习夫妇经常叮嘱孩子们的话。在好家风的熏陶下，王庆习的儿子儿媳工作积极肯干，在家庭中也是尊老爱幼，一家人其乐融融，儿子常说：“爸爸说到的事再难也要做到，自己能做的绝不麻烦别人，能帮助别人的绝不袖手旁观。”

义养孤老　超脱血缘显爱心

王庆习说：“母亲含辛茹苦地带大我们姐弟 6 人，常告诫我们，人穷志不能短，要自力更生，努力奋斗，要与人友善，多帮助有困难的人，这样的家教家风是我一生的信条。”他是这么说的，也是这么做的。

2007 年腊月二十三，王庆习从父母口中得知，本村 86 岁高龄的孤寡老人毕桂珍，卷着铺盖从闺女家回来了。原来，毕桂珍老人老伴去世早，她跟随唯一的女儿艰难度日，屋漏偏逢连夜雨，50 多岁的女儿因病去世，女婿重病在身，外孙残疾，再也无力抚养老人。老人虽然已经过了耄耋之年，但内心要强，为了不拖累女婿家，她拄着拐杖回到了老家，还想着自力更生度过余生。

王庆习从左邻右舍了解到，毕桂珍老人不仅年事已高，而且患有严重的心脏病、高血压等疾病，独自生活的困难可想而知。知道这些后，王庆习心里像压上了一块沉重的大石头，他黯然地念叨着：“老人苦啊！难啊！可怜啊！一个人该怎么活下去啊！”心里的牵挂让他不由自主地向老人家走去……

老人家的房屋已有20多年没有居住，低矮的房屋破旧不堪，门窗没有玻璃，用塑料纸糊住，墙皮早已剥落，屋里只有一张床、一张桌、一床又黑又硬的破棉被，老人的眼里充满了沧桑和无助。看到这般场景，朴实善良的王庆习心中难过至极，在门前沉默许久，他毅然作出决定，要把毕桂珍接到家中，当成自己的亲人赡养，一定要让苦难一生的老人度过一个温暖的晚年。

当王庆习把这个决定告诉妻子时，本以为会遭到妻子的反对，没想到妻子只说了一句话："把老人接过来住吧！"从此，王庆习家里又添了个让他牵肠挂肚的亲人，一家人就像对待自家的亲人一样，把毕桂珍赡养起来。有人说："老人重病在身，要是在咱家有个三长两短，村里人说三道四怎么办？"也有人说："你们只是邻居，非亲非故，何必那么辛苦。"王庆习夫妇心里却很坦然：远亲不如近邻，互相帮帮就过去了。

王庆习家庭的善行义举，很快在乡间传播开来，感染着越来越多的邻里乡亲。村支部书记杨宪林为老人申请慈善救助款，带头为老人捐款，父老乡亲们也纷纷行动起来，争相伸出援助之手，你一百、他五十……老人穿上了新衣，吃上了热饭，时常有人嘘寒问暖，重新看到了生活的希望，饱经风霜的脸上也终于有了笑容。

一次，毕桂珍老人一连几天神志不清，甚至出现大小便失禁、饮食困难，这可急坏了王庆习。他请假在家、日夜守护，给老人喂药喂饭，衣不解带地照顾起来。老人吃药困难，他就把药片放在小汤勺里化开，一滴一滴地送到老人口中；老人需要吃流食，他就买来奶粉果汁，一勺一勺地喂给老人；老人身体虚弱，翻不了身，王庆习便两小时给老人翻一下身；老人大小便失禁，他就给老人端屎擦尿，连达数月。毕桂珍老人毕竟年事已高，医治无效，与世长辞。王庆习亲自为老人操办了丧事，全村男女老少纷纷前来吊唁，风风光光地送走了老人。

王庆习夫妇以超脱血缘的亲情、纯朴的善举，感动了周围的人。他用自己的行动，让老年人老有所养、老有所依，诠释了人间大爱，带动更多人多关心、关爱老年人，让他们感受到了这个时代的温暖。

老吾老以及人之老，幼吾幼以及人之幼。王庆习家庭的经历，是一道充满人间真情的风景线，他们用心经营着自己的"小家"，用爱感染着身边的"大家"，不分远近、不分亲疏，宝贵的亲情和真情，诠释着至善大爱的高尚品质，是对中华民族传统美德的生动注解。王庆习的家庭代表了税务干部的职责担当，诉说着税务人的家庭温暖，示范引领了社会主义家庭文明新风尚，王庆习先后获得孔孟之乡二十四孝、济宁好市民、第八届济宁市道德模范等荣誉。

用爱心构筑家庭　用行动传承家风

国家税务总局龙口市税务局退休干部吴其厚“最美家庭”事迹

他叫吴其厚，当过兵、打过仗、立过战功，转业从税依旧初心不改，力帮昔日战友就业脱贫奔小康；她叫孙英，一手拿粉笔、一手执农具，教书育人和照顾家庭“两不误”，用实际行动为周边人树立了榜样。多年来，他们夫妻恩爱、互尊互勉、尊老爱幼、勤俭持家、礼貌待人、拥军爱军、乐于助人，深受邻里、单位和社会好评，其家庭也先后荣获“全国‘平安家庭’示范户”“齐鲁心系国防最美家庭”“山东省文明和谐职工家庭”等荣誉。

前线冲锋，妻子就是他坚若磐石的“大后方”

1976年，20岁的吴其厚参军入伍。9年间，吴其厚凭借肯付出、能吃苦、敢拼搏的韧劲，一步一个脚印，最终从一个山里娃成长为人民军队的基层指导员，并与在龙口市聋哑学校任教的孙英结了婚、成了家。1985年，已经是一个3岁孩子父亲的吴其厚跟随所在部队开赴老山前线参加对越自卫反击战。当全国人民在喜迎春节之时，吴其厚却和战友们蹲守在闷热潮湿的猫耳洞里，对面不到200米就是敌人黑洞洞的枪口。而家属孙英代表黄县聋哑学校（当时吴其厚所在单位与黄县聋哑学校是军民共建单位）带着印有“最可爱的人”的背心、锦旗等慰问品穿过敌人的猛烈炮火，上到了前沿阵地，慰问吴其厚所在部队并探望自己的丈夫。当时，孙英是第一个也是唯一一个到达阵地一线慰问官兵的家属，极大地鼓舞了阵地上指战员们的士气，也赢得了官兵们的一致好评。她随身携带的一面绣着“黄聋校心心向老山，老山将士仗仗必胜”的锦旗一直在阵地上飘扬，直到部队回防。

当兵 11 载，吴其厚有 7 年时间不在家。为了消除丈夫的后顾之忧，妻子孙英主动承担起了伺候年迈公婆、照顾幼小孩子的重担。特别是在吴其厚参战期间，孙英每个星期天都会骑着自行车带着不满 4 岁的女儿，行程 20 多公里回家帮助公婆操持家务，将儿子捎给老人的信念给公婆听，宽慰两位老人的忧子之心。每年两季农忙季节，学校正好放假，从小“两手不沾阳春水”的孙老师在家一住就是一个多月，帮助老人挑水、打药、推粪、锄草、割麦子，起早贪黑，有时早晨 5 点干到下午 2 点多钟才吃饭，两手磨得都是血泡，甚至有一次中午累晕在麦田里，但依旧咬紧牙关不叫苦、不叫累，默默承受。老吴的父母均年逾耄耋，之所以能够过上舒坦、幸福的晚年，与儿媳孙英的孝敬是分不开的，用父亲的话说：“十里八村找不出俺这样孝顺的好儿媳妇来。”7 年来，孙英用实际行动维系起了家的“和谐”，也潜移默化地影响着周边人。

转业从税，扶危济困成了他乐此不疲的“新事业”

1987 年，吴其厚从军队转业到地方，被分配到税务系统工作。回到地方的老吴时刻挂念着老部队老战友，除了积极参加单位组织的军民共建、军民联系点等拥军优属活动之外，自己也多次到本地驻军当中慰问指战员，并帮助生活困难的复员军人、战友。曾与老吴在老山前线并肩战斗过的赵某是一个孤儿，复员回家后，没地没房生活困顿。老吴得知这一情况后，立刻与有关部门进行沟通协调，最终经过多方努力帮助赵某找到一份工作，解决了他的生计问题，如今赵某早已成家立业，生活无忧。参战军人王某家在农村，生活困难，因与村里发生纠纷曾经多次上访。老吴得知后，多次登门做工作，为他讲政策、出点子、找门路，甚至帮助他在城里开了一家蛋糕店，如今老王的小店在龙口市已经小有名气。从1987年转业到如今，吴其厚先后帮助生活困难的复员退伍军人再就业13人次，累计资助金额近万元。

1998年，吴其厚资助的学生封晓雯由于父亲车祸而债台高筑，面临着失学的窘境。吴其厚在得知她的情况后，立即发动战友及单位全体党员干部捐款2000元，随后，又与校方联系，为其建立了专门账户，彻底解决了封晓雯的上学费用问题。封家人深受感动，先后送了两面锦旗：一面是“真诚支援无私奉献”，另一面是“热心助教爱心永恒”。

对于这份“新事业”，妻子孙英很支持，对老吴说：“咱们家虽然也不富裕，但为战友和贫困群众解困解难、传递爱心是咱们应该做的。”

薪火相传，女儿接过他拥军爱军的“接力棒”

女儿吴佳榀从小受到父母亲的影响和家庭熏陶，对军人抱有好感，长大后，也毫不犹豫地选择了军人做自己的丈夫，成了一名光荣而又伟大的军嫂。为了照顾丈夫和孩子，吴佳榀毅然辞去了事业单位稳定的工作，选择了“随军”，跟随丈夫在驻地小城市照顾年迈公婆和年幼的孩子，并作为优秀军人家属代表受到了地方政府、部队和民政部门的表彰奖励。吴佳榀常说：“成为了一名军嫂就意味着奉献，我一定以父母为榜样，用爱经营家，让家成为幸福的港湾。”在她的鼎力支持下，丈夫迟秉剑在部队连续多年被评为先进工作者，荣立三等功三次、嘉奖三次，并在部队大比武中荣获优胜个人，其所在单位也被评为先进单位。

“龙江精神”永不褪色的传家宝

国家税务总局安阳市税务局退休干部杨州毅“最美家庭”事迹

国家税务总局安阳市税务局退休干部杨州毅，是红色家风“龙江精神”的传承人，他们家 2021 年被中宣部、全国妇联评为全国“最美家庭”。

在红色家风中长大

1953 年，杨州毅出生在福建漳州一个干部家庭。她的父亲，叫杨保成。这个出生于河南林县（今林州市）的农家汉子，在家乡投身革命，先后入党、参军，在战火的考验中，他将太行山一般的坚定信念，融入了自己的一生：“我是党的人！”

1949 年 4 月，38 岁的杨保成同妻子一道，带着刚出生的大女儿，按照党中央要求，告别家乡，同马兴元、谷文昌等 114 名林县籍干部一起，随中国人民解放军长江支队一路南下，参与解放福建漳州，后留在当地工作。

1963 年初，福建省龙海县遭受前所未有的特大干旱。杨保成作为县委副书记、全县抗旱总指挥，带领干部群众以大局为先，科学决策，堵江截流，引水抗旱，以淹没 1300 亩麦田、秧地的代价，保住了 10 万亩农田，这一“丢卒保车”最后“车卒俱保”的创举，孕育形成了以“团结协作、无私奉献、顾全大局、舍己为人”为核心的“龙江精神”。

看着整日忙忙碌碌的父母，杨州毅逐渐明白，只有工作才是干部的“特权”。杨保成将“公”和“私”分得特别清楚，夜晚在办公室办公时开电灯，学习政策就用自己买的蜡烛。他坚持认为：“学习是自己的事，怎么能用公家的电？”

至今，杨州毅还记得父亲教育儿女时说的话：“永远不要占公家一分一厘的便宜！”

在奉献中延续好家风

刻在基因里的东西，一辈子也不会改变。

影响杨州毅大半生的，是父亲杨保成的一项要求，就是“把‘龙江精神’当作传家宝代代相传！”

面对这份沉甸甸的嘱托，杨州毅找到了两个字：奉献。尽己所能，服务社会。

1985 年，杨州毅被调往安阳市税务局从事统计工作。一辆自行车，伴随她风里雨里，走遍了各县局分局和农村基层。“搞统计，不下基层哪儿来的数据？没人要求我这样做，但做不好心里感觉不踏实。”杨州毅撰写的多篇调研文章，在河南省税务系统受到肯定。

家庭是传承的载体，家风是传承的灵魂。退休后，杨州毅用实际行动影响着家里的三代人，好传统和好家风已内化为这个大家庭的精神标识。

杨州毅全家共 5 口人，除小孙子外，4 名党员。在这个家庭里，吃苦耐劳是起码要求。

她的儿子孙翔在安阳市自然资源和规划局工作，常年扛着仪器在户外测绘。辉鹤高速公路勘测定界时，正值大雪寒潮天气。为了赶进度，孙翔和同事们牺牲节假日和休息时间，顶风冒雪，在遍布荆棘的野外开展测绘，耳朵冻得生疮，和头皮黏在了一起。夜晚，他们还要在小镇上没有暖气的小旅馆里连夜整理数据……

杨州毅的小孙子孙昊泽今年 7 岁，耳濡目染之下，小家伙说：“长大我也要当共产党员，帮助别人，为人民服务！”

这个充满正能量的家庭，多次伸出温暖的手，去打开爱的大门。多年来，杨州毅家庭陆续向市社会福利院、贫困学生、贫困家庭、汶川和玉树地震灾区等捐款 20 万余元。

在坚守中传承红色基因

这些年，杨州毅认真整理父亲留下的史料，通过回望历史，播撒红色的种子。

2021 年，由未金林、杨州毅主编的《回望太行》一书出版。这本共计 22 万字的图书，抢救性地收集、记录、挖掘、整理从林县出发参加“长江支队”的 114 人逐渐被埋没的资料与史实，重现了马兴元、谷文昌、杨保成等南下干部从太行到八闽，为解放战争与社会主义建设事业英勇牺牲和奉献毕生精力的英雄事迹，展现了那段艰苦岁月里，人们是如何坚定信心、开动脑筋、解决问题的，为后人了解历史、传承红色基因提供了宝贵的教材。目前，该书已成为红旗渠廉政教育学院的学习教材，并被中央纪委国家监委网站《书单》栏目推荐。

老有所为，初心如磐。作为安阳市妇联“永远跟党走”巾帼宣讲团成员，杨州毅忙并快乐着。“家人很支持，特别是老伴儿和儿媳妇！”因为，全家人都知道她心里那个无比坚定的目标：守好传家宝，去照亮更多的人！在平凡中践行一名共产党员的初心使命。

崇德立信　孝善传家

国家税务总局洛阳市税务局退休干部张锦娜“最美家庭”事迹

张锦娜的家庭是一个四代同堂的大家庭，全家人相亲相爱，传承中华文化，弘扬传统美德，坚守崇德立信、孝善传家的家风，夫妻同舟共济、守望相助，孩子勤奋刻苦、积极上进，老人衣食无忧、颐养天年，全家以德治家，以爱兴家，良好家风不仅化作春风细雨融入他们的日常生活中，还影响和带动着周边的家庭。她的家庭先后被省、市评为“最美家庭”，并获第十一届“全国五好家庭”荣誉。

家风承继　相亲相爱的家

张锦娜和爱人结婚30多年来，始终牢记父母的叮嘱：“做孝敬公婆的好媳妇，做弟妹的好嫂子！”在与婆婆30多年的相处中，相互照顾，彼此包容。都说婆媳是上辈子冤家，而她们却从来没有红过脸，亲如母女。与姑妹也亲如姐妹，有什么好吃的、好用的都惦记着姑妹，姑妹有什么心里话总会给她讲。锦娜父母家与她和公公婆婆家同在一个小区，父母、公婆双方情感交融，关爱有加。早晨，双方父母总是相伴一起锻炼、一起采买；锦娜父亲每天雷打不动会将精心制作的鲜榨营养果汁送到公公婆婆的手里，婆婆蒸馒头、烙油馍也总惦记着给她父母送一些。有一年，锦娜家里房屋需要装修，人、物需要搬离，她父母知道后二话不说，早早地将房屋腾出来，铺好被褥，将锦娜公公婆婆等五口人迎到家中，把东西放置好；考虑到公公婆婆的饮食习惯，精心制作一日三餐；公公婆婆爱看戏，锦娜父母就放弃每日必看的中央四套节目，准点将频道调到戏曲频道，一个多月，天天如此，待房屋装修完搬离时，说话惜金的公公说：“在这里住习惯了，真有点恋恋不舍。”亲密的关系惹得四邻八舍啧啧称赞：怎么有这么好的亲家。

家风相守　坚强后盾的家

张锦娜的母亲66岁入党，实现了多年来的愿望，全家都成为共产党员是老人们最骄傲的名片，老人们常讲的一句话就是“好好工作”。锦娜和爱人未退休前都在行政机关工作，工作忙、事情多，照顾儿子的事，公公婆婆主动包揽下来。从孩子出生、衣服的制作、喂养、起居到幼儿园、小学的接送，老人竭尽所能呵护照顾，解除了他们的后顾之忧。她的公公婆婆都是从苦难日子过来之人，有着善良、包容、勤俭、坚韧的优良品质。家中物品坏了，公公舍不得丢，敲敲打打再用几年。

老人的一言一行，给予了锦娜夫妻内心的感动和前进的动力，成为他们工作和生活中最坚强的后盾。锦娜未退休前，在多个行政岗位工作，无论哪个岗位，履职尽责，认真细致圆满完成各项工作任务，多次被单位记功、嘉奖；锦娜爱人由业务行家走上领导岗位，多年来，兢兢业业，勤政廉洁，曾连续13年被评为优秀公务员，多次被评为“优秀共产党员”。

家风传承　崇德向善的家

“帮助他人，收获快乐”，是张锦娜全家人的座右铭。锦娜是朋友们公认的“贴心管家”，谁出差了、谁有事了，家中的钥匙就交给她；她是热心肠的红白事“理事”，谁家有事，只要张口，二话不说给予帮助；她曾是税务系统近五百名“爱心税官妈妈”志愿服务队的队长，每年定期定项定点到贫困山区、贫困家庭，为千余名留守儿童送上“母亲”的温暖。

父母的言传身教是孩子最好的榜样，2018 年 5 月，她儿子与心爱的人牵手组成新的家庭，在婚礼现场一众亲朋好友的见证下，她和爱人把“崇德立信　孝善传家”这八个字交到了儿子、儿媳的手中，希望他们传承好家风，创造美好未来。儿子、儿媳没有辜负他们的期望，小夫妻关爱家中的老少，有什么好吃的立即给家中买，有什么好用的，立即添置；他们努力工作，在各自的领域，闯出了属于自己的一片天；他们爱国家爱社会，儿媳在新闻单位工作，以新闻人的角度来展现社会的真善美，儿子加入到了义工联合会，看望留守儿童，照顾孤寡老人，热心公益，奉献爱心，以实际行动传承崇德立信，孝善传家的家风。

家风弘扬　和谐幸福的家

张锦娜和爱人两家有弟、妹 6 人，他们作为家中的长子长女，注重从自身做起，两边家中无论大小事情，能考虑到的都尽量想到，能做的事情尽量做好。需要花钱的时候，不计得失毫不犹豫拿出来，弟、妹需要帮助的，不遗余力，想方设法给予解决。弟、妹家里发生矛盾，她第一时间跑去化解；弟媳家、妹夫家的父母有什么头痛脑热也好，逢年过节也罢，她和爱人总要代表家中老人去看望、问候。

常常有人问：锦娜，上有老，下有小，很累吧？她笑笑说，确实累，但是看到老人们在这个温馨的家里，露出满足、幸福的微笑，1 岁多的小孙女扭动着小小的身体为奶奶捶背，儿子细心地挑一些爷爷、奶奶爱吃的菜放在他们碗里，周边的家庭和谐而又幸福，不相识的人来到自己面前只为见见好媳妇是什么样，亲朋效仿、四邻羡慕、交口称赞这个家庭时，所有的辛苦都烟消云散，觉得一切付出都是值得的。

一颗红心向党生　家风激励四代人

国家税务总局信阳市税务局退休干部李文明“最美家庭”事迹

精神矍铄的李文明老人像往常一样坐在卧室的书桌旁看书、写字，端正的样子像个课堂上的学生娃。不出家门时，书桌就是他的了解世界、感悟人生的小天地。在熟人和子女眼里，他既是一位温和慈祥的长者，又是一位博学多识的老师。

一颗红心永远跟党走

李文明生于1924年9月，1950年6月参加工作，1980年11月加入中国共产党，1987年8月从信阳县税务局退休。他的一生都在追随着中国共产党，为了入党，他用了30年，深深诠释了信仰的力量。

一参加工作，李文明就积极入党，由于家庭成分的原因，没能如愿。但这并没打消他入党的念头和决心，本着“组织上入不了党，思想上可以入党，组织上入党需要批准，思想上入党不需要批准”的个人理念，他一直以一名共产党员的标准要求自己。

把企业的难题当作自己的难题，是李文明在税收工作中摸索的小窍门。有一年，为了帮企业采购当时管制严、货源紧俏的工业原料桐油，李文明到湖北恩施大山里转悠了半个月，采购完后又长途跋涉地“押运”回企业，而这只是他用心工作的一个缩影。

每到一地，李文明就主动投入当地搞生产、创办企业工作中去，能很快地和当地政府、群众打成一片，既培养了亲密无间的关系，又培养了税源。在十三里桥税务所、东双河税务所这两个地方，李光明一干就是17年，把青春“长驻”在了基层一线。在东双河税务所工作时，由于工作优异，他代表单位出席了地区和河南省先进集体、先进个人代表大会，他的先进工作经验被编入1959年全国财税工作现场会会议材料。时光如梭，1980年，李文明56岁，从一个26岁年轻小伙变成了大叔，也就是这一年，他圆了入党梦。“我这个人就是党培养出来的，生在旧社会，不是跟着共产党就没有自身的存在。”李文明老人动情地说。

对交党费，李文明一次也没有耽搁过。2017年，李文明自己偷偷地跑去交党费，还摔了一跤，女儿们知道后非常心疼，却又不忍心责备。2013年3月，李文明在自己的遗嘱中写下：把1万元现金作为党费，交给党组织。

夙愿未了，便成心结。当听孩子们说党费可以提早交时，李文明决定在有生之年了却心愿。2018年11月的一天，平桥区税务局党委书记、局长张书众接到了一个电话，“张书记，你好啊！我是李文明，有个事请你帮个忙啊，我想向组织交点党费……”

很快，平桥区税务局党委书记、局长张书众等人一行来到李文明家郑重接收了其自愿一次性缴纳的1万元特殊党费。李文明当即表示：“此生再无遗憾！”

“当时正值国地税征管体制改革期间，李老用实际行动诠释了对党的忠诚，表达了对党组织的无限热爱，也为局里的全体党员干部树立了榜样。”平桥区税务局党委书记、局长张书众讲道。李文明老人是建国后信阳最早的一批税务工作者，见证了信阳的巨变和信阳税务事业发展。退居二线后，也没闲着，1987年组织上让他负责主编《信阳县税务志》，他便干劲十足地到处跑，收集材料、爬格子等带给他别样的快乐和满足，最终圆满完成了任务。

如今，李文明生活起居由小女儿李俊照顾着，她说：“父亲是个爱学习的人，每次短暂的室外活动后，便返回卧室的书桌旁阅读，客厅的一把藤椅则是他看书、看报、看电视新闻的‘专坐’，平时小外女都不敢随意爬上去。”

李文明常对女儿们说，年轻时工作忙，家庭负担重，没条件看书，现在有条件了，要好好享受读书。多年来，他每天坚持读书、看报，关注着国内外时政新闻，订阅《参考消息》至今已有二十余载，当亲朋好友对国内外事务有所不解时，便会请他答疑解惑。李文明虽然年事已高，但仍然笔耕不辍，如今正在写第三本书《百岁吟》（上、下册）的手稿，上册手稿正在收尾中。从 2014 年开始，他先后书写并出版了《九旬抒怀》（1、2 集），记录了党和国家从羸弱走向富强的壮阔历史，书写了所亲身经历的流浪求学、军阀混战、土地革命、抗日战争和新中国成立后的点点滴滴。据他的小女儿李俊介绍，父亲出版的《九旬抒怀》（1、2 集）和《百岁吟》的上册手稿合计有 25 万字左右，初稿全是手写。

“生命不息，奋斗不止。”当被问及笔耕不辍的原因时，李文明老人说：“现在就是感觉时间不够用，每天都在跟时间赛跑。”

一家四代 10 名党员传承好家风

如今，李文明一家四世同堂，整个大家庭温馨和睦。他的五女儿李军认为，姊妹六人的成长、工作、婚姻、家庭生活等方面，无不是在父亲的教导下一步一步走过来的，更多的时候，父亲是用自己的言行影响着、指导着她们的人生方向。

“父亲虽然工作单位在本乡或邻乡，但也只有阴雨天或天黑后才能见到他，下乡、开会、出差是父亲每天的‘三部曲’。”李军回忆道，母亲去世后，为照顾好父亲，就邀请他共同居住，起初，老人很不愿意。极力邀请下，终于妥协，但是有条件：不和孩子一起住，不雇佣保姆。

“你们不能剥夺我劳动的权利。”这是一位倔老头常挂在嘴边的话。据李军介绍，父亲 92 岁时，仍然自己买菜、做饭、洗衣服，跟许多老年人一样，他有手抖的毛病，每当看他颤颤巍巍地干这干那，很是揪心，但他却显得很快慰。

在李军眼里，父亲是个严于律己的人，每天早晚两次量血压，每天坚持走4公里路，下雨天打着伞也要走；是个简朴的人，常年穿布鞋，鞋底破了就补一块皮底，再破就再补一块，一双布鞋往往补四五层；是个廉洁的人，从不接受群众、同僚、纳税人的宴请和馈赠。

勤劳简朴是李文明对生活的态度。进入老年的他依然简朴，吃穿用都很简单，不让孩子们给他乱花钱，如果谁给他买了高档的衣物，他就让退回商场，如果谁要买东西想提前征求他意见的话，他便说："你买回来我从窗户扔出去。"倔老头的一贯作风让家人们很"没招"。虽然李文明对内"抓得紧"，但对外他可是毫不吝啬，每当遇到老弱困难之人时，他都会伸出援手，在国家有困难时，他也会出一份力。

什么是"一日入党，终身入党"，什么是忠诚、坚守、始终不渝……在他的言传身教下，女儿、女婿、外甥女相继入党，整个大家庭已有10名党员，听当兵的外甥说也要入党时，李文明很是支持。看着家里的党员队伍日渐壮大，李文明的话语间流露着满满的自豪。

在《父亲给我们留下什么》一文中，李军这样写道：物质财富终有尽，精神财富无绝期。我们的父母亲只在我们结婚时送我们几床棉被，未给予我们存款、房子和车子，但他们留给子女"勤劳朴实、善于学习、不怕困难、给予别人"的精神财富却让我们享用终身。

"我的一生算基本结束了，我希望我的子女都能跟着共产党走，全心全意为人民服务。"这是李文明最大的愿望。

赤诚孝心诠释传统美德

国家税务总局荆门市漳河新区税务局退休干部
李兴桂“最美家庭”事迹

在国家税务总局荆门市漳河新区税务局，有这样一位退休干部，几十年来，她涵养着家风，影响着税风，体现着一个共产党员的本真、本分、本色；她几十年如一日照顾着全家老小，无怨无悔，乐于助人，深受邻里和社会好评。她叫李兴桂，今年58岁，一名普通的退休干部，她用赤诚孝心对中华民族的传统美德作出了最好的诠释。

一颗孝顺之心

李兴桂命运的转折，发生在36岁。

那一年，和她相濡以沫、一起生活13年的丈夫因病去世，留下未成年的女儿和年迈的老人。

她强忍着悲痛，擦干眼泪，毅然承担起养儿赡老的重责。

公爹早逝，公婆年近80，身体衰弱、腿脚不便，她就经常雇车接老人到荆门一医检查身体，到家中小住，在她的悉心照料下，公婆很快从老年丧子的痛苦中走出来，逢人便说：“兴桂这个媳妇比我的亲闺女还要亲！儿子泉下有知可以安心了！”

2010 年 7 月，这个刚从悲痛中走出来的老人却意外身故。李兴桂得知这一消息，忍着悲痛，在第一时间置办了老人的装老及丧葬用品，冒着倾盆大雨赶回乡下，跪送公婆最后一程……

有朋友问她："你这样做，值不值得？"她的话，朴实也满含深情："这是应该的，子欲养而亲不待是人间最大的悲伤。这样送走了老人，也能让孩子的爸爸心安了！"

一颗关爱之心

更难能可贵的是她对前夫的侄儿外甥，看得比亲生儿女还亲。

侄儿和外甥每次上学和外出路过荆门，她总是买好车票、备下他们喜欢的饭菜，接他们到家中小聚，临走总要塞上一些零花钱、一大包零食。

侄儿侄女结婚，她被请去当"主事人"，忙前忙后。

如今，侄儿外甥踏入社会，凡是逢年过节，总有他们对幺妈、舅妈的祝福问候，凡是回到荆门，"第一站"总是她家；凡是遇到什么重要的事情，总是不忘请她拿主意、把脉……至亲至信的背后，是对她爱的"报答"。

一颗体贴之心

2004 年，在朋友和家人的再三催促下，她与现在的丈夫结识并重新组建了新的家庭。这个新的家庭让她又多了 2 位子女、2 位老人。

在新家刚组建的几年里，她照顾前夫母亲的同时，还要对现在的公爹公婆尽责尽孝。

公爹因脑梗中风后留下后遗症，长期吃药住院，无论工作多忙，她都要抽出时间上门照料。

公爹下肢畏寒症发作，她托人为老人购买增温保暖温药贴，缓解老人病痛。每逢几位老人的生日或节日，她总是把他们聚在一起，送上生日蛋糕和"红包"，亲自下厨备下可口的饭菜，为老人们送去生日和节日的祝福。

2010 年 10 月，李兴桂 77 岁的母亲因患乳腺癌到武汉同济医院接受第二次手术，住院近 20 天；不巧的是，当时她的父亲也患病在荆门住院。

为照顾好双亲，她不知疲倦，往返于武汉与荆门之间，一边细心照顾住院的父亲和母亲，一边加班加点完成本职工作，一个月不到，人瘦了一大圈，女儿心疼得直掉眼泪，丈夫劝她好好休息，但她却一如既往，她说：“这是儿女应尽的本分，再苦再累也值得！”

俗话说“半路夫妻难相处”，这种说法在她身上并不灵验。她常说：“半路夫妻能够走在一起，是难得的缘分，双方要倍加珍惜、呵护，要建立美满家庭，一要信任、二要包容。”

在平时的生活中，她用真心、诚心和爱心对待丈夫的每一位亲人、每一位朋友，想对方所想，急对方所急，夫妻恩爱，相互扶持，共同承担！他们不是结发夫妻，却比一些结发夫妻还要和谐快乐！

妻好一半福。谈起生活中的点点滴滴，她的丈夫深有感触地说：“能够和她相识相知，走在一起，对我来说、对我的子女和父母来说，是这辈子最大的福分，在我的心目中，她当之无愧是位好女儿、好妻子、好母亲！”

2017 年李兴桂家庭被荆门市妇女联合会评为荆门市“最美家庭”，2018 年被中华妇女联合会评为全国“最美家庭”，2022 年获“第六届荆门市道德模范提名奖”。面对这些荣誉，她却一如既往地用勤劳的双手、柔弱的双肩挑起人生重担，谱写人间大爱。她笃信：只要有一个不屈的灵魂，脚下总有一片坚实的大地。纵使岁月不静好，命运的雨雪里，总会藏着生机勃勃的春天……

夫妻携手　共赴最美夕阳红

国家税务总局荆州市税务局退休干部
朱小红“最美家庭”事迹

国家税务总局荆州市税务局退休干部朱小红的家庭中，丈夫郭为学常年奔走在脱贫攻坚和乡村振兴最前沿，朱小红退休不褪色致力于社区巾帼志愿服务和老干部支部建设。他们热爱党热爱人民，身体力行传播正能量，夫妻二人相互扶持、相互激励、相互督促，共同进步，共同践行党员全心全意为人民服务的宗旨。

社区防控践初心

最是风雨见真情。朱小红临退休时，正值新冠疫情暴发。她和丈夫郭为学积极响应党的号召，第一时间下沉到荆州区西城街道通会桥社区。他们坚持每天给居民打电话，询问包保片区有无发热、咳嗽人员，及时为居民代买药品、采发物资、测量体温，同时还自费采购面粉、鸡蛋做成小蛋糕，送到独居老人、困难居民、值守的志愿者手中，和大家共同度过有生难忘的“三八”妇女节。无论在“战时”还是“平时”，在社区疫情防控这场没有硝烟的战斗中，朱小红夫妇始终冲在最前方，满怀仁爱之心甘做社区居民的忠实守护者。

扶危济困献爱心

朱小红始终将社区弱势群体急难愁盼问题记在心间，作为下沉党员临时党支部书记，她经常发动下沉党员志愿者为困难群众捐款捐物。一次偶然的机会，朱小红手工编织的包包，被远在深圳的侄女看中并一次订购十多个，这让朱小红团队找到产业帮扶之路而喜出望外。2021 年 6 月，正式成立了通会桥巾帼手工小分队，在省妇联“恒爱行动”项目支持下，朱小红每周为大家义务上一次手工课，大家的作品产生经济效益后，按 10%—20% 提取帮扶基金，常态化帮扶社区贫困家庭。通过大家口口相传，来找朱小红学手工编织的居民越来越多，小分队凝聚了越来越多的巾帼力量。

余热生辉显红心

作为荆州市税务局机关老干部党支部书记，朱小红始终把政治引领作为老干部工作的生命线，抓深、抓细、抓实、抓常思想政治工作，发挥离退休干部党支部战斗堡垒作用，把广大老同志思想统一起来，引导他们坚定理想信念，永葆革命本色。在朱小红的感召下，机关部分老同志也自发参加她在社区发起的爱心手工小分队、“通会书香韵”读书会、公益演出队等巾帼志愿服务活动，越来越多的“老姐妹”和社区居民一起读书、联谊，在母亲节为失独和退伍军人母亲表演节目，在儿童节为孤儿购买书籍和生活用品，还多次参与省、市部门组织的公益演出等等。这一曲曲“最美不过夕阳红”乐章背后，都饱含了朱小红家庭对她退休后伟大事业的默默支持与付出。

朱小红夫妇都是有着 30 多年党龄的老党员，他们携手并肩，一直在工作中、在生活中充分发挥着共产党员的先锋模范作用。他们用自己敢于担当、无私奉献的精神和温暖阳光、积极乐观的心态，激励着身边每一位党员干部，温暖着身边每一位困难群众。他们的先进事迹曾被荆州市多家地方媒体广为报道，并被评为 2022 年度湖北省“最美家庭”。

红色关怀 “银龄雷锋”

国家税务总局资兴市税务局退休干部曹江平“最美家庭”事迹

曹江平，男，1961 年 11 月出生，共产党员。他 1978 年 12 月参加工作，1991 年 11 月选调进入资兴市税务局办公室，1998 年 10 月被提拔为资兴市国税局办公室副主任，2021 年 11 月光荣退休。妻子曹菊萍，是资兴市政协委员、资兴市志愿者协会名誉会长，任资兴梦洁国际家居生活馆总经理。夫妻俩的独生女儿叫曹雅芸，乖巧懂事，聪明伶俐。

曹江平工作上勤勤恳恳，任劳任怨，因工作业绩突出，他多次被郴州市国税系统授予嘉奖，1993 年被郴州地区人事局评为先进工作者并记功一次；1998 年被湖南省国税系统评为岗位能手；2000 年被郴州国税系统评为优秀国税工作者。生活上他家庭美满，和睦有加。他总是说人要有点爱好和追求，闲暇之余，邀约三五好友背着相机，拍遍山川河流、星辰大海。他爱一行钻一行，通过摄影他学会了等待，锻炼了意志，他的多幅作品在全国各类摄影赛事上获奖，6 次被评为郴州市十佳摄影师。作品《节日的古村》《银幕的故事》《城中村》入选上海国际影展，多媒体作品《奖牌的背后》入选湖南省第十九届摄影艺术展览，《珠海航展—飞行表演》入选中国摄影报社主办的首届全国微视频摄影大展。他本人加入了中国摄影家协会、湖南省摄影家协会，并任资兴市摄影家协会副主席。

曹江平的家庭是幸福美满、温暖有爱的三口之家。多年来，夫妻俩致力于反映民声、扶贫济困、捐资助学，为无数困难群众、山区学子送去温暖和希望。妻子曹菊萍是一位有着多重身份的杰出女性，作为资兴市政协委员，她以反映民声、为民造福为己任，组织成立了曹菊萍政协委员工作室，经常和丈夫深入田间地头、走街串户，了解群众需求、收集群众意见。夫妻俩热心公益事业，主动承担起社会责任，先后联合郴州市、资兴市两级女企业家协会，为群众尤其是困难群众提供就业岗位和技能培训、帮助拓宽农产品销售渠道，解决群众就业和农产品滞销难题；持续多年带领志愿者为资兴市各乡镇敬老院捐赠棉被、毛毯；为疫情防控工作捐资 1 万元，捐赠口罩 1000 余个、毛毯 700 余床。夫妻俩还资助资兴市黄草镇和波水乡的两对姐妹，黄草两姐妹已完成学业成为人民教师，波水两姐妹正在读小学。他们还创建了“同心书屋”，书屋拥有图书数千册，先后到乡村开展学习经验交流、心理健康辅导、经典阅读等活动 6 次，为留守儿童捐赠了大量学习用品及课外读物。

赠人玫瑰，手留余香。2022 年 3 月曹江平家庭被郴州市妇联授予“最美家庭”荣誉；2022 年 5 月被湖南省妇联授予湖南省“最美家庭”荣誉；2022 年 8 月申报了湖南省“文明家庭”。

奉献浇开文明花

国家税务总局麻阳县税务局退休干部 张兰“最美家庭”事迹

她叫张兰，平日里见人总是乐呵呵的，单看她善意的笑脸，你不会想到她曾经遭受的苦难。她本有一个幸福的家，夫妻恩爱、父慈子孝，但 9 年前的一场车祸，让这个家变得支离破碎。丈夫因公殉职后，留下了年迈的婆婆和尚未成年的儿子。失去亲人的苦痛并没有把张兰压垮，她毅然决然地用瘦弱的肩膀扛起了生活的重担。

9 年的时间里，张兰学会了坚强，每天依然还是笑呵呵的，害怕自己的情绪会影响到儿子和婆婆。由于老年丧子过于悲痛，婆婆落下一身病痛，经常要上医院，需要人照顾。她毫无怨言地付出和坚守，悉心照料着婆婆，每天坚持和婆婆一起散步，一起逛街，一起看电视剧，一起等儿子回家……日子在平淡和忙碌中一天天过去，婆婆的身体也一天比一天好。

丈夫去世时，儿子正在读高三，距离高考仅有 6 个月的时间，父亲的突然离世让这个原本阳光帅气的小伙变得忧郁起来。为了不影响孩子的高考，她强忍着悲痛开导儿子说：“儿子，你要化悲痛为力量，要坚强，好好参加高考，为天上的父亲争口气！”在其后的日子里，她一直用自己的坚强和勇敢为儿子做榜样。不管再忙再苦再累，她每天都坚持自己接送儿子去学校，坚持亲手给儿子做营养餐，坚持和儿子聊半个小时的天……功夫不负有心人，儿子以优异的成绩考入北京体育大学，并于2019年8月成为了一名光荣的人民教师。

在勇挑生活重担的同时，她也从未放松对工作的要求。2018年的国税地税征管体制改革中，她主动放弃中层正职的职务，转任副职。职位虽然变了，但她对工作的责任心、使命感却从未改变，她积极主动、勇于奉献，主动承担起精准扶贫、党务工作等诸多党办日常工作，积极投身、参与机构改革、文明创建等多项工作。面对她的辛苦和付出，有人不解地问她：“你都已经退下来了，而且也快退休了，为什么还这么认真？”她笑了笑，回答道：“我是一名共产党员，又是老党务工作者，我不干谁来干！”凭着对工作的努力付出，她和她们家先后被授予“怀化市税务局先进工作者”“麻阳县税务局改革奉献奖”“优秀党务工作者”“麻阳苗族自治县最美家庭”“怀化市最美家庭”等多项荣誉，她还协助麻阳县税务局争创了“2018年湖南省文明单位”“全市税务系统四合示范单位”“全市税务系统基层党建示范单位”等多项集体荣誉。

2021年10月，张兰从她热爱的税收岗位上退休了。一辈子兢兢业业的张兰以为总算可以好好休息一下了。然而退休还不到一个星期，县局因重要工作想要请她回来帮忙，凭着强烈的工作责任心和对“税务蓝”的挚爱，她毫不犹豫地答应了。家人听到消息后，也非常支持她的决定，儿子儿媳说：“妈，您放心去工作吧，我们会替你照顾好奶奶的。”就这样，还没享受几天退休生活的张兰又回到了工作岗位上，一干又是好几个月，并出色地完成了领导交办的工作任务。

作为一名新时代退休同志，她退岗不褪色，充分发挥了党员的先锋模范作用。2022年6月，她正沉浸在刚荣升为奶奶的喜悦中，突然接到离退休老干支部书记的电话，退休老干部支部马上要进行改选了，现任书记因身体原因不宜继续担任支部书记，支委会和支部党员都非常信任她，有意让她接任支部书记。她又一次陷于两难的境地，一边是还正在月子里的儿媳和孙子需要她照顾，一边是组织的需要。在关键时刻，深明大义的家人们再一次给予了她支持，要她安心为组织工作。麻阳县税务局离退休老干支部现有党员 35 人，身体都不太好，大部分的老同志没有智能手机，支部工作很难开展，张兰总是不厌其烦地上门为老同志们办理各项事情。担任支部书记两个多月以来，张兰带领离退休老干支部的党员们成立红税志愿服务队，积极投身文明城市创建等各项志愿服务工作，累计开展巡逻 21 天、清理“牛皮癣”广告 23 处、为小区街坊化解各类矛盾 6 起、劝导乱搭乱建 2 起，用实际行动诠释了红税精神的内涵。

老骥伏枥，志在千里。张兰在平凡的生活中用自己的不平凡，谱写了一曲退休干部的不朽赞歌。她退而不休信念，退而不改初衷，继续为党和人民的事业发挥余热，始终保持着对党和人民强烈热情的精神，将深深印在我们心里，时刻影响着一代又一代的新时代税务干部。

红色家风撑起家族脊梁

国家税务总局醴陵市税务局离休干部曾隆堂“最美家庭”事迹

“感谢组织，我感到很光荣，很自豪。”90岁的曾隆堂颤颤巍巍地抚摸着金光闪闪的“光荣在党50周年”纪念章，热泪盈眶。他是国家税务总局醴陵市税务局的离休干部，1931年8月出生，是一名66年党龄的共产党员，他有4个儿女，他的家庭四世同堂，其乐融融。

一辈子的红色信仰

“一天不看报，我的思想就会落后，一天不读书，我的精神就会空虚，任何时候我都不能放松政治理论的学习，党就是我的信仰。”一份报纸，一本书，一个放大镜，一支笔，一个笔记本，便组成了他一天的生活。

随着年纪增长，曾隆堂的身体大不如从前，眼花耳背，主要通过写字与家人交流，但他每天依旧坚持花一至两小时读书、看报、做笔记，并准时收看新闻联播，每当谈起国家大事时他如数家珍，聊起毛主席语录、习近平总书记谈治国理政时他兴高采烈，一摞摞密密麻麻的笔记本记载了他三十年如一日的坚持。因身体原因，不能前去单位参加专题学习，他特地请求家人送去了亲笔请假信，并在信中阐述了自己居家学习的心得体会。

1949年8月，18岁的曾隆堂在醴陵市税务局参加工作，走上了一条为党和国家事业奉献自己一切的忠诚之路。在职期间，他积极投身于支前、土改、镇反等革命运动，发扬敢于斗争的革命精神；他参与撰写的4篇税收工作调查报告先后在《湖南日报》上刊载；他多次作为人大代表出席醴陵市人民代表大会，为当地经济的发展出谋划策；他以基层税务所长的身份两次参加全国税务工作会议，并作专题经验汇报；他多次获得“先进工作者”“优秀共产党员”等荣誉，三次获“记功”奖励。1992年3月光荣离休后，他秉持初心，始终保持共产党员的政治本色，坚持参加主题党日活动、坚持手抄党章、坚持做学习笔记……

时光见证信仰，岁月磨砺初心。曾隆堂对自己的严格要求，为家人树立了良好榜样，正是多年来的言传身教，在红色家风的浸润下，红色基因深深地刻在了儿女们的骨子里。

一家人的红色烙印

“你们快去上班，千万不能耽误工作，我这么大年纪了，不能因为我再给组织添麻烦，有医护人员照顾我就够了。”曾隆堂不慎跌倒住院，看到儿女们请假照顾他，情绪激动不已，“义正言辞”地把儿女们“赶走”了。在他的心里，组织和工作永远排在自己前面。

不求回报、敬业奉献，是他一贯奉行的工作作风；诚实守信、善良勇敢，是他一向秉持的优秀品质；尊重他人、互帮互助，是他一直坚持的处事原则；热爱学习、善于思考，是他一直遵循的良好习惯。他是这样做的，也是这样教导自己的儿女们的。曾隆堂十分重视孩子的教育问题，浇花浇根、育人育心，一直坚信留给子女最宝贵的不是家产，而是让他们终身受益的家风、家教。他凡事以身作则，把对党的忠诚践行在日常的一言一行之中，在儿女们心中植入了党的火种，烙下了红色的印记。

“你们要牢记党恩，珍惜来之不易的幸福生活。作为共产党员，生活上要艰苦朴素，工作上要不怕吃苦，永远跟着共产党走。”这是曾隆堂时常挂在嘴边的话。在他的教育和引导下，4位儿女都光荣地加入了中国共产党，并在各自的岗位上发光发热，兢兢业业为民服务。

4代人、9个小家庭、21个家庭成员彼此牵绊，组成了一个以曾隆堂为核心的团结友爱的大家庭，红色的血脉在这个家庭里不断地流淌、延续。

四代人的红色接力

“父母是根，孩子是花朵……真正好的教育，是从祖上有德望的先辈流传下来，让家族世世代代遵循的家训、家规、家德、家教，是耳濡目染、潜移默化地影响。”这是一封曾隆堂写给孙媳妇的家书，情真意切，感人至深，传递出对子孙后代传承家风的殷殷期望。

2岁的曾孙拉着曾隆堂的手缓慢步入餐厅，依次和长辈们握手问好，尊老爱亲的模样着实可爱。每逢节假日，一家人不管多忙总会欢聚在一起，是大家心照不宣的规矩，也是他们大家庭一直以来的传统。聚会时，一家人会带领曾孙儿、曾孙女齐唱红歌、共颂党恩；会为儿孙、曾孙们讲述老一辈共产党员的英雄事迹；会一起重温入党誓词，提醒家人时刻牢记对党的承诺；会随机点名回答最新的政治理论和时事……这是他们家庭聚会的真实写照，别具一格而且意义非凡。

义方既训，家道颖颖。曾隆堂在家风家教中不断厚植家国情怀的底色，教育和引导家庭成员积极从优秀传统文化和党的红色家风中汲取养分，鼓舞大家把人生理想和家庭幸福融入到国家和民族的事业中去，子子孙孙、世世代代，薪火相传、生生不息，让红色的家风成为整个家族的脊梁。

孝老爱亲平凡事　凡人善举家风传

国家税务总局广州市天河区税务局退休干部李国卿“最美家庭”事迹

李国卿，女，55岁，共产党员，退休前为国家税务总局天河区税务局三级高级主办；其丈夫谭志明，共产党员，广州市越秀区北京街道办事处副调研员。谭志明、李国卿这对夫妻的家庭是人人竖起大拇指为之称赞的幸福之家，孝老爱亲美德在他们家中代代接续传承，深受邻里好评。

李国卿从小就是个坚强孝顺的孩子，在她17岁的时候，奶奶由于严重的类风湿病不能行走，考虑到家里的实际情况，为了更好地照顾奶奶，她毅然放弃了高考升学的机会，独力挑起家庭重担，每天买菜做饭，从三楼公共厨房打水到二楼住房帮奶奶洗头洗澡。而当李国卿晚上参加夜校学习时，那时还是李国卿男朋友的谭志明则主动请缨帮忙照顾起了李国卿的奶奶，陪奶奶聊天解闷，就这样坚持照顾奶奶8年，直至奶奶病逝。婚后，他们经营着幸福美满的家庭，双方父母四位老人家经常聚在一起玩棋牌，生活其乐融融。

天有不测风云，2014年7月，李国卿的婆婆突发中风，入院手术后切除了部分脑组织，导致半身瘫痪，几乎同时又被确诊肺癌。李国卿在忙于单位工作的同时，主动承担起照顾婆婆的重任，白天勤劳工作，晚上就睡在婆婆身边，为的就是半夜婆婆受病痛折磨惊醒，她能第一时间轻声安抚，极尽呵护。

就在李国卿婆婆刚病逝不久，她父亲又确诊为恶性淋巴肿瘤，年迈的老父亲一时无法接受这一巨大打击，患上了被害妄想症。夫妇两人一边兼顾工作，一边到处寻医，还特地租了个电梯房让父亲安心养病。在一家人的悉心照料下，老父亲的精神状态慢慢好转，肿瘤得到控制，一家人又恢复往日的和睦。

就在李国卿婆婆去世不过百日，老父亲病情反复无常的时候，为响应组织号召，家中顶梁柱谭志明到贵州扶贫三年，李国卿全力支持，默默扛起了家庭重任，让丈夫安心在外工作。家庭的重担没有压垮李国卿，反而让她变得更加坚韧。兼顾家庭的同时，她认真地履行原凤凰税务所所长职责，带领全所干部职工奋战在税收工作一线，加班加点从无怨言。与此同时，她作为天河区局最美巾帼志愿服务工作站分站长，身体力行，将“小爱”化作“大爱”，开展“爱心慰问，凝聚向上向善力量”主题党群志愿服务关爱活动，帮扶增城贫困学子，鼓励他们树立克服困难的信心和勇气，积极拥抱美好的未来。

他们的儿子从小到大都十分懂事和独立，一直以来父母对老人的孝顺行为深深地刻在了儿子的脑海里，耳濡目染之下，也学着照顾家里的奶奶，陪伴、开解患病的外公，经常主动接送老人去医院看病。现在，儿子参加工作了，重活难活抢着干，用行动继承了父母的孝心。

谭志明、李国卿夫妻二人默默无闻地恪守着“君子入则孝”“事父母能竭其力”的人生格言，在漫长的岁月中，以拳拳之心、眷眷之情，无怨无悔地侍奉于长辈身旁，并以实际行动为家庭其他成员做出了表率，塑造了“现代孝廉”的典范形象。“身修而后家齐，家齐而后国治，国治而后天下平”，李国卿和家人在担起家庭重任的同时，在各自岗位上发光发热，传递能量，彰显了“报国不问世事艰”“投身革命即为家”的勇气和担当。他们一家先后被评为 2018 年度广东“最美家庭”、2019 年度全国“最美家庭”。

赓续红色血脉　传承优良家风

国家税务总局汕头市潮阳区税务局离休干部
彭叟三“最美家庭”事迹

在广东汕头潮阳，邻居们称这一家人为“榜样家庭”，这一家人勇敢、敬业、奉献、舍小家顾大家，这一家人相亲相爱、同心同德、传承红色家国情怀，这就是彭叟三家庭。

邻居们说的“爷爷”，便是大家熟知的税务老党员——彭叟三。彭叟三，男，汉族，潮阳人，1925 年 11 月出生，13 岁即加入党的地下组织，1950 年 4 月在潮阳县税务局参加税务工作，1986 年 12 月在潮阳县税务局光荣离休，是潮阳区税务系统目前唯一健在的参加过抗日战争的离休干部，是中国共产党地下斗争的亲历者、参与者。彭老把自己的青春及毕生精力都献给了伟大的革命事业和税收事业。

离开工作岗位后，彭叟三仍保持对生活的热爱，积极了解世界形势和国家大事，关心世情民生和税收发展，坚持锻炼身体保持强健体魄。面对前来探访的青年干部，他总是热诚接待，毫无保留地分享自己亲身经历，用鲜活的党史故事教育后生晚辈幸福生活来之不易，他用生动的经历和朴素的言语感染身边人，播撒下知党爱党的种子，用一生的热忱和言行实践拥护党、忠于党、奉献党的初心使命。

夫敬妻贤亲，家和万事兴

在战争年代，彭叟三担任医务所所长，负责救助抗日游击队伤员。当时，地下红色力量较为薄弱，缺乏人手和经济支持，彭叟三知道组织困难，就拉上妻子和母亲上山找草药医治伤员，把原先当老师领到的课酬，捐出一半作为党费上交组织。夜晚，他点亮灯火为地下党同志照看伤势，妻子马惠如就在一旁为大家准备伙食，两人互敬互爱、互相理解、互相支持，一起把游击队的大后方料理好，为党的革命保全了有生力量。

在和平年代，马惠如主动承担起了照顾父母和孩子的责任，默默无闻地为家庭操劳，关爱体贴丈夫，教育辅导孩子；她甘于奉献，情系税务，全力支持丈夫的税务工作，解除丈夫的后顾之忧，做丈夫的坚强后盾。在她逝世后，邻里谈及她，对内做好贤内助，对外敦亲睦邻的表现仍赞不绝口。

国是千万家，有国才有家

彭叟三教育子女从小爱国爱党，挺起精神脊梁，争做社会的好公民、单位的好员工、家庭的好成员。儿孙们也以彭叟三为榜样，在各自的工作岗位上顽强拼搏、无私奉献，在所在的行业里发光发热，不懈奋斗。

大儿子彭小航是潮阳区电视广播局职工，在职期间将镜头对准群众，把话筒递给百姓，努力讲好潮阳故事，传递新时代精神。

二儿子彭小宁是一名中学老师，从事教学工作几十年，在平凡的教学科研岗位上埋头苦干，以自己的模范行为影响和带动学生，为学生的成长发展和学校的教育事业默默地贡献自己的力量。

大女儿彭小英是人民医院儿科护理师，她坚守儿科护理岗位三十余年，以担当坚守阐释“巾帼不让须眉”，对工作的认真和无私的奉献得到了众多患者家长的认可。

小女儿彭晓晖投身税务工作，是国家税务总局汕头市潮阳区税务局干部。一家两代税务人，薪火相传不停歇，在父亲的影响下，她不忘入税初心，牢记爱国爱民宗旨使命，以税务干部的报国之心，履职尽责敢于担当，做到了让组织放心、让群众满意。

诗礼传家久，簪缨世泽长

彭叟三认为读书不仅仅是一种习惯、一种观念，更是一种文化。善于读书的人除了可以从书籍中学习知识、明白事理之外，还能培养起一份坚定、一种质朴和接续传承的精神。接续读书明理的传统、涵养忠厚质朴的家风是彭家三代人的宝贵财富。

彭叟三教育孙子们学习要善于总结提升、科学思考，更重要的是学习也不止于求学期间，贯穿始终的是一直积极向前走的心态和对生活本身的热爱。他的孙子们也个个优秀，孙子彭万里以高考总分和物理单科各900分的优异成绩，成为2003年广东高考“双料状元”，顺利进入清华大学电子信息工程系，后保研清华大学，毕业后在招商银行任职高级工程师。外孙马驰以潮阳区艺术科状元身份考入星海音乐学院，毕业后在深圳东升小学任教，而同样毕业于星海音乐学院的外孙叶铤锋，现为广东广播电视台主持人。在彭叟三的教育影响下，孙辈们努力在平凡的岗位中做出不平凡的成就。

不忘养育情，反哺三冬暖

彭叟三的邻居常夸赞彭晓晖兄妹几个都很孝顺，尤其是在母亲去世后，退休后的两个女儿又重新“上岗”，成为父亲的全职“护工”，除了在饮食起居上悉心照料父亲，还会经常根据父亲的身体状况安排各种活动，或者邀请邻里到家里做客，丰富父亲的精神世界，让父亲老有所乐。父辈用实际行动给子女树立了孝老榜样，子女们也在用自身行为诠释孝的真谛，哪怕分隔各地，仍然时时惦念、处处关心，除了日常的看望问候，每逢彭叟三生日及重大节日，儿孙们总是不远千里从各处汇集到老家欢聚团圆、共同庆祝，让彭叟三时时感受到来自儿孙们的关爱和陪伴。

在兵荒马乱的战争年代，彭叟三展现了自己独特的勇敢和担当，亲历抗日战争、参与社会主义建设，他见证了中国共产党走过的光辉历程，也见证了祖国从落后变得富强。如今迎来美丽和谐的新时代，彭叟三时刻牢记他入党时的铮铮誓言，年过九旬依旧发挥余热，以言传身教影响着儿女孙辈，培育着爱党爱国的红色家风，彭家晚辈也以自身的实际行动传承彭叟三的好家风，在各行各业爱岗敬业，努力做家风建设的表率，展现新时代家庭的良好精神风貌。

笃行初心　和顺齐家

国家税务总局广东省税务局第四税务分局退休干部林燊培“最美家庭”事迹

林燊培，男，共产党员，退休前为国家税务总局广东省税务局第四税务分局副局长。作为一名退休后投身于关爱下一代工作的军转干部，他曾多次荣获广东省关心下一代工作先进工作者、湛江市最美志愿者等荣誉。妻子卢淑莲，退休前在建设银行湛江分行工作。“良好家风、家德和家教的磨砺成长，是筑就美德家庭的重要阶梯。”这是林燊培一家始终坚守的家训。多年来，林燊培手持正义、肩挑道义，在严于律己中担当起齐家治家的重任。林燊培家庭秉持着“和顺齐家”的理念，孝父母、亲兄弟、教儿孙，革命军人勤俭朴素、奋斗不息、乐善好施的精神影响着每一位家庭成员，自觉弘扬好家风、好美德，争做新时代的好公民，受到社会各界的广泛好评。

修身齐家，为学治世

“齐家先修身”是林燊培一直以来恪守的持家之道。几十年来，林燊培对自己的要求从未放松过。1970 年，一心报效祖国的他毅然投身军营中，开启了红色军旅生涯。怀揣着无愧于祖国和人民所赋予的光荣使命，经过艰苦锤炼，林桑培成为了一名“能打胜仗、敢打硬仗”的铁血军人。1997年，林桑培转业到湛江税务部门工作，在税务岗位上，他依然不忘军人本色，事事亲力亲为，无论是在党建工作前沿还是扶贫帮困一线都能看到他的身影，处处展现一名共产党员无私奉献的满腔热情和不辞劳苦的忘我工作精神。退休至今，林桑培依然在积极发挥余热，投身到湛江市关工委工作中。因各方面工作表现出色，他多次被授予广东省关工工作先进个人、湛江市关工工作先进个人、关工工作特别贡献奖、湛江市最美志愿者和优秀共产党员等荣誉。林桑培用自己的实际行动为家人树立勤勉务实、克己奉献的榜样。

孝悌亲友，余庆相依

“积善之家、必有余庆。”林桑培一家不仅践行着“百善孝为先”的信念，还在老人们的带领下，为儿孙们树立了勤俭持家、孝亲乐施的好榜样。林桑培的妻子作为一名军嫂，是一位淳朴善良、为人诚恳、孝亲敬老的媳妇。林桑培参军期间，家里很多琐事都无暇顾及，他的妻子主动担起一家的重担，不管是单位繁杂的工作还是家里琐碎的事务，她总是坦然地脸带笑容，并无怨无悔地奉献着、奔忙着。

崇高的道德力量，是因为有优良家风的熏陶和传承。在夫妻俩的影响下，林桑培一家都投身到家乡建设事业中。林桑培的父母平时省吃俭用，将节省下来的钱物用于资助那些有特殊情况的老者和有伤痛的病人。平时每年有哪家的子女考上了大学，只要他们知道，都亲自把自己省下来的部分生活费送上门，以表示关爱和祝贺。在长辈们的感召下，林桑培夫妇年年都带头捐款，帮助困难儿童上学，还捐款帮助家乡修路、修桥和创建文化室、篮球场。兄弟家人，平时生活上也能做到互相照顾，关爱躬亲，兄弟子侄之间，无论做什么事情，大家都互相体贴，不计较，不攀比，和谐共处，亲如一家，获得乡亲邻里的称赞。

身正为范，子贤孙躬

在林燊培坚毅品格的感染下，晚辈们不断传承“勤奋立家、崇德达礼、孝亲和善、仁和奉献”的良好家风，在各自的学习工作中笃行初心，让和顺之家代代相传。林燊培夫妻俩有个非常懂事孝顺的儿子林君，从小听话乖巧，品学兼优，读书期间深得老师和同学们的赞扬，被学校团支部评为优秀共青团员。大学毕业后以优秀的成绩进入了湛江市税务系统工作。在开发区税务局工作的20多年间，年年都能出色完成各项工作任务，并常常受到领导和同志们的好评。平时勤奋学习，积极工作，政治思想和工作上表现非常突出，连年被评为先进工作者，并荣立三等功。

孙辈们不断地传承着家族良好家风和传统美德，非常孝顺懂事，无论在家里还是学校，都表现得很出色。孙女林意涵是一名志存高远、品学兼优的小女孩，更是自觉勤奋学习、热爱劳动。作为家庭的一分子，她将长辈们无私奉献和乐于助人的品格不断传承发扬，一直以来都被同学们推选为一班之长，不仅是学习标兵，还是文明模范和道德榜样，并且在唱歌、朗读、创作等各个方面都有着浓厚的兴趣，取得了全国和省市各级多项荣誉。

在家族历代长辈好家风、好美德的熏陶下，儿孙们全家除了勤奋学习、努力做好工作外，还挤时间积极参加社会公益活动，深得单位、学校和街道邻里的好评。2021年，林燊培儿子林君的小家庭荣获湛江市“优秀书香家庭”和“最美家庭”荣誉。

好家风世代相传，永不停歇。林燊培一家用美德传承了一代代好家风，作为一个小家他们始终心怀家国，为家乡建设、为社会进步和国家强盛做出看似微薄却不平凡的贡献。

一片真情系夕阳

国家税务总局钟山县税务局退休干部叶文“最美家庭”事迹

叶文，女，汉族，共产党员，1966 年 11 月出生，曾任国家税务总局钟山县税务局一级主办。从 2003 年至 2018 年，她长期从事老干部管理工作，2021 年 12 月退休。

习近平总书记指出，老干部是党执政兴国的重要资源，是推进中国特色社会主义伟大事业的重要力量。“莫道桑榆晚，为霞尚满天。”为真正做到“在政治上尊重老干部，思想上关心老干部、生活上照顾老干部”，叶文同志用“细心、真心、热心、诚心、爱心”为老干部服务，想老干部所想，解老干部所难，帮老干部所需。她的辛勤付出，赢得了老干部的信任和好评。2020 年，叶文被国家卫生健康委员会评为全国“敬老爱老助老模范人物”，2022 年被评为贺州市道德模范。

用细心，解政策

2009 年在发放离退休干部住房补贴工作中，为了把政策落实到每一位老干部，叶文对本单位 1993 年在册的老干部逐一排查，查阅档案，在时间紧、任务重的情况下，为 40 位老干部发放住房补贴 112 万元。当时有 16 位老干部已离世，居住地和人员信息都发生了很大变化。如何寻找老干部的遗属，如何落实老干部待遇，成了困扰叶文的难题。那段时间，她全身心扑在工作上，不停地打电话和上门走访，甚至到派出所寻求帮助，通过各种方式摸排寻找老干部遗属。当住房补贴发放到位时，老干部的遗属想都不敢想，在亲人离世十多个年头里，党的政策还能不折不扣地落实到位，单位居然还费尽周折、不辞劳苦地将补贴发放到他们手中。他们抑制不住激动的泪水，竖起大拇指，连声感谢政府感谢党。

用真心，送温暖

单位有一位离休干部，老人去世后，留下老伴和一个智力发育不全的女儿。老人身体不好，女儿的智力相当于 3 岁的孩子，生活异常艰难。家里没有电视，没有空调，甚至做饭都是用煤球，母女俩相依为命。叶文积极协调当地有关部门，为她们申请困难补助，为弱智的女儿办理了残疾证。还经常到老人家中走访慰问，嘘寒问暖。每次来到老人家，弱智的女儿常常露出欣喜的笑容，而每次告别，也会流露出不舍的眼神。老人拉着她的手说："叶文啊，我 80 多岁了，这辈子没办法报答你了，下辈子再报答你吧！我要是有你这样的女儿该有多好啊！"

用热心，增理解

2004 年广西壮族自治区交通车购税改由国税系统负责征收，相关的人员划转和业务移交工作全面展开。谢湛卿退休前属钟山县交通局稽征所。2005 年初，移交工作完成，谢湛卿被划转到钟山县国税局。初到税务部门的他内心忐忑不安，总感觉自己被单位扫地出门，为此常常落落寡欢，暗暗垂泪。2005 年春节，叶文与同事带着满满的祝福和关怀来到谢湛卿家里。她握住老人的手说："谢老，欢迎您加入税务大家庭，从今以后，我们就是一家人了，以后有什么困难尽管提出来，组织一定尽力解决。"老人愁云密布的脸瞬间舒展了。从此，老人放下了心中的大石头，渐渐融入税务大家庭。爱好广泛的他积极参加单位组织的乒乓球、象棋、围棋等各种文体活动，生活逐渐丰富多彩。有一次，老人找到叶文，面露难色地说：“小叶啊，我好想要一套我们的税务制服，想证明我也是一名光荣的税务人，不知道可不可以？”她爽快地说：“没问题，我找给您，您就是一名真正税务人。”老人拿到制服后，仔细地端详着、抚摸着，然后端端正正地照了一张相，骄傲地向亲朋好友说自己运气好，退休了还到了个好单位，税务局很有人情味，从局领导到一般干部都把他当自己人。言语之中，透出身为税务人满满的自豪与骄傲。

用诚心，解忧愁

在老干部工作中，为老干部操办丧事是不可避免的。2009 年 11 月叶文突然接到电话，说离休老干部刘裕出事了。她匆匆忙忙赶到现场，120 急救医生正对老人进行抢救。家属伤心不已，她紧紧握住家属的手，轻声地安慰。时间一分一秒地过去了，老人的生命也走到了尽头。就这样，她陪着家属，送走了老人。紧接着，她安抚家属，处理善后。可谁知，当时她也是怀着戴孝之身，忍着丧亲之痛，她父亲去世也仅仅 10 天。同是丧失亲人，她强忍痛苦，为他人排忧，为他人解愁。11 月 9 日是为老人主持告别会的日子，那天恰巧是叶文的生日，这是一个特殊的生日，没有鲜花、没有祝福，她在哀乐中与老人告别，在伤痛中抚慰家属，为老人的人生画上一个完美的句号。

用爱心，促和谐

2009 年春节，大家都还沉浸在新春的喜悦之中。叶文恰逢单位有急事加班，刚走到院子，被眼前的一幕惊呆了，退休干部林启伦的爱人董老师倒在地上，痛苦地呻吟着，满脸鲜血。她来不及细想，立即开车将董老师送往医院，帮忙挂号，通知家人，送到手术室，一直守候到董老师女儿来到医院。

叶文在做好工作的同时，在小家庭中还扮演着好妻子、好母亲的角色。她与丈夫相敬如宾，生活上照顾丈夫、工作上支持丈夫。丈夫患有高血压，叶文想尽办法为他调理，患病 20 多年来始终把病情控制得很好。在工作中从不拖后腿。她的丈夫从 2003 年就一直在基层，远离县城工作，每天早出晚归。当时他们的孩子只有 2 岁多，面对工作上的压力、生活中的困难，叶文无怨无悔地坚持着。

在大家庭中，她对自己的父母公婆也精心照顾。叶文自父亲去世后，就把母亲接到了身边，一照顾就是 15 年。对母亲如此，对婆家也尽心尽力。在 90 年代都是通过书信进行联系的，叶文常常与家公家婆报安问好，而每次家公的回信都称叶文为“贤媳”。2002 年她公公不幸患上糖尿病，为了照顾好老人，她按照糖尿病患者的饮食规定，用心挑选食材，精心制作，极尽孝敬之情。从结婚至今，每年过年，夫家 10 多口人一起过年，每年的年夜饭都是叶文负责操办，30 多年从不间断。叶文在两个大家庭中，极尽女儿、媳妇之责，两个大家庭一共 32 人，每年每人的生日叶文都会送上温馨的祝福和红包。叶文用实际行动传承了“百善孝为先”的中华民族优良传统，她撰写的《我的家风》被《广西日报》刊登，妯娌们由衷地称赞叶文为“中国好大嫂”。

2021 年 12 月叶文退休了。“梦中时常穿上税务蓝，依然跋涉在那山水之间，风雨无阻，击水扬帆……”一首充满诗意又立意深远的《中国税务老干部之歌》让她感慨万千。是的，纵使历尽千帆，归来仍是少年。如今，她迈着自信的脚步走上 T 型舞台，展示她的优雅知性，她还把最美诵读带到了学校、乡村、退伍军人协会，用诵读传承经典成就她的夕阳之美。

老有所守传家风　金税红霞亮满天

国家税务总局钦州市税务局退休干部赵亮“最美家庭”事迹

赵亮家是五口之家，和大多数家庭一样，每天过着平凡的生活，但又和其他家庭不一样，家中充满着美好与和谐、宽容与理解。

赵亮，男，64 岁，大专学历，共产党员。1981 年 6 月参加工作，1991 年入党，2012 年 3 月提前退休。退休前任钦州市原国税局工会副主席、副调研员。退休前，他爱岗敬业、勤勤恳恳，像老黄牛一样务实、肯干。退休后，他初心不忘、本色不改，继续躬身力行，为党建工作、税收事业奉献余热，默默做出了不平凡的贡献。

初心担使命，坚持永不褪色

“一次宣誓，终身入党。”2013 年，他担任离退休干部党支部书记，一晃就是 10 年。虽然放下了手中的税收业务工作，但他又毅然决然地扛起了支部“领头羊”的重任。制定支部学习、工作计划，组织开展各类主题党日活动，记录、收集和整理党支部档案资料，他全部亲力亲为，从一点一滴做起不断凝聚离退休干部党支部的向心力。退休后的他，始终做到思想上不松懈、学习上不落后，坚持以优秀党员的标准严格要求自己，努力学习党的创新理论，积极读书、看报、收看新闻联播、浏览新闻网站。家中女儿、女婿两名党员，是他研讨交流最好的对象。他们相互讨论学习心得，分享工作和生活的感悟，不断强化党性修养。退休10年来，他先后4次被钦州市税务局评为“优秀共产党员”、2次被评为“优秀党务工作者”，2019年12月被自治区组织部、老干部局、人社厅授予“全区离退休干部先进个人”荣誉。

感党恩跟党走，传承良好家风

俗话说：“家有一老，如有一宝。”作为一名老党员，他立志当好红色精神的传播者、良好家风的传承者，走在前、作表率，影响和带动全家人听党话、感党恩、跟党走。在他的言传身教下，女儿、女婿不断成长、勇于担当、甘于奉献，2020年女儿女婿一家获评钦州市“最美家庭”。

2018年国地税合并之初，基层税务分局缺少人手，他当即鼓励女儿放弃在市区工作的舒适环境，主动申请到离市区较远的乡镇分局工作。同年，他在钦州港保税区工作的女婿也响应党中央脱贫攻坚号召，主动请缨到防城港市上思县南屏乡一个偏远农村担任第一书记，而此时，他的外甥女还不到3岁。为了让女儿安心到基层，让女婿放心去驻村，他负责照顾起外甥女的吃喝拉撒，既当爹又当妈。每天清晨，人们还在睡梦中，他就已经抱着外甥女目送女儿匆匆赶赴乡镇；每天晚上，万家灯火时，他又抱着外甥女迎接女儿踏着暮色归家。寒来暑往，他日复一日、年复一年无怨无悔支持和帮助，让女儿能够一直安心在基层分局工作，并快速成为工作能手、业务骨干，连续7年被评为优秀公务员，并荣立三等功2次。女婿没有了后顾之忧，也能够全身心投入到脱贫攻坚、乡村振兴伟大事业中，无怨无悔扎根农村，为打赢脱贫攻坚战贡献力量，得到了防城港市委组织部表彰，并于2021年11月被钦州市委、市政府评为“钦州市三大攻坚战工作先进个人”。

舍“小家”顾“大家”，投身疫情大考

“党员，就是要一马当先！”2022年3月，钦州突发新冠疫情时，他鼓励女儿、女婿：“越是危险越要有担当。”在他的影响下，女儿、女婿积极

响应号召，踊跃投身疫情防控志愿服务。女婿主动申请在钦州港保税区担任防疫网格长，经受住了保税港区境内外双重防疫压力的考验，连续 30 多天吃住在钦州港，虽舍了自己的“小家”，却把大爱留给了“大家”。女儿主动担当钦北区防疫工作志愿者，每天早晨 6 点出门，提前到岗，与其他志愿者一起完成防疫任务，为钦州打赢疫情防控阻击战贡献了应有的力量。

人虽暮亦伏枥，奋进不负韶华

老当益壮，不移白首之心。退休后，他积极响应组织号召，热心参加各类公益、文体活动。他曾担任全系统门球队长多年，多次带领门球队参加比赛，为钦州市税务系统赢得荣誉，也活跃了老同志的文体活动；2019 年 6 月，他代表退休老干部在钦州市税务局庆“六一家风、家训、家教”晚会上发表主题演讲，倡导好风尚、弘扬正能量；2019 年 7 月，他撰写《致敬钦州精神，拥抱美好明天》参加广西离退休人员“致敬光荣历史、拥抱美好未来”征文活动；2022 年“七一”前夕，他组织学唱传唱《中国税务老干部之歌》，抒发钦州税务老干部不忘初心、执着坚守的爱税情怀，唱出了老干部担当奉献、壮心不已的精神风貌，得到了税务总局老干部局、广西税务局老干部处的肯定；党的二十大召开前夕，他组织老党员合唱《我的祖国》，在钦州市税务局干部职工文艺汇演中拔得头筹。每次参加活动，他都不忘带上外甥女到现场观看，从小培养爱党爱国热情。

莫道桑榆晚，喜看霞满天。纵使历尽千帆，赵亮依然牢记入党宣誓时的豪迈誓言，在有限的生命里，尽可绘就满天红霞。正如他经常对大家说的那样：“我是赵亮，就像一根蜡烛，燃烧自己，照（赵）亮别人。”

伉俪情深家美满　余晖尽洒耀黎乡

国家税务总局海口市税务局退休干部
符玉珍“最美家庭”事迹

符玉珍，女，黎族，共产党员，2012 年 8 月退休，退休前在海南省海口市国税局工作。她与丈夫符国昌靠着自身勤奋好学、艰苦奋斗的精神，从偏远的黎族山村走出来，成长为领导干部，为国家贡献力量。在家庭中，他们言传身教，用爱、用心创造了一个和谐美满的家庭，被身边的人传为佳话。

退休后，符玉珍和丈夫回到了位于海南省中部偏西山区的家乡白沙黎族自治县牙叉镇浪崖村。看到家乡贫困落后，乡亲们精神生活贫瘠，符玉珍夫妇勇当先锋，扎根奉献，积极投身脱贫攻坚一线，传承和保护黎族传统文化，以治贫美乡富民的满腔热忱诠释了共产党人的初心和使命，为促进浪崖村经济社会发展和非物质文化遗产保护作出了贡献。

青梅竹马结连理，清正廉洁事业兴

符玉珍和符国昌都出生于海南省白沙黎族自治县牙叉镇浪崖村，他们从小青梅竹马，1982 年结为伉俪。婚后，二人在事业上、生活上相互学习、相互帮助，一起成长、一起进步，共同经营起了一个幸福之家。丈夫符国昌凭着做事认真负责、清正廉明的口碑，得到了组织的信任，先后担任了五指山市市长、海南省民政厅副巡视员、海南省残联理事长等职。

符国昌担任领导期间，经常有人告诉符玉珍：“他们那个地方很复杂，让他要小心！”面对同事们、朋友们的好心提醒，符玉珍总是不忘转告丈夫。符国昌则不以为意，他总是回复说：“他们复杂，我不复杂，只要我不偏不倚，处事公正，办事民主，以理服人，工作差不了。”

有一次，一位企业老板给符玉珍送去了一盒粽子，让她转交给符国昌。符国昌回家后打开盒子，发现粽子里有 2 万元现金，他连忙让符玉珍给老板打电话，让老板取回粽子，老板不愿意，他严厉地让符玉珍转告：“不来我只能上交给纪委了。”老板迅速取走粽子和现金，并保证以后不再想着走后门。老板走后，符国昌语重心长地对符玉珍说：“我们俩出身穷苦人家，国家看我们努力，给了我们暂时做领导的机会，我们不能背着国家搞自己的私利。”

从那以后，符玉珍不仅没有再收过一次礼，还时常提醒丈夫要相互监督，一起做清廉的干部。后来，符玉珍在白沙黎族自治县原国税局任纪检组长，她秉公用权，踏实工作，曾获全省、全市国税系统“党风廉政先进工作者”，连续多年获全省国税系统“先进党务工作者”和“优秀共产党员”等荣誉。

叶落归根守初心，发挥余热报家乡

2012 年和 2016 年，符玉珍和符国昌先后办理了退休手续，回到了他们出生的小山村。回到村里，他们看到村中无村路，只能借助省道公路出行，人车混行很不安全，就积极到省里和县里相关部门奔走协调，终于申请到了精准扶贫专项资金，为村里修了一条水泥路。他们发现村里人喝的水还是有蚂蝗的泥巴水，又主动与一个在县自来水厂担任经理的老同学联系，多次登门造访，动之以情，晓之以理，终于协调自来水公司为村里装上了自来水。他们发现村里没有文化娱乐活动场所，又与省、县有关部门进一步协调，为村里先后建起了篮球场、文化室，并配套安装了健身器材。他们为村里做了许多好事实事，带领村民们脱贫致富，浪崖村的村容村貌焕然一新。

白沙黎族自治县是海南省黎族歌舞之乡，拥有丰富的黎族文化元素，特别是黎族润方言文化，具有较高的艺术价值，却面临着严重的传承断层。符玉珍下定决心要传承和保护黎族润方言文化，她召集白沙民间歌舞爱好者，成立了白沙黎族自治县民间歌舞传承协会。协会成立初期，符玉珍带领姐妹们深入到偏远的黎村苗寨，挖掘、收集、整理、保护黎族原始民歌、民舞、民谣、故事等，在此过程中，由于语言障碍遇到不少困难，她邀请了专业团队来举办黎语培训班，让协会会员们不仅学习黎族润方言，还学会用黎族文字进行简单学习和记录，大大方便了会员们收集和保存黎族民歌资料。为了将黎族原始歌舞创作打造成民族艺术精品，符玉珍想方设法邀请舞蹈、音乐等方面的专家来给会员授课，提高会员的业务水平，将黎族传统歌舞以群众喜闻乐见的形式，展现和传播给广大群众。

虽然协会成立至今一直没有固定的经费来源，符玉珍却积极创造条件、主动带头，协会从上到下齐心协力、热心参与，宁可自掏腰包也要克服困难，抢救、挖掘和传承黎族润方言文化。在符玉珍和众姐妹的努力下，目前协会已发展会员 50 多人，整理学唱 20 多首濒临失传的黎族原生态民歌，排练出一批具有民族文化元素的黎族歌舞和器乐传统节目，经常参加县里的各类重要演出和表演，受到有关部门的高度赞扬和群众的广泛好评，为保护白沙黎族原生态民族传统文化作出了贡献。

以身作则传家风，孝老爱亲子女强

父母是孩子最好的老师。符玉珍和符国昌共有两个孩子，在孩子很小的时候，夫妻二人就以身作则，不停地告诫孩子们，学习要勤奋、生活要俭朴、成才要靠自己。符玉珍回忆说，那时候，符国昌的工作很忙，山路很不好走，但无论如何，符国昌总是会利用周末和假期带孩子们回到老家，看望年长的父母和长辈，让孩子从小懂得农村生活的艰辛，对亲情不能割舍，对老人的孝顺不能懈怠。

在符玉珍夫妇的影响下，两个孩子从小养成了不攀比，凡事靠自己的习惯，他们的成绩在班里名列前茅。儿子凭着优异的成绩考上名牌大学，现在在悉尼大学任部门负责人。女儿符冬晔大学毕业后，本已准备在海口解放西卖服装，符国昌则勉励她一边打工、一边学习考公务员。第二年，符冬晔以市县第一名的成绩考上公务员。2021 年，省委组织部要求干部下市县挂职锻炼，符冬晔看没有人报名到白沙，她毅然报名到偏远的白沙某乡镇担任挂职副书记。符冬晔说：“白沙再偏远，那里也是我的家乡，我能到白沙挂职，唯一的私心就是可以在周末时候，回老家陪陪已经退休回家的父母，尽子女的一点孝道。”

修身齐家传美德，回馈桑梓显担当。虽然退了休，符玉珍夫妇却都不忘初心，延续着税务系统的优良传统和作风，为家乡倾献余热，并影响和教育子女继续为家为国作贡献，以实际行动诠释着“最美家庭”的深刻内涵。

红色基因家风传承 温暖相伴与爱同行

国家税务总局定安县税务局退休干部洪朝坚“最美家庭”事迹

在海南革命摇篮母瑞山下，有这样一户平凡普通的人家——洪朝坚家庭，先辈投身革命，为党的事业抛头颅、洒热血。在先辈父辈英雄事迹的感召下，洪朝坚夫妇都是光荣在党50年的老党员，举案齐眉，相濡以沫，患难与共。两个儿子年纪轻轻就加入了中国共产党，一家人温暖相伴、与爱同行，用自己的朴实、宽容、相敬和爱护演绎着最真实的幸福，用平凡生活中的点点滴滴诠释了家和爱的真谛。

红色基因　一脉相承

洪朝坚家庭是一个不平凡的红色家庭。爷爷洪冠英1924年10月加入中国共产党，是中共定安县第一个党支部的组织委员，是中共定安县党的创始人之一。1929年5月，洪冠英同志奉调到琼山县农民协会担任副主席，主持领导农运工作，在与敌人格斗中，身伤弹绝，壮烈牺牲。大伯洪中皇，1946年6月参加革命，1947年8月担任雷鸣乡副乡长，与队员在征收公粮返程途中，由于内奸告密被敌人袭击。洪中皇为了保护革命同志和征粮银圆受伤弹绝被捕，被敌人当众斩下首级示众，火烧其躯。他们的英勇事迹在中国共产党广东省定安县组织史资料和黑龙江人民出版社出版的《中华英烈大辞典》中都有记载。每逢夜深人静时，只要一想到惨烈牺牲的亲人，家人总是心碎不已，泪流满面。在先辈英雄事迹的感召下，1968 年 3 月，19 周岁的洪朝坚选择了从军。军旅十八载，他先后荣立三等功 3 次，嘉奖 7 次。两个儿子刻苦读书成长成才，走上工作岗位后，先后加入了中国共产党，他们在不同岗位独当一面，把对党和人民的热爱渗透在对事业孜孜不倦地追求中，用实际行动诠释了共产党员的本色。

红心向党　共同进步

参加工作以来，洪朝坚夫妇在各自的岗位上兢兢业业，默默奉献，现在他们都已是“光荣在党 50 年”的老党员。洪朝坚不论做什么工作，他都充分发挥军人的本色，认真履行职责，处处以身作则，雷厉风行，不折不扣地完成党交给的各项工作任务。从税 23 载，他多次被评为单位先进个人、优秀公务员，定安县优秀共产党员、优秀党务工作者，曾是定安县党代会代表。2008 年 4 月，退居二线的洪朝坚本应回家过上颐养天年、含饴弄孙的安逸生活，但他并没有“闲住”。分别于 2012 年、2018 年被全体党员一致选举为退休党支部书记。针对老党员现状，他从实际出发积极配合县委、县局党委开展支部工作。在庆祝中国共产党成立 101 周年之际，53 年党龄的他走进定安县新镇禄地小学，用真挚的情感、质朴的语言，深情地为师生讲述了百年党史的故事，他的事迹被国家税务总局金税桑榆刊登。其妻吴金花执教 30 多年，带的每届学生成绩均名列前茅，多次被评为单位先进个人。在红色家庭良好氛围的熏陶下，两个儿子秉承红色家风做人做事，其长子洪强公安大学毕业后，分配在海口市公安系统工作，个人记三等功一次，由于工作表现突出，2007 年，30 余岁的他被提拔为副科级领导干部；2012 年，次子洪仕状成为乡镇领导班子成员，一家人温暖相伴，携手奋进，筑梦前行。

爱党敬业　热心公益

时光流转，岁月变迁，唯一不变的就是对党执着的爱。看到别人有困难，洪朝坚夫妇总想伸手帮他们一把，他们已记不清在募捐箱投下多少笔爱心款。2020 年新冠疫情暴发，他们全家都争先恐后，积极捐款。在洪朝坚书记的带动下，平时省吃俭用的 46 名退休党员也纷纷向组织捐款。2022 年 8 月，疫情最严重的时候，他的两个儿子积极响应省委省政府号召，下沉社区、村镇，奔赴一线支援抗疫工作。洪朝坚在安顿好妻子后，积极响应号召，自觉自愿加入到所在社区的疫情防控工作，头顶银发、戴着口罩、臂佩红袖章、手持大喇叭，拉着大音箱，挨家挨户发动居民参加核酸检测，劝阻聚众打牌聊天居民，协助社区做好静态防控管理工作。在核酸采样点，他积极维护现场秩序，协助医务人员为行动不便人员做核酸；在街道上，他向群众宣传防控政策，引导群众出门要正确佩戴口罩，不扎堆，不聚集，并给现场未戴口罩的群众发放口罩……洪朝坚用实际行动践行着共产党员的初心和使命。

红色家风　言传身教

有种大爱叫做祖国爱，有种亲情叫做军人情，有种感动叫做家国情怀。尽管洪朝坚把大部分的时间和精力献给“国防绿”和“税务蓝”，献给党的事业，但他内心深处对家人的爱恋和牵挂丝毫不减。哪怕再忙，他也会抽空到厨房帮爱人做饭；哪怕再忙，依然关心儿子的学业和生活。2012 年，他 90 多岁的老父亲长年卧病在床，饮食起居均需人照料，祸不单行，与他相濡以沫的爱人也得了重病瘫痪在床。孩子都有自己的工作不在身边，洪朝坚除了要忙退休党支部日常工作外，还无怨无悔担当起照顾父亲和妻子的重任。老人虽然承受着病痛的折磨，但心里却是无比的欣慰。2016 年，老父亲安祥地走了，左邻右舍都夸他是真正的孝子！洪朝坚对自己的父亲百般尽孝，对自己的妻子也是无可挑剔。十年来，他每天不厌其烦地给妻子准备三餐，照顾她吃喝拉撒，换衣洗褥等。瘫卧在床的妻子因为长期忍受身体的极大折磨，经常对他无缘无故乱发脾气，他就强压住自己内心的痛苦，努力在妻子面前表露出一种轻松的心情，细心为她洗脸洗脚擦身，宽慰疏导，想方设法让妻子开心，把孝老爱亲和铁汉柔情演绎得淋漓尽致，让人泪目。在他言传身教下，两个儿子在工作之余一有空就回家照顾母亲，宽慰疏导，一家人用行动向我们诠释了温馨、和谐、向上的“最美家庭”的真正含义。

洪朝坚家庭虽然只是万千个普通家庭的一个缩影，但全家人传承着红色家风，温暖相伴与爱同行。一家人用执着恪守信念，用忠诚书写担当，用爱心成就希望，用孝心守护亲情，用行动诠释着爱党爱国、积极进取、乐于助人、孝老爱亲“最美家庭”的深刻内涵。

孝顺人家 清廉守正灯更亮

国家税务总局重庆市巴南区税务局退休干部陈正灯“最美家庭”事迹

陈正灯家是一个家风淳正的四代9口之家。陈正灯未满20岁就挑起家庭生活重担，协助寡母抚养4个弟妹。他自小聆听参加过抗美援朝的老兵父亲的谆谆教诲，传承优良家风家训，与妻子冯先琼数十年如一日共同照顾患病卧床的老母亲。他们的言传身教也影响着下一代，儿孙皆以孝为先，其家庭曾被评为云阳县五好家庭。同时，陈正灯积极弘扬孝道文化，扶困济贫、帮助老弱，组织“以孝促廉”系列活动，他提交的和谐社会呼唤孝道教育政协提案，呼吁整个社会孝亲敬老，传承和弘扬着大孝为廉的孝廉精神。

事父母能竭其力

陈正灯的父亲陈月春曾参加过抗美援朝战争，并荣立二等战功。1976年，陈月春不幸因病去世，陈正灯因部队训练紧张无法回乡奔丧。他满怀悲痛，含泪写下一首《金缕曲·悼念父亲》：“父为革命洒热血，子誓为祖国献青春，不暂停，向前进。”从那天起，未满20岁的他就开始挑起一个家庭的生活重担，每月从不富裕的战士津贴中挤出5元寄给母亲贴补家用，供 4 个弟弟妹妹读书；1980 年，他将自己领到的第一个月的工资 42.50 元一分不少地全部邮给了母亲贴补家用。陈正灯转业回到地方后，将时年 76 岁的母亲接到县城精心照顾，与妻子冯先琼一同为母尽孝，养育子女，共享天伦之乐，过着幸福安宁的生活。但天有不测风云，2014 年，陈母傅绍秀突患格林巴利综合症，虽抢救及时，但从此肌肉无力，卧床不起。生活的苦痛没有打倒这个坚韧的家庭，夫妻俩毫无怨言地照料长期卧床的老母亲，每日为其擦身洗脸、按摩搓脚，保持老人血脉通畅。天气好时，他时常背母亲下楼散步，一起畅谈生活、追忆往昔。老人家经常对前来看望的亲人讲小康社会好，县城变化大，当听到和看到县城建设规划后说：“我要活到百多岁，看到县城 50 万人口的热闹场面！”为了让老人开怀，坚定战胜病魔的信心，他们为陈母办理了一个“特殊存折”，希望通过上面一笔笔存款记录让其放下心理负担。陈母虽已卧床 8 年多，但时常拿着“光荣在党 50 年”纪念章给亲人们“炫耀”，精神面貌良好。孝老爱亲在一年年的践行和一代代的传承中，成为这个家的家风，陈正灯家庭也被评为云阳县“五好家庭”。

正家风以传其德

“勤劳、理智、人格”是陈正灯全家人的座右铭。近 40 年来，一家人基本不拌嘴吵架，从不进行麻将等赌博娱乐活动，都喜欢读书、锻炼，陈母 96 岁仍能读能写，小孙子 5 岁就考过了跆拳道八级。“要知亲恩，看你儿郎；要求子顺，先孝爹娘”，在良好家庭氛围的影响下，在长辈们潜移默化的影响下，夫妻俩的大儿子陈俊宇、小儿子陈威宇都深知父母养育之恩，上班第一个月就主动将工资孝敬给奶奶和妈妈；数年后，孙子陈修齐在满 5 岁那天，也主动将自己的压岁钱交给妈妈，表示也要孝顺父母，以寸草之心报春晖。2022 年初，陈母双脚因摩擦产生褥疮，陈正灯与从医长子“父子齐上阵”，一个视频指导，一个实地操作，连续一个多月每天都为老人家悉心换药，周围的老人都纷纷竖起大拇指称赞。

愿作灯盏报社会

陈正灯一家人相互扶持、相亲相爱的同时，亦不忘回报社会、践行爱家更爱国的精神。陈正灯于 1974 年参军，在部队服役近 12 年后转业到地方从事税务工作，先后 60 次受到上级的表彰奖励。他积极弘扬孝道文化，组织开展“以孝促廉”系列活动，专题电视片及书籍广受好评，《党风廉政》《夔门报》等报刊分别以《好一个“廉政教育”套餐》《这样的教育我们最欢迎》为题进行了专题报道；他积极组织单位职工开展扶困济贫活动，想方设法为贫困学子、孤寡老人、受灾群众筹集资金慷慨解囊，5・12 汶川大地震更是带头捐款，仅交纳特殊党费就近 2000 元，他在县政协会议上提交了《和谐社会呼唤孝道教育》的政协提案，倡议学校、社区和机关团体开展孝道教育活动，呼吁整个社会孝亲敬老，影响颇深。他在巴南区税务局退休后，生活健康积极，个人摄影作品多次获得重庆市税务系统离退休干部摄影比赛一等奖。长子陈俊宇 2007 年以第一名的成绩考入东南医院后，迄今已主刀数千台外科手术，经常收到患者的感谢信和锦旗，他还坚持献血，获得全国无偿献血奉献奖铜奖。次子陈威宇积极上进，在基层乡镇深耕数年，在乡村振兴、疫情防控等方面都有所作为，其帮扶的永利村还被评为了成渝地区双城经济圈美丽巴蜀宜居乡村示范村。陈正灯家庭夫妻恩爱、孝老爱亲、教子有方等事迹被传为美谈。

春秋数十载，陈正灯一家相濡以沫，风雨同舟，以真诚、善良和孝心换来了家庭的幸福美满，他们一家人在家互敬互爱，在社会发光发热，发扬着中华民族“以孝为先、以廉为重”的传统美德，以一言一行弘扬着孝廉精神，以一举一动影响身边的人和事，孝顺亲长、注重亲情、家庭和睦、廉洁正直，谱写出一曲“现代孝廉”的新诗篇。

简单的爱就是我的追求

国家税务总局重庆市万州区税务局退休职工牟建英“最美家庭”事迹

牟建英是国家税务总局重庆市万州区税务局的一名退休职工，出生于1955年，今年已经68岁了。2010年退休至今，她始终秉持一颗爱心，把退休生活过得有声有色、有滋有味、有情有义，真正体现了老有所乐、老有所学、老有所为、老有所依。

爱党爱组织

牟建英有三个家，她自己的家、儿子的家和亲家的家。三个家庭8口人，就有5名共产党员，而她是其中有着几十年党龄的老党员。2018年，她被所在的退休党支部选举担任党支部书记，而她也没有辜负组织和每一名党员的期望，把党支部工作搞得有声有色。

她非常注重思想政治工作，经常请万州区税务局的领导以及党建部门负责人到支部给大家宣讲习近平新时代中国特色社会主义思想，传达党的二十大精神，让大家第一时间了解党中央部署，不断提升政治领悟力、政治判断力、政治执行力。在她的号召感染下，支部其他同志的心态悄然发生变化，对离退休干部待遇更加理解和感恩，遇到重大困难，支部党员主动参与捐款。

她十分注重支部活动，根据自己多年从事党务、工会工作的经验和老干部的年龄、健康、爱好特点，因地制宜地搭建丰富多彩、喜闻乐见的活动载体，组建舞蹈、歌咏、木兰拳队，组队参加老年大学，在春节、国庆、重阳等重大节日开展自娱自乐的文体活动，定期组织红色旅游、参观当地重点建设项目营造老有所乐的浓厚氛围。特别是在 2021 年建党 100 周年之际，她牵头举办了以“百年建党、成就辉煌，桑榆未晚、红霞满天”为主题的文艺演出，在没有花费单位一分钱的情况下，自己筹备服装和乐器，共演出合唱、二重唱、独唱、舞蹈、乐器演奏、故事讲述等 15 个节目。因支部工作成绩突出，她连续 4 年被评为万州区税务局“优秀共产党员”，所在党支部在 2022 年被评为万州区税务局先进党支部。在她的感召下，她的儿媳妇也积极投身到基层党支部建设工作。

爱家爱税收

牟建英的“三个家庭”，都与“税”有缘。在 2018 年国地税征管体制改革前，她和儿子是国税职工，亲家是地税职工。她常说：“不是一家人，不进一家门，因税有缘，要彼此友好，真心善待。”而她也是用真爱、真善、真情将三个家庭紧紧联系在一起。

她的亲家公，曾是万州区稽征处班子成员和人事科长，因机构撤销分流到地税局，当时地税局把他安排到农村税务所工作，他有想法有情绪。牟建英就常劝导亲家公要有一颗平常心，在哪工作都一样，离退休时间已经近了，好好安心工作。就这样，她的亲家公在农村所工作了 7 年直至退休。

她勤俭持家，同大多数家庭一样帮助儿子儿媳照顾家庭、抚养孙女。可她家孙女是一对双胞胎，需要付出双倍劳动力。他和亲家协商，幼儿时家人自带、孙女合带，分时段一方带，有事双方交替带。上幼儿园和小学后，又协商白天生活和接送家长管，学习教育儿子儿媳管。就这样一对可爱孙女健康茁壮成长，儿子儿媳工作从未受到影响。

2018 年，国税地税征管体制改革，她把三个家庭聚集在一起开了个家庭会议。她说我们家有 4 个人现在在一个单位，有动力又有压力，大家要自觉严守政治纪律和政治规矩，懂得知敬畏守底线，退休了的要做好后勤保障，年轻一辈的要勤奋工作，一起让这个税务家庭过得有滋有味。直到现在，家里的老人们尽职尽责、温馨服务，儿子儿媳踏实工作、成绩突出，多次荣获单位、党组织、工会表彰。

爱己爱生活

2021 年上半年，牟建英体检时查出身患乳腺癌，经历短时间恐惧后，她将病情告诉了家人，请亲家一家多承担照管孙女事宜，要求儿子儿媳以工作为重，非必要绝不影响工作。而她自己乐观对待，积极治疗，努力战胜病魔。

然而，她没有把患病的消息告诉退休同事，每月 2 次的退休文体活动和 1 次的支部活动她照常参加，上午各种安排组织落实后，她就告假有事离开，开始大家没有注意，次数多了，在大家不停追问下，她才无奈告知实情，同志们既吃惊又责怪，她却笑着说：“没事，谢谢大家，对我同往常一样。”她没有因病影响退休党支部工作。每次到医院治疗她只要老公作陪，不准儿子儿媳因此影响工作和生活。经过一年的治疗，她的疾病得到了控制，那个爱唱歌、爱跳舞、爱说爱笑的她又回来了。

传承好家风　赓续家国情

国家税务总局巴中市恩阳区税务局退休干部罗伦元“最美家庭”事迹

罗伦元的老家位于巴中市恩阳区义阳山脚下。走进这座简朴的农家小院，迎面而来的是一副张贴在堂屋门框上的醒目对联，上联为：许国以忠，齐家以孝，业兴恩阳感恩德；下联为：立身惟正、行事惟诚，德衍义阳传义气。据罗伦元介绍，这幅门联经年日久、常读常新，是罗家子孙赓续传承的持身之本、经世之道。

许国以忠：父子皆从戎　为国作奉献

罗伦元，四川巴中人，1954年出生，1972年入伍，1975年入党，1988年复员从税，2014年退休。16年的从戎岁月、39年的在党经历、26年的税月光阴，养塑成罗伦元“召之即来、来之能战”军人血性，砥砺出“在党爱党、在党为党”的忠诚底色，凝练起“为国聚财、为民收税”的担当品格。虽已退休9年，罗伦元依然担任退休党支部书记，尽心组织党员活动，宣传党的主张，支持党的建设。即便几近耄耋，他依然衣着板正、言语铿锵、行事果断。虽身患心肌炎等疾病，但只要单位有需要，他总能第一时间响应，在税法宣传、创文创卫等工作中，处处都有他带着一帮老干部忙前忙后的身影。

父母之所爱亦爱之。在他的言传身教下，两个儿子在弱冠之年便参军入伍，沿着他的足迹踏上报国之路。大儿子进入武警部队，小儿子参加了人民海军。两兄弟转业时，又同样选择了父亲挚爱的事业。小儿子罗坤更是在税务系统内遇到了人生另一半，组建了自己的税务小家，谱写了一曲“在部队奉献青春、在税务贡献力量”的忠诚乐章，成就了“军人之家”“税务之家”的美誉。

齐家以孝：侍亲不畏苦　奉老不避难

1988年，从部队荣退的罗伦元本可以转业到大城市定居，但陪伴双亲的热切让他毅然回乡工作，倾心奉养起母亲、继父、岳父、岳母4位老人。条件艰苦时，他和妻子带着岳父母住在城隍庙，即使借钱买米买衣，也想方设法让老人吃饱穿暖。随着条件好转，罗伦元一家在巴中安家，但父母依然舍不得离开老家，为了照顾老人，他每日骑着电瓶车通勤，中午下班也要骑车飞奔老家，为父母做好午餐后再回单位，十多年从未间断。被罗伦元骑坏的4辆电瓶车就是最好的见证。

父母之所敬亦敬之。儿子儿媳把“知恩报恩，以孝齐家”的祖训牢牢刻在心间，他们每周末相约回老家，陪长辈唠家常，打理家事，让老人们尽享天伦，全家上下充满着团聚的温馨、团圆的喜悦。在罗伦元眼中，从小就一起生活的继父是罗家的大恩人，老人晚年生病住院时，罗伦元带着全家精心服侍，他白天亲自陪床，妻子做饭送饭，大儿子晚上陪护，小儿子取药跑路。在孝德的接力浸润下，罗家的4位老人均人生圆满、高寿而终。

行事惟诚：履责能尽责　任事能成事

征程万里，初心如磐。已过而立之年的罗伦元复员后被组织安排到巴州区税务局，他主动申请到条件艰苦的宕梁税务所。从部队正连职到基层税管员，面对工作职责的巨大变化，深知隔行如隔山的罗伦元没有被眼前的困难吓倒，从一开始便用功苦读，硬是凭着一股生吃硬嚼的劲头，啃下了一个个税收业务硬骨头，练就了一身税收征管真本事。在之后的税收生涯里，罗伦元当过出纳，干过票管，坐过大厅，管过企业，事事都能拿得起，样样都能干出彩，先后11次荣获“岗位能手”。2013年恩阳建区，临近退休的罗伦元主动请缨调入新成立的恩阳区局，带着一支平均年龄超过45岁的“老炮”团队，咬牙克服办公无阵地、交通无保障、吃饭无着落的艰苦条件，在恩阳新区打下了税收事业发展起步的基础桩，培育了一批企业税收征管接班人。

父母之所任亦任之。对于子女和单位的后辈，罗伦元时常告诫他们“等靠要的思想要不得，在单位必须用真本事立身”。在崇学尚学氛围熏陶下，儿子儿媳努力学习、积极进取，在各自领域均成为业务尖兵。小儿子罗坤是建筑房地产行业税收征管的行家里手，在各项征管改革中均是攻坚骨干，曾荣立三等功，被评为巴中市“最美税务人”。儿媳杨玲努力钻研税法知识，先后考取法律职业资格和中级会计师职称，入选四川省税务系统风险管理人才库。

立身惟正：修身严律己　积善厚福报

捧一颗丹心，怀两袖清风。16年军旅生涯练就了罗伦元一身正气。他笃定自己的人生航标，牢记“为人民服务”宗旨，公正办事、清廉为税，从税26年从未贪占分毫。多年党龄凝结成的赤子深情，使罗伦元在关键时刻总能冲得出来。新冠疫情暴发后，罗伦元作为退休党支部书记，及时发动支部党员组成“老年志愿服务队”，进入社区防疫服务，力所能及为疫情防控献策出力。

父母之所善亦善之。儿子、儿媳的三观与罗伦元完美契合。不论工作还是生活，4位小辈都能严于律己，在税收工作中能守住底线，在日常生活里不碰红线，自觉做到清白为人、干净做事。在投身公益上，儿媳杨玲也是“热心人”，到敬老院看望孤寡老人，为留守儿童送去文具书本，在文明城市创建中争当志愿者。多年来，罗伦元一家人相互支持、相互鼓励，参加了各类志愿服务活动百余次，以微末善举赢得了街坊邻里的点赞好评。

家和万事兴，罗伦元家是一个极其普通的税务家庭，但又是一个令人尊敬的家庭。他们用实际行动赓续传承着中华民族的家国情怀、孝道家风、道义担当和清风正气，他们的丝丝善念鼓励着彼此，温暖着社会。

二十三载守初心　无私奉献家国情

国家税务总局攀枝花市西区税务局退休干部邹慧“最美家庭”事迹

国家税务总局攀枝花市西区税务局邹慧家庭爱国守法、孝老爱亲、热心公益、敬业诚信、家风优良，先后获评四川省“最美家庭”、四川省“文明家庭”和全国“五好家庭”。

爱心助学，书写“家”国情

在二十多年的时间里，邹慧家庭先后帮扶了来自全国各地的 4 名困难儿童，为困难儿童搭建起了温暖之家。

1998 年 8 月，一则“河北省邢台市某偏僻山村里一对兄弟正面临失学困境”的报道，让邹慧走上爱心助学之路。小龙（9 岁）和小虎（6 岁）兄弟因家庭变故失学，生活只能依靠年迈的奶奶艰苦维持。邹慧得知这一情况后，当即清点了身上的现金，一分不剩地汇出了第一笔助学款，10 年里累计捐助万余元，两兄弟持续与邹慧书信往来，在一封书信里动情地写道：“您是我们的大恩人，我可以叫您一声妈妈吗？”之后一直以妈妈称呼邹慧，每学期的成绩单、奖状、证书一张不落地邮寄给邹慧。

2008 年 2 月，邹慧通过西区“代理家长”的招募活动认领了母亲身亡、父亲入狱的沿江矿棚户区6岁儿童金锃。种种不幸伴随着旁人的异样眼光，让金锃承受着巨大的精神和生活压力。邹慧每个周末换乘两次公交车，为孩子送去生活用品、玩具、衣物等。2008年7月，金锃患右腘窝囊肿急需住院手术治疗，邹慧当即赶往医院，预缴了住院及治疗费。术后，邹慧日日陪护、悉心照料，直至金锃痊愈。金锃曾不止一次地对邹慧说：“您就是我的希望，有了您我就有了更多活下去的勇气。”

2014年，市妇联等部门共同发起招募“爱心妈妈”活动，邹慧报名认领了年仅6岁的女儿鑫鑫（化名）。鑫鑫是非婚生女，母亲生下她后便离她而去，父亲常年在外打工，她和爷爷奶奶一起生活。邹慧每周都抽出时间看望鑫鑫，为她做饭、辅导作业、教她做人做事的道理。邹慧鼓励鑫鑫把学习跳舞作为爱好特长，并主动承担了所有费用。鑫鑫曾为邹慧画了一幅画，上面满是蔬菜水果和爱心。她说这幅画代表邹妈妈对她的爱。

做一件好事易，做一辈子好事难。当问起邹慧多年来投身公益的感受时，她说：“我自己也在这个过程中不断成长，我是一名党员，更要把群众的冷暖放在心上。”邹慧用坚定的信念把爱的种子播撒到社会各处。

优良家风，传递“家”能量

让无力者变得有力，让悲观者鼓起前行的勇气，邹慧家庭用真情传递温暖，用大仁大爱书写家国情怀。

当邹慧家庭挥洒爱心时，并非没有任何阻力。他们的生活并不富裕，甚至有些拮据。多年来，夫妻俩恩爱和谐，共同撑起了小家。对长年患病卧床的母亲，邹慧一家给予悉心照料直至病逝。此后，更是挑起照顾年迈父亲，帮助离异后无家可归又身负二级伤残、生活无法自理的妹妹的重担。即使这样，邹慧仍带动家人节衣缩食，坚持帮助困难孩童。面对旁人的诸多不理解，说他们是泥菩萨过河自身难保，到头来竹篮打水一场空。他们从不为所动，他们说：“尽心行善，心中阳光。只要我们还有能力，就会继续帮下去！”

邹慧夫妻用自己的实际行动，诠释着优良家风，感染着每一个身边人。

不仅对儿子从小言传身教，注重社会公德、职业道德、家庭美德和个人品德的养成，同时勉励帮扶结对的困难儿童自强不息、感恩奋进，让“孝老爱亲、和和美美”的家风代代相传。在邹慧家庭的感召带动下，西区税务创立了“书香村社·情暖童心”志愿服务项目，以图书捐赠、陪伴阅读的方式，引导少年儿童向上向善。曾受过邹慧家庭帮助的小龙和小虎兄弟在本地建起了一个专门帮扶失学儿童的慈善组织，资助了很多学龄段的困难儿童，让爱的种子生根发芽，使善举得以延续传承。

守法敬业，注入“家”动力

既是执法者，也是服务者，邹慧夫妻用依法治税、执法为民的职业操守践行“用法治照亮公平与正义”的价值观。

邹慧在西区税务局档案管理岗位上工作近20年，曾两次获得“档案先进工作者”荣誉。近年来，岗位在变，初心不变，她始终是同事们的“老大姐”、纳税人的“贴心人”。2019年她在财务股担任出纳，出纳工作繁杂、琐碎，容不得半点马虎，她始终保持高度的责任感和一丝不苟的作风。2020年到清香坪税务分局，从行政岗位到业务岗位，她主动加强学习，尽快实现角色转变。疫情期间，为落实非接触办税政策，不管是上班还是休息，她都通过微信和电话，辅导纳税人在手机上“指尖办税”，她还带领同事累计服务近700余人次，使纳税人尽享网上办税的便捷。积极入户问需问难于企业，助力9户企业复工复产，得到纳税人的高度肯定和认同，为区局在全省满意度测评中获得纳税人非常满意的答卷贡献了自己的一份力量。

丈夫张敏在西区司法局工作，不一样的岗位，却同样爱岗敬业。在任玉泉公证处主任期间，正值人员新老更替高峰，长期只有他一人主持工作，面对困难，他从不叫苦叫累，他说：“我肩上的担子，一头挑着法律，一头挑着良心。”兢兢业业、一丝不苟地工作，赢得了干部职工的充分信任和广泛好评。

爱，是一种信念；爱，是一种传承。邹慧一家坚持从小事做起、从身边做起，以实际行动践行社会主义核心价值观，让老有所养、幼有所依、贫有所援，关心和温暖了一个又一个家庭。

家风无言　润物无声

国家税务总局贵阳市税务局离休干部史卓英“最美家庭”事迹

家风是什么？是一个家庭历经岁月沉淀、世世代代地传承，而形成的优良风气，是一种让后代立身于社会，终身受益的优秀品质。一个健康向上、崇尚美德的家庭文化氛围和家庭教育环境，对家庭成员的社会观、人生观、价值观有着至关重要的影响。国家税务总局贵阳市税务局百岁离休老干部史卓英和她的四世同堂大家庭为我们提供了一个典型样本——明事知理、开朗豁达的老人通过言传身教，潜移默化地影响了全家人，她和去世老伴张一樵的优秀品行也演变为一家人的共同品德，并形成了与人为善、忠孝传家、坦荡正派的良好家风。

见过史老的人都说，每次走进老人和她的大家庭，都会被老人身上的豁达开朗打动，被这个家庭和睦温馨的氛围所感染。2022年，史老已经102岁，在她生日那天，周围的邻居们齐齐来给她庆祝，大家其乐融融地唱着红歌，聊着家常，史卓英老人在一旁高兴得拍手助阵，大家看到的不仅是老人久经风霜的面孔，更是内心升腾出的“明媚阳光”般的精气神。

祖国如有难，汝应作前锋

102 岁的史卓英，党龄 83 年，是贵阳市税务系统党龄最长的老同志，她的一生，是与中国共产党和共和国共同成长的一生。诞生于民国乱世的她，是那个时代最早的觉醒者，在国家和民族生死存亡之际，怀揣着为追求光明和真理而不懈奋斗的坚定信念，19 岁的她毅然决然地加入中国共产党，义无反顾地投身到革命行列。在史卓英的记忆中，面对母亲的眼泪，她自己却有着与年龄不相符的从容和坚定，“那时，自己的人生目标，就是‘革命’。心里想的始终是只有跟着中国共产党，才能‘翻身农奴做主人’。”

在革命的道路上，她认识了一生的革命伴侣——张一樵，他们共同渴求解放，生死无畏。张一樵也出生于贫苦人家，战争年代的共同经历，使他们共同走上了革命的道路。残酷的战争年代使他们养成了沉稳坚强的性格、爱憎分明的品格以及心系劳动人民、竭力为人民服务的品质。

为了革命工作和党的事业，史卓英和张一樵几经辗转、忙碌奔波，从江苏、浙江、山东、北京到常州、温州、贵州，他们从打游击战到应对敌人扫荡四处埋伏，从上山下乡开展农村工作到百废待兴中艰难起步，携手踏过血色土地，躲过枪林弹雨，踩过遍地荆棘，几度沧桑，雨雪风霜。1965 年，张一樵任贵州省委常委、省委秘书长，兼任中共贵阳市委第一书记，46 年的奋斗历程，他们共同为党和人民的革命和建设事业做出了巨大的贡献。

商务部原副部长安民同志在追忆张一樵时说：“在他光明磊落而短暂的人生中，他的真心诚意和卓越的领导才能，他的果敢沉稳坚定，他的清正廉明的优秀品质，足以为后辈后代们学习一生。”

固守赤诚心，安享清贫乐

“我们这个家庭是革命家庭，你们要记住，人一定要有尊严、有人格，爸爸虽曾身处高位，但从不假公济私，一辈子胸怀坦荡、无私无畏。要记住，对工作和家庭存有私心的事千万不能干。”在儿女们的记忆中，在世时的张一樵和史卓英时常会召集家庭成员开家风会，对大家进行革命传统教育，叮嘱晚辈自觉学习党的历史和创新理论。

史卓英和张一樵在革命途中和长征路上共生下6个儿女，为了纪念自己踏过的血色之路，都是以儿女们出生时所在地取的名字，张小淞出生在上海，张小鲁出生在山东，张小燕出生在北京……这6个儿女中，最让老人痛心的是意外夭折的一个儿子。当年为了躲避敌人的追击，她和战友们隐蔽了起来，怀中抱着几个月大的孩子。危急时刻，由于担心孩子发出声音会暴露战友，于是隔着被子捂住了孩子的小嘴，待敌人走远打开包袱一看，孩子已没了呼吸。一直以来，老人常常在深夜梦回革命战争年代，被惊出一身冷汗，然后整夜难眠。

余下的岁月里，剩下的5个孩子都平安长大，凭借父母优良品质的传承和自身的拼搏努力，在各自的工作岗位上勤勉尽责，虽无一人当官，但过的都是平凡而不平庸的生活。

“我们兄妹几人全凭自己努力，从最底层做起，从没想过要父母帮衬。”大女儿张燕子回忆说，“我读初中时，爸爸在中央组织部任职，还记得曾经在他办公桌上看到一篇‘不矜细行，终累大德’的手稿，大意是说，领导干部要从我做起，从修身齐家做起，在管好自己的同时，严格要求配偶、子女和身边工作人员，在小事小节上、一点一滴中培育良好风气。”

成年后的张燕子由于外语水平优异，被国家指派到瑞典做外事工作。离别出发前，史卓英特意陪伴女儿一起看了电影《走向深渊》，电影讲述了女大学生在欧洲求学期间，因贪图利益被情报机关收买利用，让火箭基地工作的男友深陷囹圄的故事。聪慧的女儿怎能不理解母亲的良苦用心，含泪道别母亲说：“妈，您放心，您和爸爸的教导我会铭记于心。”

修身并律己，成事在榜样

随着张一樵同志工作单位的不断调整调动，史卓英希望能成为自己丈夫的帮手，但又总觉得自身文化水平不高，怕拖丈夫的后腿。但张一樵从不嫌弃，每到一处都支持并帮助史卓英得到补习文化的学习机会，耐心开导、积极鼓励，通过不懈坚持，史卓英在工作岗位上，也不断取得进步和成长。

离休前，史卓英在贵阳市税务局任职，虽然离开部队，脱下军装成为地方社会建设者，但多年养成的努力、谦虚、好学的优良传统和严谨作风时刻在激励和鞭策着她。她主动克服工作繁忙、事务繁多的干扰，展现出勇于承担责任、努力工作、有所作为的良好形象。从普通干部到人事科副科长再到政工科科长，十多年来，她走到哪里，哪里的工作就会有亮点，一生勤学苦练、鞠躬尽瘁，直至离休。

“离开了工作岗位，我竟无所适从，我已经习惯了忙忙碌碌的工作、紧紧张张的生活。”离休后，史卓英也闲不下来，坚持参加所在支部的组织生活，坚持学习，记好学习笔记并撰写心得体会。读书看报看新闻、关心国家大事、关注税收发展成了离休生活每日的“必修课”，用她的话说，“不看就跟不上党的脚步，发展的脚步”。

参军和入党 80 多年来，这位老党员无论顺境逆境，始终热爱学习、党性不改、初心不变。在这样的家庭环境中长大，晚辈们也受到了良好的教育熏陶，她的子孙后代中多人都光荣地加入了中国共产党，服务家乡建设，纷纷在单位获得“优秀共产党员”“优秀青年志愿者”等荣誉。

孙子动情地说，“这几年，奶奶的年龄越来越大，身体也越来越不好，频繁进出医院，但她的病床上始终放着好几本党的书刊，她现在戴上老花镜都看不清楚了，就要求我们念给她听。”

百善孝为先，家和万事兴

2022 年起，几个孙子和孙女主动接过了照顾奶奶的任务，日夜轮流照料和陪伴她，大孙女小敏说：“我还记得高三那年冬天，奶奶怕我冷，晚上睡觉时，就把我的脚往她怀里揣。现在轮到我报答恩情了。”“爷爷走得早，爸爸妈妈们也都是古稀之年，我们团结互助，让奶奶在其乐融融的家庭中，安享着最后和最亲热的温暖。”

大女儿张燕子说：“孙子孙女们都很有孝心，老妈有糖尿病，但能通过药物控制血糖的指数，思维也还清晰，总的来说身体健康并无大碍。我常想，这也许是父亲的寿命延续给了母亲，也在冥冥之中保佑他的另一半和他们的子孙后代。”

在 2023 年的春节走访慰问活动中，在老人干净整洁的房间里，市税务局老干科一行人与史卓英一家人围坐在一起，三儿子张小淞半开玩笑地问老母亲：“你觉得幸福不？”老人笑着连连点头：“当然幸福了。”全屋笑声四起。

在史卓英家里的书架上，整齐摆放着一本特别的书，书名叫《风雨人生》，书中内容一部分来自张一樵同志在 1969 年至 1972 生病去世前撰写的回忆录，另一部分则来自儿女后代们通过他的书稿、笔记、信件整理汇编，由贵州人民出版社出版。在这 350 页的篇幅里，珍藏着一家人在不同时期的各类合影，从最早张一樵和史卓英结婚时的黑白照片到儿孙满堂、抱着 4 个重孙的彩色照片，它们承载了许多幸福的瞬间，也蕴含了一些不堪回首的艰难往事。在一段段的章节中，也折射出许多有关家风家教的感人故事。

书的后记中有一段张一樵在世时的手写版文字，他是这样记录的：写下这些回忆，想让子孙后辈们留点纪念，让他们知道前辈们的路是怎样走过来的，前辈的一生经历能够成为后辈的一种精神财富。记得有人说过，在历史的长河中，过去是智慧的沉淀，未来是希望的浪头。但愿我的后人们能正确对待过去，正确对待现在，正确对待将来，正确对待自己，正确对待人生。

涟江河畔的“最美夕阳红”

国家税务总局惠水县税务局退休干部
彭惠喜“最美家庭”事迹

说起彭惠喜，惠水税务上下再熟悉不过，认识他的人都竖起大拇指：“一个忠于职守、勤勤恳恳、乐于奉献的老干部。”不认识他的人也啧啧赞叹：“久闻其名，一个退而不休的老同志。”彭惠喜常说：“我在职的时候之所以能专心致志工作，这么多年来能坚持自己的爱好并小有成就，很大功劳是来自家人的支持和鼓励，家人一直是我最坚实的后盾。”彭惠喜家庭先后获得惠水县“优秀平安家庭”、黔南州“五好文明家庭”等荣誉。

退伍不褪色　不负“税务蓝”

在部队他身着戎装、保家卫国，在军旗下挥洒热血和汗水；在地方他换上税服，默默奉献，投身为民收税、为国聚财的光荣事业。多年的从军经历，使彭惠喜退伍来到税务系统工作后，仍然保持部队优良传统和艰苦奋斗的工作作风，历经多个工作岗位，干一行爱一行，高标准严要求，忠于职守，积极工作。在 2004 年的推综工作中，担任惠水县国税局和平税务分局副分局长的彭惠喜带头攻坚，率先垂范，精心组织，规范推综数据采集，认真复审、一丝不苟，提高推综录入质量，最终顺利地完成了数据的采集、审核、录入，为省局2005年元月新的征管软件正式运行奠定了坚实的基础。彭惠喜2004年参加贵州省国税局第七期分局长培训班学习时获得优秀学员称号；2005年获得黔南州国税局表彰的推综工作先进个人；2009年在办公室兼职摄影后，多幅摄影图片分别被《贵州日报》《贵州国税》《黔南日报》等报刊、书籍刊用。在“发现最美惠水”摄影大赛中，《涟江端午赛龙舟》获得二等奖，《欢庆》获得入围奖，摄影作品《希望在田野》入选法治黔南摄影大赛组委会“五五普法”百幅作品之一；《那就是我》，被贵州省摄影家协会评为二等奖。

投身公益演绎最美“夕阳红”

多年来，彭惠喜总是把“帮助他人，快乐自己”奉为人生的信条，身体力行，无私奉献。2017年9月在惠水县国税局退休后，彭惠喜积极参加志愿者社会活动。2018年5月，为惠水县档案馆捐赠1994—2015年350张电子图片，被档案馆永久收藏。2019年10月，为惠水县迎接省第九轮双拥模范城（县）考评验收摄影。2019年12月，获得惠水县委宣传部的文艺志愿者证书。2020年2月为武汉市慈善总会新型冠状病毒防控专项基金捐款。2020年2月，为腾讯惠水A梦公益捐款。2020年5月，获得贵州省体育局“打赢歼灭战，同步奔小康”全民健身线上公益同步活动捐赠证书。

2020年6月，彭惠喜被惠水县关心下一代工作委员会聘为宣传员后，参与了县关工委对网吧的监督检查，县关工委、县教育局关工委“致敬最美逆行者”抗疫英雄事迹报告会走进大坝中心学校、走进惠水第六中学、走进贵州大学科技学院的摄影。2021年6月为县老年大学、老干局、关工委庆祝建党100周年活动摄影。2021年3月为惠水县政协会议、活动摄影。2021年11月为惠水县人大代表在同心社区的选举摄影，2022年5月为“桑榆展风采・喜迎二十大”摄影，2022年7月，为黔南州基层党建现场观摩会暨城乡基层治理工作推进会在同心社区摄影，为惠水县的一些重大活动留下了宝贵的图片资料。他还积极参与惠水县税务局离退休支部工作和退休干部活动，搞好“传帮带”，写了“寄语新税干　奋进新时代”的工作生活感悟，以此激励新税干，建功新时代。他为惠水县税务局、惠水县活动的开展的文字和图片分别被县老干局、黔南州老干网、贵州省老干网采用，为宣传惠水作出了积极的努力和贡献。

和谐美满成就“最美家风”

家庭是社会生活的细胞。彭惠喜一家人和睦相处，自觉遵纪守法，积极参加政治学习和各种社会活动，倡导健康文明的生活方式，全家人平等相待，互相照顾，取得了家庭和事业上的双丰收。妻子理解并支持丈夫对工作的付出，承担起更多照顾家庭、陪伴儿子的重担，无怨无悔，默默付出，儿子彭思珑是贵阳一中第一个连续两年为高考学弟、学妹写大长幅励志联的学长，后就读复旦大学中文系并出国留学深造，现已归国就职。妻子的体谅和奉献，儿子的乖巧懂事，让彭惠喜深感欣慰，让他在职业生涯中不仅多了一份牵挂，更多了一份动力。

妻子知道彭惠喜看重情义，多年来对昔日战友关怀备至，特别是当战友有困难的时候，他都及时给予各种帮助：1989 年 5 月得知家住大龙乡曾荣立三次三等战功的老兵李正荣负伤致残、不幸瘫痪在床，生活处于低潮的消息后，彭惠喜积极组织战友捐款为李正荣购买电视机，亲自帮助他安天线、装玻璃、漆门窗，组织发动和平分局的干部职工捐款，帮助李正荣的儿女交纳就读初中的书学费。2010 年 5 月的一天，得知李正荣到县城看病的消息后，彭惠喜不顾自己生病输液，陪同他前往医院检查治疗，带领他们一家观赏涟江公园。2011 年，他又组织近 20 位战友帮助李正荣的儿子认亲、提亲到结亲。每每他一心一意帮助战友，无暇顾及家人的时候，妻子都不曾有过抱怨，而是一如既往地支持理解，一份理解，一份收获。

“老牛自知夕阳晚，不待扬鞭自奋蹄。”彭惠喜表示，在今后的生活中既要维护好小家庭，注重家风、家教，给下一代形成榜样的力量，将优良家风如接力棒一样传承下去，也要积极参与社会大家庭事务，继续投身公益，尽己所能参加志愿服务。

不离不弃廿八载　相濡以沫夫妻情

国家税务总局鲁甸县税务局退休干部
杨焕琼“最美家庭”事迹

杨焕琼，1967 年 11 月生，汉族，国家税务总局鲁甸县税务局退休干部；丈夫陈龙祥，1966 年 1 月生，彝族，共产党员，鲁甸县人民检察院四级主任科员；儿子陈杨，1995 年 9 月生，彝族，共青团员，鲁甸县文屏街道民富社区居民（待业）。

杨焕琼，不仅是一个尽职的好职工，更是一个贤惠的妻子，一个孝顺的媳妇，一个坚强的母亲。她以柔弱的身躯，二十八年如一日，用真爱为因公致残的丈夫撑起一片天，经营着一个深受磨难却又幸福的家庭。

不离不弃　夫妻真情永不褪色

1992 年，杨焕琼和陈龙祥相识，于 1994 年建立了幸福的家庭，次年 6 月，儿子陈杨呱呱落地后，这个幸福的家庭更加幸福了。然而，天有不测风云，人有旦夕祸福。1995 年 11 月，丈夫在鲁甸县烤烟收购执纪执法工作中，与烟贩子正面冲突致伤右脚，后因忙于工作错过治疗时机，当他慢慢感到双脚无力时，经医院诊断为“胫腓总神经损伤”。多方治疗无效，陈龙祥的双腿逐渐发展为双腿瘫痪，生活完全不能自理，家庭重担也就压在了杨焕琼一人身上。

一个铮铮汉子转眼间成了生活不能自理之人，丈夫心理上无法承受这一现实。妻子整天要工作又要照顾老人和孩子，现在还要照料自己，心疼妻子的丈夫十分内疚，妻子那么贤惠，本应过着幸福的生活啊！可自己如此拖累她！再三考虑后，对妻子说："咱们离婚吧！""什么？你说什么？""离婚"一词犹如晴天霹雳重重击在杨焕琼身上，"亏你想得出来。"她哭着说："我的幸福就是你的幸福，就是孩子的幸福，就是这个家庭的幸福啊！"看着爱妻如此伤心，丈夫不忍心再提离婚一事。

2006 年国税局分配职工住房，领导考虑到杨焕琼的实际情况，有意安排她认购二楼，以方便她丈夫上下楼，但杨焕琼却认购了六楼。理由是为了让丈夫不出门就可以站在高处望远方，感受更多的阳光，放松郁闷的心情，全然不顾自己的辛苦。迁入新居后，只要有时间，她就背着丈夫上楼、下楼，推着丈夫晒太阳、四处散心，一如既往地给丈夫温暖和关怀。在她的精心照顾下，瘫痪了十多年的丈夫，从没有生过褥疮，身体健康、精神焕发。

相濡以沫　肩挑重担毫无怨言

坚强的她鼓起勇气，独自一人挑起生活的全部重担，把无限的爱化作无穷的动力去支撑起这个家，一路风风雨雨，一路坎坎坷坷地走了过来。瘫痪的丈夫，年幼的儿子，年老体弱的婆婆，都需要她的照顾。所有的困难都摆在她的面前，常常带着孩子奔波于医院和家庭之间，既要操心伺候丈夫又要照顾婆婆、孩子。

有一次，丈夫在昆明治疗，杨焕琼把刚满一岁的孩子留在家里请人照看。几个月后，牵挂着孩子的她从昆明赶回来，一路上，她脑海里不停地浮现出孩子可爱的身影，孩子该会走路了吧，不知孩子还认不认得出自己来。没想到一走进大院，就听到邻居说："你可回来了！你儿子的腿摔断了，正在中医院治疗。"真是个晴天霹雳！不容多想，杨焕琼立即转身向县中医院奔去，医生正在给孩子上夹板，看着孩子双脚被高高地吊起，作为母亲的她，见到孩子伤成那样，终于忍不住流泪了。

为了治好丈夫的病，只要听说哪里有秘方、偏方能治，杨焕琼就会赶往哪儿去弄药或带着丈夫去治疗。十八年来，她带着丈夫走遍了全国各地，用了上千种方法，打针、吃药、推拿、擦药、按摩……直到现在她都没有放弃对丈夫的治疗。俗话说：久病成太医。照顾丈夫久了，杨焕琼也成了半个“太医”。她学会了输液、打针，学会了根据丈夫的脸色、反应用药的本领，成了丈夫的保健医生和心理医生。还有几次用别人介绍的偏方，导致丈夫出现休克，她硬是把丈夫抢救回来。

恪尽职守　工作家庭相互兼顾

1994 年税务机构分设后，她在国税局办公室文件收发和后勤保障工作岗位上一干就是二十多年，以事无巨细的执着和精益求精的风格成为单位的“贴心管家”。

每天天刚蒙蒙亮，当别人还在梦乡，杨焕琼就早早起来，先烧一锅热水，端到床头，为丈夫洗脸、擦手、擦背、做按摩，帮他换上干净衣服，然后为他准备早餐。忙完这些才匆匆出门，八点准时出现在办公室，准备开始“忙活”的一天，而这一“忙活”就是二十多年……在领导和同事们眼里，她是个闲不住的人，只要一到单位，她就几乎没有闲着的时候。

2017 年 11 月，杨焕琼光荣退休。正当她憧憬未来规划美好的退休生活时，丈夫陈龙祥又患上“急性早诱粒白血病 M3 高危”，真是雪上加霜，但灾难并没有压倒这个坚强的女人。丈夫治疗期间，她每天风雨无阻地家里、医院两头跑。虽然辛苦，但从未有过一句抱怨。丈夫和年迈的母亲都离不开她，这一切只能靠她来支撑。

在那段最艰难的岁月里，爱与亲情支撑着他们战胜了病魔，在她无微不至、毫无怨言的细心照顾下，丈夫的病情逐渐稳定，得到了有效控制。

同甘共苦　真爱营造幸福家庭

陈龙祥是不幸的，但也是幸福的，因为有了一个好妻子；杨焕琼是辛苦的，但也是欣慰的，因为她用自己的爱和艰辛的付出，经营了一个“温馨的港湾”，建起了一个和谐、幸福的家庭，得到人们的尊重和赞誉。

杨焕琼家庭 2002 年被鲁甸县妇联评为“五好文明家庭”；2007 年被昭通市妇联表彰为“十佳和谐家庭”；2011 年 8 月荣获“昭通市孝老爱亲道德模范”荣誉；2012 年 7 月荣获“云南省五好文明家庭”；2014 年 4 月荣获昭通市总工会“和谐职工家庭”；2014 年 5 月又荣获全国妇联“第九届全国五好文明家庭”荣誉，成为全国妇联和全国五好文明家庭创建活动协调小组表彰的 996 个家庭之一；2015 年获昭通市妇联“最美家庭”荣誉。

患难见真情。携手共度 28 载，杨焕琼用责任和坚守演绎了朴实动人的爱情故事，用真爱营造了温馨幸福的“最美家庭”，用行动诠释了“执子之手，与子偕老”的患难与共、相濡以沫。

助人为乐传家风

国家税务总局施甸县税务局退休干部 董国富“最美家庭”事迹

董国富，国家税务总局施甸县税务局一名普通的退休干部。他的家在施甸县太平乡地理脉沙子坡村，这是一个三世同堂的温暖大家庭。全家 20 余口人其乐融融地生活，互帮互助，这个家就是一瓶陈年佳酿，融进了宽容和理解，平凡普通却散发着爱的醇香。董国富还有一个幸福的小“家”，妻子杨晓艳是一名道路绿化维护工，儿子杨董清大学毕业后从事热爱的摄影工作，一家三口相依相伴，容纳爱的天地。2017 年 5 月，董国富家庭被中共云南省委宣传部、云南省文明办、云南省妇女联合会表彰为云南省“最美家庭”；同时，被中华全国妇女联合会表彰为全国“最美家庭”。2017 年，董国富光荣入选年度“中国好人榜”助人为乐好人，被云南省总工会女职工委员会评为云南省“好儿女”。2018 年 11 月，他被国家税务总局评为“中国好税官”。

助人为乐传家风

董国富的父母都是地道的农民，没有上过学，或许是祖辈的言传身教，或许是善良的本性驱使，他们一直用言语和行动为董国富兄妹树立了榜样。在董国富小时候，父亲每天上山找来的柴都要分给一个下肢瘫痪的叔叔，每次挑水都要把叔叔的水缸一起灌满。父母时常会把家里本就不够吃的大米、苞谷面匀一些出来送给村里一位独居的老阿奶，有好吃的也要给阿奶送去一碗。对邻里如此大方的父亲却常常将孩子们掉在饭桌上的米饭一粒一粒地捡起吃掉，还时常教育董国富兄妹："不能忘本、要节约。"

父母的言传身教深深地烙在了董国富的心里，乐于助人也一直是他做人做事的指南。邻居董国华家的独子在香格里拉不幸遇难，要尽快赶去解决善后事宜。董国华身体不好，又是文盲没出过远门，连路费钱都没有。董国富没有多想，凑足钱就径直赶往香格里拉帮忙处理后事。

对于沙子坡村的乡亲们来说，董国富就和自己的亲人一样。他们到县城求医看病，去哪个医院、挂什么号，都喜欢找董国富夫妇。只要知道村里人来看病，他们夫妇都会去看望。久而久之，垫付医疗费、帮忙陪护、帮忙办手续成了稀松平常的事。

亲情深厚一家亲

董国富一家三代同堂，兄弟三人早已各自成家，各自有了儿女、有了孙辈，可他们却仍然一口锅里吃饭、一个家里生活，从来没有拌过嘴、从来没有分过家。

董国富夫妻俩牵手相伴三十多个春夏秋冬，相濡以沫、风雨同舟，一同克服工作和生活中的种种困难，从没因生活琐事红过脸、吵过嘴，他们用自己的真诚、善良和孝心换来了家庭的幸福美满。董国富的岳父中风卧床不起，他主动把岳父接到身边照顾。递水喂饭、端屎端尿、擦洗身体……四年多的时间，董国富坚持亲力亲为悉心照料，从来没有嫌弃过，直到岳父病逝。

妻子两次下岗，现在从事道路绿化维护工作。由于工作的特殊性，她从来就没有休息日，回家后还得照顾一大家子人的生活起居，可她却从未抱怨。董国富的两个侄儿上高中以来就一直由他们夫妻俩照顾。夫妇两人把侄子像亲儿子一样对待。最终，两个侄子以优异的成绩分别考进了云南农业大学和昆明医学院，毕业后都找到了理想的工作。

桑榆虽晚践初心

“小时候，我做梦都没有梦到过我们村会通车，车子能开到院场。”走在村里的水泥路上，董国富满心欣慰的感叹。以前的沙子坡村根本不通路，雨天到处都是泥泞，这一直记挂在了董国富的心里。2010 年，村里修西边路段时，他捐款、捐物并且亲自参与修建。2015 年，董国富一家三兄弟商量着凑钱把村东的路修了，可部分村民却因为修路占用到自家的耕地而不同意。董国富和二哥董国仁每天晚上到村民家做工作，奔走了 10 多天后，终于做通了工作，道路于 2016 年建成通车，虽然路只有 2 米多宽，坡度近 40 度，但是摩托车、三轮车、拖拉机、轿车都能开到家门口，玉米、小麦、牲口，不管晴天雨天都能拉出去卖，人家心里都知道，这一切都得感谢董家兄弟。董国富的善举传遍了千家万户，2019 年，他获得了“中国好税官”的荣誉称号。7 月 30 日，中央文明办、国家税务总局共同举办的全国道德模范和“中国好税官”交流活动在税务系统和社会上引起强烈反响。家乡那条泥泞的山路一直是董国富心中最大的牵挂，在云南省税务局、保山市税务局和施甸县税务局的支持下，太平镇地理村的入村公路于 2020 年 2 月竣工，公路的建成惠及了各族群众，赢得了广大同胞的好评。

为乡亲拍摄全家福

在董国富的儿子杨董清的记忆里，爷爷一直有个愿望，就是一家子能够拍一张全家福，然而由于当时没有条件，直到爷爷病逝都没有实现，这成为了他们一家人永远的遗憾。多年前，杨董清偶然得知现在仍然还有一些贫困村寨的乡亲至今没有拍过一张全家福，很多老人甚至一辈子没有拍过照片。他和父亲召集朋友组织开展了“全家福公益摄”活动。从那以后，周末、节假日，父子俩都会组织志愿者为村民免费拍照、打印、装框、配送，为那些从来没有拍过全家福和照片的乡亲送去用镜头定格住的“阖家团圆”。摆榔尖山、木老元哈寨、酒房梅子箐、太平田头村……处处都有他们的身影，他们用小小的镜头记录了美好，带给大家大大的温暖。截至 2022 年 8 月，“全家福公益摄”已累计为 400 多户村民拍摄并赠送了全家福，为 1000 多位老人拍摄并赠送了纪念照。

互敬互爱一家亲　爱党爱国满腔情

国家税务总局山南市税务局退休干部桑珠“最美家庭”事迹

习近平总书记指出，大国之大，也有大国之重。千头万绪的事，说到底是千家万户的事。千家万户都好，国家才能好，民族才能好。构成千家万户的一个个家庭，是社会的基本细胞，国家税务总局山南市税务局退休干部桑珠家庭正是这千千万万普通家庭中的一个，但就是这样一个普通家庭的背后，同样蕴藏着属于自己的故事，传承着严谨和优良的家教家风。

农奴翻身，为报党恩入行伍

已是仗朝之年的桑珠同志，在孩童岁月经历了黑暗野蛮的旧西藏，受到过“三大领主”的剥削，小小年纪就为领主家放牛，过着暗无天日的生活。因无法忍受苦难欺压，他逃跑过很多次，但都被领主的管家抓了回来。遭遇的现实和大人们的劝告，逼迫着小小的桑珠只能向苦难的生活低头。1951 年 5 月 23 日，西藏和平解放，十几岁的他经历着一次巨大的社会变革。桑珠 13 岁时（1959 年）西藏发生了武装叛乱，直至 1961 年西藏全区平息叛乱，和平解放的步伐进入到一个新的阶段。此时他的身边来了很多“新人”，他们就是共产党的解放军和工作队，雪域高原开始接受“新事物”。不敢想象的是，昔日的农奴翻身做了主人，拥有了属于自己的牲畜和土地，所见之处，人们的精神面貌焕然一新，社会展现出欣欣向荣的景象。

聪明伶俐的桑珠开始跟着工作队跑前忙后，主动当起了小小通讯员和勤务兵，他知道是共产党让自己翻身做了主人，深知党的恩情比海深。凭自己人熟地熟和机灵勤快的优势，他很快得到了工作队的高度肯定。当时桑珠听说部队准备在自己的家乡征兵时，就瞒着家里人悄悄报名参军，成为了当地为数不多的第一批参军入伍的青年。在部队他认真学习马克思列宁主义、毛泽东思想和社会主义基础理论常识，接受了崭新的人生观、世界观、价值观教育，懂得了很多新的道理。在军营他接受严格的军事训练，并在纷繁复杂的边境斗争中得到了全面历练，参与了部队测绘队绘制地图的重大专项任务，走遍了西藏大部分地区，深入内地部分省市，军政素质得到全面提高，先后多次得到部队的嘉奖。因为表现优异，桑珠于 1969 年 3 月 18 日光荣加入中国共产党，在部队服役长达 25 年，实现了从放牛娃到优秀军人的转变，1987 年转业安置到税务局工作直至退休。

教子有方，邻里和睦明大义

在部队服役期间，桑珠与同样来自农村的姑娘次仁央金相识相恋并结为夫妻。妻子次仁央金是位吃苦耐劳的藏族妇女，无论在部队还是地方，双方家中上有年迈父母要照顾，下有 3 个孩子要抚养，她都能处理得井井有条，并在教育孩子方面始终以身作则、严格要求。因桑珠长期在边防服役，夫妻两地分居，家务活和教育抚养孩子的重担全部落到妻子次仁央金的肩上。她一边上班一边照顾孩子，克服困难、自己动手，在房前屋后开菜地搭建棚舍，养猪养鸭喂鸡种菜贴补家用。

20 世纪 70 年代初，大家经济条件都不好。在得知邻居阿佳生孩子营养不良时，桑珠夫妻两人二话不说，硬是将省下的 20 多个鸡蛋送给阿佳滋补身体。当汉族邻居没时间带孩子时，两人就将孩子接到家里，跟自己的孩子们一起写作业玩游戏。桑珠一家原住房周围的邻居在遇到孩子上学、就医治病等困难时，桑珠经常给予无私的帮助。据不完全统计，“借出的”、接济左邻右舍的资金达3万余元，在当时可谓一笔不小的开支。之后二十几年时间里，桑珠一家先后搬了几次家，但与昔日邻里和单位同事之间结下的深厚情谊一如往昔，即使时至今日，邻居孙辈们的关系也是相当不错。

20世纪80年代后期，在党中央对西藏教育的特殊优惠政策关怀下，桑珠夫妇的三个孩子努力进取，陆续考上了内地西藏班，受到了良好的教育。桑珠夫妇总是教育引导孩子们要感党恩、知党恩、报党恩，也不忘引导家庭成员热爱党、热爱祖国、热爱人民、热爱中华民族。孩子们毕业后都在党委和政府部门工作，并都光荣地加入了中国共产党，都在各自工作岗位上取得了好的成绩。如今孙辈中有戍边军人，也有大学学子和高中学生。2022年以来，桑珠家孙辈们积极参加西藏自治区慈善总会发起的拉萨南北山绿化工程西藏版蚂蚁森林“我在拉萨有棵树”募捐认领活动，以及西藏突发新冠疫情防控捐赠捐款活动，良好的家风在一代又一代间传承。

爱岗敬业，传帮带引严自律

“国有国法，家有家规”。在桑珠家，诚信是做人的第一原则。在部队时桑珠曾兼任仓库管理员，一个人管理仓库里的各种贵重物品，当时交接不正规没有物品清单，完全靠管理员个人的担当和自觉。为了确保仓库内贵重物品完整，他利用自己的闲暇时间逐步建立完善了贵重物品档案清单，再次交接工作时，所负责保管贵重物品无一遗漏如数上交国家。他说，这就是对党的忠诚与个人担当。

1987年，桑珠从部队转业安置到税务局工作，从事市场征管、建筑行业征管等工作。当时办公条件非常有限，需要征管员走街串巷逐一到辖区商户征收税款并手工开具发票，考验的是征收员的工作韧劲和巧劲，甚至可以说每一分钱都是靠征收员用“脚板”丈量收取来的。虽说隔行如隔山，但桑珠凭着部队培养的优良传统，本着对税收事业的热爱，在全新的岗位上认真学习钻研征收业务，从跟班迅速成长为独当一面的业务骨干，历年均超额完成征收任务，得到单位和局领导的充分肯定。

随着经济的发展，税收任务日渐繁重，单位里也分配来很多年轻干部，桑珠在担任市场征管、建行征管等负责人的十年里，如同在部队带兵一样，爱护年轻人、关心关爱年轻人的成长，带领年轻干部学习业务，传授征收实践经验，使新老中干部之间形成了良好的互动交流，在岗位担负重担方面起到了应有的传帮带引作用。

退休后的桑珠不忘初心、牢记使命，与家人自驾8000多公里到昔日奋斗之地——甘肃省酒泉市瓜州县柳园镇入青入藏交通要道再走走、再看看。作为山南税务系统最年长的退休干部，桑珠从未倚老卖老，始终按照一名共产党员的标准要求自己，即便在生活中遇到困难时也从未向组织伸手。只要身体允许，他坚持参加退休支部组织的各项文体和集中学习活动。2021年桑珠被授予“光荣在党50年”纪念章。

涓涓细流汇成海，点点纤尘垒就山。每个和睦兴旺的家庭前进一小步，就能推进中华民族大家庭前进的一大步。桑珠、次仁央金是一对平凡的夫妻，这个家庭的每一位成员都有一颗平凡的爱心，他们互敬互爱，桑珠夫妇用自己的方式携手走过了50多年人生的风雨，用点滴爱心、家国情怀和民族大义构建了一个令人羡慕的“最美家庭”。

羌塘草原上的“最美家庭”

国家税务总局那曲市税务局退休职工嘎尔玛“最美家庭”事迹

嘎尔玛，一名普通的退休税务职工，1951 年 5 月 20 日出生于西藏那曲县，1966 年 2 月 1 日参加工作，1999 年 6 月加入中国共产党，2003 年 5 月 1 日退休。提起嘎尔玛，这个在羌塘草原小有名气的“翻译家”“宣传家”“五星驾驶员”“公益者”“慈善家”，大家无不交口称赞。在海拔 4500 以上的那曲工作了 37 年，嘎尔玛把青春和热血奉献给了这片生于斯长于斯奋斗于斯的沃土，用一生守护着万里羌塘。嘎尔玛的爱人才旺，是一名普普通通的牧民，也是一名有 46 年党龄的老党员、一位勤快的家庭主妇。两人自结婚以来，生活中互相帮助、互相照顾，同甘共苦，培养了深厚的感情并走过了 52 年风雨历程，建立了一个和谐美满的幸福家庭。

“我要永远跟党走”

嘎尔玛出生在那曲一个封建农奴家庭，一家都是农奴主的私人财产。1951 年 5 月 23 日西藏和平解放，共产党为他们家带来了光明，一家人翻身得解放，当家做主人。从这一天起，他们家才有了欢歌笑语，才有了美好的憧憬。“感谢共产党！金珠玛米就是救苦救难的菩萨兵。”这是父母每天都要对这个襁褓中的孩子说的话。1959 年，巴青县红旗林场工人布德这位“草原英雄”也深深的影响了 8 岁的嘎尔玛。1964 年，放牛娃嘎尔玛上了学，开始接受教育，“文盲”的父母和他都激动地哭了。“永远跟党走”成为了嘎尔玛的信条。两年后，他参加了工作。1999 年 6 月，嘎尔玛光荣地加入了中国共产党，从一个放牛娃成长为一名全心全意为人民服务的共产党员。他先后在那曲县电影放映队、县委宣传部、县税务局等单位工作。无论在哪个岗位，他都始终如一，干一行爱一行，钻一行精一行，兢兢业业，用行动诠释着一名共产党员的本色。在电影放映队时，他用马背牦牛驮的方式将爱国主义电影送到了那曲的每个牧场村落，主动为农牧民群众担任藏语翻译配音，成为了大家眼中的“翻译家”。在县委宣传部时，他主动走村入户宣传党和国家的路线方针政策，朴素的话语引起了农牧民群众的共鸣，大家都尊敬地称呼他为“宣传家”。在税务局工作时，作为一名普通的司机，他常年保持安全行驶“零事故”，免费将驾驶技术传授给农牧民群众和同事们。“嘎尔玛师傅呀咕嘟，五星驾驶员就是他”，这是同事们对他的一致的评价，也一直是大家身边的榜样。嘎尔玛连续多次被评为“优秀工作者”“优秀共产党员”“先进职工”“民族团结先进个人”。他还积极发挥老同志的政治优势、经验优势，经常把自己的成长经历告诉身边的人，引导大家听党话、感党恩、跟党走。

“我要为众人抱薪”

嘎尔玛出身贫寒，爱人是一名普普通通的家庭主妇，一家人靠嘎尔玛一人工资维持生活。他始终感恩党的教育培养，对党和人民饱含深情。他在岗时每逢节假日都会悄悄前往福利院看望孤寡老人和孤儿，从不宽裕的收入中拿出部分工资资助困难的牧区学生，帮助他们完成学业并走上了工作岗位；利用周末上街打扫卫生，清理河道垃圾……他是那曲最早的“公益者”和“慈善家”。当大家纷纷称赞他时，这个黝黑的藏北汉子总是面带羞涩地说：“我做的这些都是微不足道的。是党给了我新生命，我一定要让生命变得更有价值。”他在维护社会稳定和促进民族团结工作中打头阵、当先锋，号召家人和亲戚朋友自觉做反分裂斗争的带头人，做民族团结的带头人。2008 年“5・12”汶川地震，他主动向党组织交纳了 1000 元特殊党费。当开展行业扶贫和精准扶贫时，本已退休的嘎尔玛主动找到组织，与困难户结对认亲，交心谈心解民忧，力所能及地帮助他们脱贫。“有问题找叔叔嘎尔玛，解决问题不用商量。”这是他的帮扶对象卓玛反复对税务干部们说的一句话。当他听到卓玛家的牦牛难产时，心急如焚，主动联系知名兽医一同连夜驱车上门救治。从小是放牛娃的嘎尔玛知道，畜牧业是那曲的支柱产业，牦牛就是牧区群众的“命根子”。2020 年，面对突如其来的新冠疫情，他积极在退休干部职工中宣传普及疫情防控知识，采购口罩、消毒液等疫情防控物资捐赠到所在社区。2020 年 2 月 17 日，嘎尔玛同志委托其子来到那曲市税务局代其为抗击新冠疫情捐款 10000 元。当老干部科科长拉巴劝他们少捐点时，嘎尔玛的儿子斩钉截铁地说：“这事阿爸已交代好了，必须要全额捐献爱心。”拉巴知道，嘎尔玛出生贫困家庭，两口子身体状况较差，两个儿子无正式工作，又领养一个女儿，10000 元是他一个半月的退休工资，对于他们家来说是多么重要。当工作人员通过电话回访时，即将古稀之年的嘎尔玛动情地说：“感谢党、感谢组织这么多年以来关心和爱护，我是一名党龄 24 年的老党员了，共产党给了我新生命。虽然退休了，但社会的责任和义务我们一定要尽。”2022 年西藏大规模疫情暴发，“我是共产党员，我先上”是嘎尔玛的誓言，他积极响应社区号召，投身社区志愿服务，为邻里街坊送菜送药，为疫情防控贡献自己的一份力量，目前他一直在志愿服务的路上。

“我要让‘家是最小国’世代传承”

在家夫妻俩相敬如宾，相互支持，相互帮助，没有吵过一次架，红过一次脸。面对困难时共同面对，出了问题共同协商解决，成为人人羡慕的恩爱夫妻。由于嘎尔玛夫妇长期生活在高海拔地区，两人都患有高原疾病。爱人才旺一直体弱多病，2019 年以来先后四次住院，主要诊断为颅内散在多发缺血梗塞灶，侧颈动脉粥样硬化，基本上已丧失劳动能力。2022 年 7 月才旺在拉萨住院期间，由于孩子都在那曲工作，嘎尔玛一直陪伴在才旺的身旁，每天给她洗衣送饭、倒茶端水、帮着擦洗身体、按摩身体，日复一日、周而复始，每天都重复着这样的流程，在嘎尔玛的细心照料下，才旺慢慢地可以下床散步。嘎尔玛知道爱人的身体虚弱，他每天准备营养的饭菜，为了让爱人吃得开心，还尽可能增加食品的种类。同时他给远在那曲工作的孩子打电话，让孩子不用担心母亲，好好工作，注意交通安全……在日常生活中，嘎尔玛积极维护社会公德，诚实守信，自觉遵守法律法规和公共秩序，维护国家利益和集体利益，主动履行公民的权利和义务。在生活中，坚持廉洁奉公的原则，严于律己、宽于待人。“家和万事兴”，一个和睦的家庭，之所以和睦，嘎尔玛总结出的一条经验就是“真诚待人、和睦相处、互敬互爱”。嘎尔玛经常告慰自己要懂得知足常乐，善待自己与家人，而他的努力也收获了幸福和温暖。

德贤百事顺　家和万事兴

国家税务总局长武县税务局退休干部张振华“最美家庭”事迹

家就像根，永远是树叶的归宿；家就像是一瓶陈年佳酿，融进了许多宽容和理解，包含了丰富的生命内涵。国家税务总局长武县税务局退休干部张振华的家庭就是这样。

张振华，男，汉族，大专文化程度，共产党员，陕西省长武县相公镇消水村人。1980 年参加工作后一直在长武县税务系统工作，2004 年 4 月调长武县国税局稽查局任副局长。2007 年至 2009 年连续三年被长武县国税局评为优秀公务员。2010 年被咸阳市国税局记三等功，2019 年 3 月光荣退休。

退休后，张振华加入了长武县民族管弦乐协会，利用闲暇时间学习各种乐器，并在省、市、县多次乐器比赛中取得优异成绩。2021 年 6 月，他参加了北京民族管弦乐协会建党 100 周年庆典活动；2022 年 5 月参加了央视“桃李杯”初赛，取得了陕西赛区前五名的好成绩；2022 年 7 月，在云南省参加的央视“桃李杯”复赛取得了决赛资格。退休了，老张的生活依然忙忙碌碌，除积极参加各种活动外，他还帮妻子开展了第二产业，生活充满了幸福。多年来他家庭和睦，严于律己，爱岗敬业，宽以待人，以爱守家、以德治家、以严治家，用爱谱写了一曲文明、健康的动人乐章。张振华家庭在

2020年被长武县委、县政府评为“文明家庭”，2020年被咸阳市妇联评为“五好家庭”，2022年被陕西省妇联评为“五好家庭”，成为创建“最美家庭”的先进典型。

爱党爱国　诚实守信

张振华一直在税务系统工作，对党、国家有着深厚的感情，这种感情不仅表现在他对党忠诚，坚决拥护党的方针政策，在思想上、政治上、行动上与党中央保持高度一致，更体现在他对家庭教育的重视上，积极地影响着每一个家人。全家五口人中有四名共产党员，老张时常对他们说：“既然入了党，就要拿出党员的样子，要给大家做好样子，不要给党抹黑。”他们全家人拥护党和国家的路线、方针、政策，身体力行地践行社会主义核心价值观，是一个政治上信得过的家庭。同时他认为和睦的家庭需要一个健康向上的环境，才能得以和谐发展和延续下去。在他的带领下，全家人遵纪守法，重信守诺，积极主动帮助他人做好事，从不参加赌博和封建迷信活动，致力于环境公益保护，积极参加健身锻炼，养成了文明健康的生活习惯。

身体力行　率先垂范

张振华参加税收工作30多年来，工作积极主动，勤勤恳恳。他刚参加工作时，经济条件和生活环境都比较差，常年为收税而步行几十公里山路，辗转好几个乡镇之间；为收2元钱屠宰税及零散税收从早跑到晚。最初没有交通工具，他就靠步行爬山越岭过河，走遍长武县的山山水水。后来有了自行车，也是夏天一身雨、冬天一身雪地走乡串村。有一年在相公税务所工作期间，由于经济低迷，很多企业停产、关闭，税源大幅度下降。张振华多次下乡入村调研税源分布情况，召开所务会和全体人员会议，分析税源变化情况，带人跑遍管辖区的所有乡村开展税源调查摸底和征收工作，共查补漏管户和新增户补税款10万余元，完成了当年的税收任务和其他工作任务。像这样的情况，在老张的工作生涯中，经历了无数次，多次受到上级领导肯定和表扬。

尊老爱幼　家庭美满

相濡以沫人生路，携手共圆小康梦。张振华夫妇结婚几十年来，相敬如宾、孝敬父母，经常受到邻里和同志们的称赞。

父母是孩子的第一任老师。平日里张振华非常重视孩子的良好道德品质和生活学习习惯的培养，用他们的话说“要求孩子做到自己首先得做到”，营造出良好的家庭氛围，让孩子在潜移默化中受到教育。

日常生活中，经常能看到张振华夫妇带着儿女、孙子玩耍、学习，他们和孩子亲切交流，营造平等的家庭氛围。遇到需要帮助的人和事，老张也是积极引导孩子去做，尊老爱幼的中华民族优良传统，在他们家中得到了充分体现。

感恩社会　热心公益

张振华一家热心于公益事业，积极参加各项献爱心活动，与邻里和睦相处，帮助他们排忧解难，邻里关系亲切。虽然自己工作很忙，家庭并不富裕，但他总是尽可能地帮助他人。当看到有残疾人在乞讨，他会掏出自己的零花钱；村里有贫困的学生，他会帮助购买文具和学习用品；天冷时，还会把自己家孩子的衣服拿去送给村里的孩子们，村里的孩子都亲切地称张振华为“张爸爸”。

张振华的妻子陈月莲是一个热心阳光、积极向上的贤内助，是长武县第十一、十二、十三届人大代表，咸阳市第二届人大代表。一家人几十年如一日，夫妻恩爱、孝敬老人、关怀子女、热心助人。张振华的家庭美满，儿女各自事业有成。女儿是一名小学教师，多次荣获各级“优秀教师”荣誉，并在省、市、县各类教学活动中获奖；儿子开设了自己的公司，成了一名优秀的企业家，每年为国家上缴税收百万余元，在新冠疫情期间，慷慨解囊奉献爱心，先后向公安、教育等系统捐赠各类防疫物品 5 万余元；儿媳尊老爱幼、勤俭持家，利用特长在西安办了四所艺术培训学校；孙女学习成绩优异，多次参加省、市少儿春晚、模特大赛，并在乐器比赛中取得了陕西青少年冠军。

勤俭持家　邻里和睦

在日常生活中，张振华一家人追求淡泊，不慕新潮，不摆阔气，崇尚节约。老张经常教育晚辈“一粒一饭当思来之不易”。在他的影响下，全家衣着朴素大方，生活精打细算，用之有度。真心待人是他们全家的处事态度。与邻居和睦相处，邻居有些事情做不了或需要帮忙，他们都热心帮助。

在对待邻里关系上，他们家和左邻右舍相处融洽，从未发生口角。有一次，得知一位身患重病的邻居承担不起医药费，他便拿出自己的退休工资帮其渡过难关。在他们夫妻俩的心中，人的生命高于一切。

他们一家人都期望通过自己的微薄之力为那些需要帮助的邻居解决一些燃眉之急，他们用实际行动为建设和谐社会贡献了自己的一份力量。张振华夫妇十分注重言传身教、以德育人，逢年过节经常带着孩子去周边邻里探望老人，通过跟老人拉家常、送温暖、献爱心，传承和发扬中华民族传统美德。虽然这些都是平凡的小事，不足挂齿，但它就像“催化剂”一样使他们的感情日益深厚，家庭愈发和睦。在这个家庭里，虽然他们各人的性格、文化、志趣等不同，但是家中很少出现矛盾，大家都能够互相体谅，宽容谦让，形成了相互理解、相互尊重的礼貌家风。

常言说得好，家和万事兴。幸福其实很简单，就是家庭成员之间要用心照顾对方，用情建设家园，大事面前懂得奉献，小事面前明白怜惜。张振华一家用自己的真诚、善良和孝心换来的家庭幸福美满，用生活中的点点滴滴诠释了家的真谛。

舐犊情深　反哺之义
用爱谱写孝老爱女动人赞歌

国家税务总局略阳县税务局退休干部
张仲勇“最美家庭”事迹

张仲勇是国家税务总局略阳县税务局的一名退休干部。工作中，他把自己的半生奉献给了税收事业，兢兢业业，恪尽职守，是一名廉洁正直的优秀税务人；生活中，他既是一个孝敬老人、忠于家庭的好儿子，又是一位不离不弃、悉心照顾残疾女儿的好父亲。数十年如一日，张仲勇含辛茹苦地撑起全家的希望，在嘉陵江畔播下孝的种子，洒下爱的甘露，他用行动谱写了一曲孝老爱女的赞歌。

张仲勇祖籍江苏徐州，后被养父领养到地处贫困山区的略阳县。养父膝下无子，仲勇从小便与老人相依为命，成年后他时刻铭记养育之恩，以一个男子的担当挑起家庭的重担。他常说：“‘羔羊跪乳，乌鸦反哺’，动物尚有报答之举，何况我这个七尺之躯的男儿呢？”就这样，他怀着感恩之心无微不至地关心照顾养父的衣食住行，让老人家丰衣足食安度晚年。

从 20 世纪 80 年代初到 21 世纪初这三十余年间，张仲勇夫妇一边拉扯自己的一对女儿，一边悉心照顾年迈多病的养父。养父是一位普通工人，手脚不便，张仲勇夫妇三十余年栉风沐雨，无论春夏秋冬，无论严寒酷暑，始终如一地准点准时为养父送饭送菜。养父是山东人，顿顿吃饭不离馒头，于是张仲勇和妻子就学会了蒸馒头。为了更好地照顾养父，让老人家吃得好睡得香，他和妻子为老父亲专门建造有热炕的房间，并坚持准时准点把热饭热菜热馒头送到老人家的炕头。工作虽忙，但他从未忘记给老人勤换衣服勤洗澡，还想方设法挤出时间陪伴老人聊天解闷。他认为真正的孝敬不仅仅是吃饱穿暖，更要让老人有尊严地活着。一日行孝易，终生行孝难！张仲勇数十年的担当坚持，其中的艰辛不言而喻。老人看在眼里，暖在心中，每当跟街坊邻居谈起他这位养子总是赞不绝口，常常感动得老泪纵横。他常说："我这个养子啊，远胜过别人家的亲生儿子！有仲勇在，我这辈子知足了！"

古人云："百善孝为先。"张仲勇数十年如一日孝敬养父的忠孝事迹很快在山城略阳传为佳话，养父所在的建筑公司很多家长慕名把孩子带到他家，美其名曰学习张老太爷的技术，实则想让孩子耳濡目染，接受张仲勇孝老爱亲的美德熏陶。

光阴荏苒，时光飞逝。人到中年之际，张仲勇夫妻又添一女。无奈天有不测风云，小女儿不幸身患先天性脑瘫，无法直立行走，生活不能自理，巨额的医疗费用和康复治疗方案让张仲勇一家雪上加霜。但他们夫妻俩咬紧牙关，节衣缩食，20余年来倾尽所有，在全国各地为女儿遍访名医进行康复治疗。然而，治疗之路是何等艰辛与漫长！张仲勇夫妇吃尽苦头，饱尝了人间冷暖，但他们从未放弃，哪怕是一丁点儿的希望也要牢牢抓住！阳光总在风雨后，张仲勇至善至美的父爱总算换来了上帝的一丝青睐：这位被过早折断翅膀的小天使在她十岁那年终于能够站起来了！虽然步履踉跄，但毕竟是从轮椅上走下来了。看到女儿蹒跚学步、牙牙学语，善良的张仲勇终于喜极而泣、热泪盈眶，可有谁知道他那浑浊的眼泪里历经了多少沧桑和辛酸啊！

30余年风霜雪雨，张仲勇孝敬侍奉养父直至寿终正寝，他用孝义之举在略阳大地树立起一座孝老敬亲、忠贞担当的丰碑！

29 年含辛茹苦，为患病女儿倾其所有求医问药，创造了用亲情父爱造就的医学康复训练奇迹！

他是一位恪尽职守的税务人，也是一个顶天立地的男子汉！他是一个孝顺的儿子，也是一位伟岸的父亲！仲勇同志用他满腔的爱和博大的胸怀诠释了什么是忠义孝道，以一颗赤子之心见证了中华民族五千年血脉相随的传统美德。

爱岗敬业　共建和谐

国家税务总局永昌县税务局退休干部吴永新“最美家庭”事迹

吴永新，男，1962年4月出生，共产党员，国家税务总局永昌县税务局退休干部，妻子樊菊红是一位普通的社区退休职工，育有一个儿子，在兰州大学博士毕业后留校工作。参加税收工作40多年来，吴永新在平凡的工作岗位上，忠实履行了一个党员和税务干部应尽的职责，工作地点无论从农村到城镇，工作职务无论从专管员、分局长到监察室主任，再回归到一名普通的党务工作者，他都讲原则、持清廉、爱集体，始终无怨无悔地奋战在税收第一线。

吴永新曾60多次受到国家税务总局和省、市、县局的表彰奖励，先后被评为甘肃省税务系统为政清廉好干部、甘肃省新长征突击手、甘肃省税务系统青年标兵，1997年被国家人事部、国家税务总局授予全国税务系统先进工作者，2012年被评为金昌市第三届诚实守信道德模范。吴永新家庭2015年被评为金昌市第二届“最美爱岗敬业家庭”，2019年入选甘肃省“最美爱岗敬业家庭”光荣榜。

幸福家庭的“缔造者”

吴永新夫妇结婚多年来，夫妻恩爱，孝敬老人，乐于助人，邻里和睦，用平凡生活中的点点滴滴诠释了家与爱的真谛。除了在事业上相互扶持，在生活上相濡以沫，对待家庭和老人，夫妻俩也是分外地用心和孝顺。在对待邻里关系上，他们全家人都一直坚持着“邻里关系亲如弟兄，情同手足”的理念，邻居有了困难，只要让他们夫妇知道，就一定会伸出援手。吴永新常说“只有大家都幸福了，才是真正的幸福”。有人说，爱如果只停留在一家人之间，那么这种爱是小爱，可吴永新的家庭却把这种爱、这份情延伸到亲朋邻里以及陌生人身上，成就了一种大爱，夫妇二人的谦和热心一被提起，人们总是伸出大拇指：这一家没得说。

热爱工作的“闲不住”

永昌县县直机关工委书记杜俊智曾用一句话评价吴永新：“他就是个闲不住的人。”的确，吴永新未退休前，每次走进他的办公室，第一感觉就是整洁。所有物品都摆放有序，一尘不染。经他手的各类文件资料分门别类装订成册，美观大方。随手取出任何一册文件翻开，才发现里面的内容更是下了大功夫，资料齐全不说，还尽可能做到增设目录方便查询，图文并茂强化效果，页面设计、图文标题匠心独运，别致醒目。吴永新担任监察室主任时，因县局人员紧缺，是“光杆司令”一个，无兵无卒，但他从来没有怨言。不仅如此，他还主动请缨要求兼任党务工作。有人不理解，说：“监察室就你一个人，够忙了，再揽上机关党建工作，又要搞很多活动，单位又不发双薪，何苦呢？”吴永新却说：“党办虽然撤销了，可机关党务工作不能落下。”在他负责机关党建工作的这几年，无论是“两学一做”学习教育、党支部标准化建设、还是脱贫攻坚帮扶工作，都受到了上级部门的充分肯定。

关爱他人的“好心人”

1988 年，吴永新赢得了他参加工作后的第一份荣誉——被金昌市团委评为“优秀团干部”。荣誉背后有个感人的故事：那年 3 月，吴永新走在城关镇街道上，看见有位残疾人坐在地上，双手扒着残疾人专用的手摇三轮车，挣扎着想爬上去，可半天也没成功。吴永新赶紧过去扶着那人坐上车，顺便聊了两句，才知那人是城关镇的五保户，叫李文斌，患有先天麻痹症，日常生活自理困难，身边也没人照顾。自那以后他俩就“结缘”了，每隔两个星期，吴永新都会去李文斌家一次，帮着修修三轮车，或给李文斌理个发。事情经李文斌之口传开后，当地纳税人提到吴永新就会说：“那是个好心人。”

热爱生活的“发烧友”

如果你以为吴永新是只会像机器一样工作，像雷锋一样默默无闻地做好事，那你就错了。他其实是个很有生活情趣的人，养花、摄影和骑行，堪称他的三大爱好。

吴永新家的阳台，就是片“花海”，一盆盆经过精心修剪的花，姹紫嫣红，好看养眼，让人心里很舒适，很放松，大家都戏称他家的阳台是“休闲区”。吴永新还属于“拿起相机就兴奋”的“发烧友”。但凡局里开会，他只要能参加，就一定会举着自己购买的相机兴致勃勃“取镜头”。基层分局开个纳税人座谈会，请他去拍照，他也会乐呵呵地应承。很多个节假日、双休日，吴永新早早起来就背着相机出门，到山上，到田野，到河边，到他感觉有美景的地方去感受大自然，为祖国美丽山川留下一个个美好瞬间，他的摄影作品也多次在报纸、杂志发表。吴永新还喜欢骑行，用双脚去丈量祖国大地。如果说环青海湖骑行是对自己意志和体力的考验，那么骑行西藏、海南，便是一种对人生的磨炼和灵魂的洗礼，这些他都做到了。面对艰险的路途，许多年轻人都抱着一腔热血诩杀而归，而已过知命之年的他，却凭着超人的勇气和毅力，克服复杂险峻的路途和恶劣多变的天气，坚持了下来，用速度与激情书写了属于自己的精彩人生！

吴永新同志的一举一动，彰显了一名共产党员和税务退休干部的担当与作为，更是一名新时代先进典型和新时代公民道德建设的具体缩影，是我们学习的榜样。

老有所为传家风　金税晚霞别样红

国家税务总局武威市凉州区税务局退休干部胡东明“最美家庭”事迹

胡东明是国家税务总局武威市凉州区税务局一名普通的退休女干部。参加工作近四十载，在工作岗位上，她勤勉尽职、严谨细致；在生活中，她谦逊平和，贤良淑德，用爱心和善良演绎了一个和谐美满的幸福家庭，用最真诚的方式诠释了孝老爱亲的真正涵义。

孝老爱亲是营造幸福家庭的基石，已经退休的胡东明更是孝敬老人的模范。2005 年公公去世，她怕婆婆孤独，就把婆婆接到家里，悉心照料老人的饮食起居，并将自己擅长的太极拳手把手教会婆婆，不仅为老人购置了太极拳需用的宝剑、扇子、衣服及练功鞋，还添置了相关的音像设备，让老人家足不出户就能在家练习。通过锻炼，婆婆就像换了个人一样，变得自信、豁达、乐观，成了太极拳团队的主力，也很快走出了孤独的阴影。已是古稀之年的婆婆患有心脑血管及肠胃疾病，她常变着花样给老人做可口易消化又有营养的饭菜。工作时每次外出学习培训，老人就是她时刻放在心头的牵挂，每天都要打电话送去问候。

婆媳关系难处，自古就是一道考验家庭关系的难题。但是，胡东明家的婆媳之间不仅融洽和谐，而且亲密无间，无话不说，三十多年从没红过脸。

每当谈起儿媳，婆婆都会满脸自豪地说：“我这儿媳妇比儿子还亲。”2017年、2021年老人两次生病住院，特别是2021年做完手术住院治疗期间，丈夫因工作繁忙不便请假，胡东明二话不说，就在医院照顾陪伴老人，做饭、送饭、洗衣，无微不至地悉心照料，同室病友一直以为她是老人的女儿，直到出院才知道她是儿媳妇。

胡东明有一个幸福美满的三口之家，全家人互敬互助，和睦有爱。丈夫在市农牧部门工作，身先士卒为人厚道；儿子是解放军某部的军官，务实上进尽责担当。夫妻二人相敬如宾，结婚37年从未吵过架，有了矛盾或闹别扭时，她选择冷静让步，等情绪平复后再与丈夫沟通交流，每一次的理解包容都能使夫妻关系更加和谐。丈夫时常下乡，不能按时回家，常常是晴天一身土、雨天一身泥，胡东明从来没有抱怨过，总是默默地在背后支持，尽心尽力照顾好一家老小，让丈夫能够心无旁骛投入工作。

胡东明夫妇以身作则，言传身教，儿子从小乖巧懂事，孝顺长辈。他们对儿子坦诚相待，不把自己的意愿强加于儿子，儿子也愿意发自肺腑地与父母沟通交流。他们始终教育孩子做人要坦诚善良，常怀感恩之心助人为乐，树立远大的理想，做一个对社会有用的人。夫妻之间相互尊重、相互理解，相互支持、相亲相爱，为孩子树立了榜样。胡东明对婆婆的孝心、对家庭的爱心，深深感染着自己的孩子，潜移默化引导孩子将这份责任传承发扬。

退休三年，也是她在抗疫战场做志愿者的三年。新冠病毒反反复复，牵动着举国上下，也牵动着身为共产党员的胡东明。她主动请缨做志愿者，根据社区及进驻小区值班单位的统一安排，无论白天深夜、晴雨雪天，哪里有需要，哪里就有她的身影，从不叫苦叫累。她常说，“作为税务一员，要担当尽责，要有家国情怀，疫情面前就得豁出来、顶上去。”疫情期间她先后捐款1200元，并为入驻小区的志愿者冬送热粥，夏送凉饮。在她看来，能将温暖和力量传递给坚守在疫情防控一线的人，再苦也值。

“将教天下，必定其家，必正其身”。浚其源、涵其林、养正气、固根本，优良的家风成为塑造道德品质、价值观念和行为方式的准绳，也成为做好事做成事源源不竭的动力，锲而不舍、久久为功。“全家同心，其利断金。”这是胡东明总结全家关系和睦相处时说的一句话，朴实的话语折射出深刻的道理。家庭和睦，全家和谐，共同进步，共同成长。丈夫在工作中多次获得部委、省市的表彰，科研成果多次获科学进步二等奖和三等奖；儿子多次获优秀学员、军事训练优等个人、优秀基层干部、优秀机关干部，荣获三等功及嘉奖，光荣出席了战区陆军第一届党代会，成为最年轻的代表；胡东明自己在退休前也先后荣获市级三八红旗手、巾帼建功标兵、优秀共产党员等称号。退休后，她没有放松学习，2021 年通过考试获得了高级营养师和高级心理咨询师证书，取得了国家级社会体育指导员证书、国家健身气功二级裁判员称号。和她一起共事多年的同事和参加社会活动的伙伴们都感慨地说，胡东明的工作态度、敬业精神、治家之理、处世之道，不仅让她们佩服，更深深地感染和影响着大家。

细微之处见真情，把每一件简单的事情做好就是不简单，把每一件平凡的事情做好就是不平凡。老有所为传家风，金税晚霞别样红。胡东明用自己的勤劳、朴实、勤俭、善良、热情，相敬相爱演绎着人间最真实的幸福，诠释着人间最动人的情感，书写着专属胡东明一家的和睦、和气、和谐。

不忘初心　弘扬党的优良传统

国家税务总局格尔木市税务局退休干部蔡海明"最美家庭"事迹

"我们已经走得太远，以至于忘记了为什么出发。"在这个日新月异、瞬息万变的时代，人们是否还记得自己的"初心"？我们的初心又是什么？当病痛来临，面对自己的亲人和家庭，又该如何去守住初心？国家税务总局格尔木市税务局退休干部蔡海明用自己的实际行动表达着一名老党员、老干部对初心的坚守和传承。

蔡海明的妻子赵静2014年病退后，出行只能依靠轮椅。为了不影响蔡海明和孩子的工作，妻子回到了青岛父母身边，相互照顾。谁知病情加重，拖累了老父母。此时，身患心脑血管疾病的蔡海明，向组织提出申请提前退休，来到了岳父家里，照顾残疾的妻子和年老的岳父岳母。很快，生活的重担压垮了他的身体，在一次心梗晕倒之后，女儿说什么也不愿再让父亲一个人承担这个沉重的家庭责任了，毅然辞去了青海中信银行稳定的工作，回到了青岛父母的身边……

故事讲到这里，并没有像童话里写的那样"从此就过上了幸福的生活"。2016年，原本打算随女儿和刚出生的幼子一起回到青岛重新寻找工作的女婿，家里又出事了。女婿的父亲查出癌症，癌细胞已转移，需要手术治疗。这样，本该相依相守的小两口，却因为都是独生子女，只能为家庭责任暂时分离……

然而，这样一个看似“老弱病残幼”家庭，不仅没有在困苦中低头，反而用另外一种正能量的姿态，凭着一份亲人间不离不弃的初心，成为所在小区里大家关注的焦点。

当《半岛都市报》的记者走进这个家庭，被眼前的境况震惊了，但更多的是被一种乐观向上的精神所震撼。记者记下这样一段文字：“世间，有一种压力，叫上有老下有小；还有一种责任，叫上有老下有小；更有一种幸福，叫上有老下有小。在蔡海明家里，每一天都在诠释着什么是人生之幸福……”

幸福，不同的人有不同的理解。在这个物欲横流，人心浮动的社会里，还有多少人能够持守对“幸福”设置的最初标准？人往往欲望大了，离着幸福就远了。而当他们真正回到初心，苦难却变成了幸福！

正是这份不忘初心的坚韧，让这个家庭在2016年被评选为“青岛市文明家庭”，2017年又被评选为青岛市“最美家庭”、城阳区“阳光家庭”。作为一名退休党员，蔡海明在照顾好家庭的同时，还积极参与社区活动，发挥余热，2017年被选为社区第二党支部书记。

青岛市电视台曾办过一档名为“我的入党故事”的系列节目，社区党总支特别推荐了蔡海明作为社区唯一一名优秀党员代表接受采访，当电视台摄制组再次走进这个特殊家庭，又给她们带来了一次回望初心的机会。

蔡海明在接受记者采访时，回忆说：“我小学一年级语文课文第一课是《毛主席万岁》，第二课是《我爱北京天安门》，我会唱的第一首歌曲是《我们是共产主义接班人》，老师教的是热爱祖国、热爱人民、热爱中国共产党。那时候，每一个男孩子都有一个理想：当解放军，保卫祖国！工作以后，父亲对我的期望就是入党，成为一名合格的党员。我从1985年递交第一份入党申请书，到1992年被吸纳为中共预备党员，这七年间坚持写思想汇报，争取能够成为一名合格的党员！二十多年党的教育让我明白：党员，是一种身份，更是一种责任。”

刚回青岛的时候，人生地不熟的蔡海明就赶快办理党员组织关系，他说：“大雁落单就有危险，党员落单也是一样，咱们在这里没有什么亲戚朋友，只能有事依靠组织，所以要抓紧时间办理好组织手续。”当记者为蔡海明的家庭走访社区党总支书记时，书记的一段话让大家都很感慨：“我对蔡海明本不是很熟悉，但是有一件事给我留下深刻印象，我们这个小区，现居人口将近四万，大家都知道社区党员管理有它的特殊性，纪律要求上都比较松散，但是蔡海明要回青海探望父亲，却到我这里来请假，他可是我们社区党总支里坚持外出请假的第一人呀！”正是对党持久不变的爱，才能让蔡海明不忘记党的纪律，不忘自己入党时的初心。

人们都说男人是一个家庭的顶梁柱，在这个家庭的顶梁柱肩上压着的是远在青海的父亲，是年迈的岳父、岳母，是残疾的妻子，是失业的女儿，还有一个未成年的小外孙……一切苦难不仅没有将蔡海明压倒，反而使他更加坚强，这种力量就来自于他们彼此不忘初心的坚韧，也正是这份不忘初心，让这个特殊的家庭充满了一种乐观向上的精神，充满了一股强大的爱的凝聚力。如今，这个四世同堂的家庭，已经成为了社会的一个标杆、一束亮光、一种力量，感染着周围的邻舍，传递出满满的正能量！

树立好家风　涵养好党风

国家税务总局久治县税务局退休干部扎西尼玛“最美家庭”事迹

扎西尼玛是久治县税务局的一名退休干部。作为一名有着 40 多年党龄的老党员，他始终以党员的标准严格要求自己，积极宣传党的新思想、好政策和新举措。扎西尼玛一家是红色家庭，一家六口人有四名党员，始终遵循“尊党、拥党、爱党”的人生信条，并把“感党恩、有国才有家、家和万事兴”作为家风家训。2019 年他们家被评为青海省“最美家庭”，2020 年被评为果洛州“文明家庭”。

弘扬对党忠诚好家风

天下至德，莫大乎忠。对党忠诚是党员的第一要求和基本标准。在日常生活中，扎西尼玛积极争当“理论宣讲员”，注重用党的百年成就和历史经验激励家庭成员，宣讲新时代取得的历史性成就，生动讲活中国共产党的故事、新中国特色社会主义的故事和新时代的故事，用各行各业的先进党员模范事迹感染家庭成员，引领他们磨炼信仰与忠诚，涵养爱党爱国、报党报国的家庭氛围，挺起精神脊梁，成长为对国家和社会有益的人。

忠诚印寸心，浩然天地间。作为一个有着四名党员的红色家庭，始终心系党和人民、坚守爱党爱国的初心和使命，积极地将共产党人的精气神在一代代人中传承下去，引导亲属子女向老一辈革命家和先进模范人物学习，通过严格家教要求子女不仅在政治方向上站稳初心立场，还要在政治道路上向党看齐，自觉同党中央保持高度一致。小的时候，扎西尼玛就给子女们讲述国家的好政策、党的先进性，给孩子们讲述解放后的幸福生活，将坚定“跟党走、颂党恩”如“润物细无声”般传承到孩子们的内心，让他们珍惜新时代、感恩党。

树立言传身教好榜样

常言道：父母是孩子的第一任老师。扎西尼玛作为家庭的主心骨、顶梁柱，时刻以身作则，严格要求自身，争做家庭好榜样。退休前，扎西尼玛几乎就没有按时按点下过班。唯一的一次按点下班是参加孩子的毕业典礼。扎西尼玛的爱人是一位美丽、勤劳、善良又充满智慧的女性。她靠做小生意贴补家用，诚实守信且待人宽厚，总是正能量满满的，平常不光要忙于生意，还照顾家里每一个人，充当家里的“后勤部长”。扎西尼玛的孩子在他们的潜移默化中，健康茁壮成长，当面对个人利益和集体利益发生冲突的时候，从来都是牺牲“小我”成全“大我”。

其身正，不令而行。在生活中，扎西尼玛非常注重一言一行，无论什么情况下，都把本职工作放在首位，决不为一己私欲做出任何损害组织、影响工作的事情。常常教育下一代，生活在如此幸福的年代，一定要认真对待自己的工作，热爱生活，充实自己，不要有怨言，珍惜当下，感恩党，始终保持团结友爱，履职尽责，对得起自己的职业本分。

自觉培养互敬互爱好习惯

互敬互爱是家庭和睦的基础，是家庭幸福的源泉。结婚近 20 年，扎西尼玛和妻子互相照顾、互相信任、互相理解、互相支持，抚育 4 个孩子长大成人，为他们营造了一个和谐、温馨、幸福的大家庭。扎西尼玛和妻子相敬如宾，非常融洽。生活中扎西尼玛总是处处让着妻子，在孩子们看来，父亲不是怕母亲，那是他们夫妻之间的恩爱与尊重。这份爱让他们同享甘甜雨露，同抵狂风暴雨。

心与心的呼唤离不开深深的爱恋。扎西尼玛夫妇在生活中，时常交流思想，互相取长补短，遇到困难互相开导，共同的生活经历使他们的心贴得更近，倍加珍惜来之不易的幸福生活。扎西尼玛非常注重勤俭持家，总是把钱花在“刀刃”上。不仅把“小家”环境卫生拾掇得干净亮堂、温馨舒适，还把居住社区的公共场所这个“大家”环境设施维护得井然有序、整洁美观，被大家誉为社区环境“代言人”。

争做勤俭持家好帮手

热心帮忙、团结邻里，不管谁家有困难，扎西尼玛一家人总是伸出援助之手。牵手相伴几十个春夏秋冬，扎西尼玛夫妻俩相濡以沫、风雨同舟，一同克服了生活中的种种困难，他们用自我的真诚、善良和孝心换来了家庭的美满、幸福。扎西尼玛一家用自我的实际行动诠释着礼貌和谐家庭的深刻内涵。

家庭和睦、邻里团结，相亲相爱、其乐融融。生活在这么一个幸福、和谐、稳定的大家庭，扎西尼玛一家深感自豪，倍加珍惜，并表示让红色基因牢牢扎根在心灵深处，让忠诚信仰成为引领社会文明进步的“风向标”。正如扎西尼玛所说的，“要用自己的一言一行影响和带动身边更多的人，共同把祖国建设成为富强民主文明和谐美丽的大家园，建设成为像革命前辈所期望的那样，有个可赞美的光明前途！”

优良家风代代传

国家税务总局盐池县税务局退休干部聂清华“最美家庭”事迹

家，就像一片茶叶，浸泡在如水的岁月里，即便入口感觉苦涩，但仍留有清香。国家税务总局盐池税务局退休干部聂清华的家庭，经过岁月的浸润，为我们展现了一个“最美家庭”的典范。全家人用自己的勤劳、朴实和宽容努力创造了自己的幸福生活。他们用自己质朴守护着中华民族的传统美德，体现出最美家庭的真实幸福。他们互敬互爱，和睦平等，母慈子孝，其乐融融。

敬老尊长，和睦共处

这个家庭的和睦，来自于始终秉承着尊老爱幼、孝敬父母的传统美德。这个家庭三代人同吃同住，和睦、融洽地生活了二十余年。在这个大家庭中，聂清华既是儿媳又是妻子，还是母亲，用她的话说：“没有自古以来难以化解的婆媳关系，没有不好相处的姑嫂关系，只有一分谦让、两分责任、三分沟通、四分豁达”。她的这“一二三四”化解了家庭各方面矛盾。她是这个家庭的神经中枢、粘合剂，承上启下，不可或缺。

聂清华1963年出生，1982年在盐池县税务局参加工作，1985年结婚。

丈夫是独子。当时父母健在，上有三个姐姐，下有三个妹妹。结婚前她就牢记丈夫对她说过的话："家庭和睦与否，你处的地位至关重要。"结婚几十年来，他们夫妇携手共进，共同孝敬父母，维系好家庭关系。生育两个女儿都是父母帮着带大，每逢周末丈夫都会买肉，叫来姐姐妹妹全家人和父母团聚。2001年，76岁的婆婆病逝。当时77岁公公青光眼双目失明已六年，她同丈夫无任何怨言担负起照顾老公公的生活起居。她每天早晨六点起床为全家五口人做早餐，丈夫则负责父亲的穿衣洗漱，把父亲需要的水杯、香烟、打火机、纸巾、零食都按照顺序放在固定的位置。两个懂事的女儿一个上高中、一个小学五年级，每天都是自己去学校。当时丈夫在单位任办公室主任，时常加班加点不能按时回家，为了公公和孩子能吃上可口的饭菜，她每天中午和下午都准时回家做饭，晚上辅导两个女儿学习，睡前给公公洗脚，按摩手指和脚趾，十几年如一日。到了周末，她负责清理全家卫生，丈夫给老父亲洗澡搓背，天气好的时候，夫妻二人就搀扶着父亲出去晒晒太阳、散散心。邻居都说老父亲总是穿得干干净净、整整齐齐。就这样全家人其乐融融渡过了11个春秋，2010年88岁的老父亲没有任何遗憾地走了。在此期间，她被评为全区孝德之星。

谆谆教导，言传身教

家可以不奢华，但一定要温馨。聂清华一直认为，父母是孩子最好的老师。夫妻二人以身作则，轻说教、重引导，学会倾听，关注孩子的感受，锻炼她们思考问题和独立生活的能力；对子女不溺爱、不偏袒，重视培养孩子良好的道德品质和生活学习习惯；注重榜样的力量，要求孩子做到的自己首先做到，使孩子在潜移默化中，传承着家庭的优良作风。女儿在家尊敬长辈，孝敬父母，自理能力强；在外遵守社会公德，讲文明，懂礼貌，以诚待人，助人为乐；在单位更是严于律己，爱岗敬业，同事关系融洽。

家和万事兴。如今这个大家庭已是四世同堂，老有所依，幼有所养。她照顾自己父母的同时，为了让两个女儿安心工作，退休后主动承担起帮助女儿照顾外孙的责任。如今女儿们也都成为了懂感恩、有责任、有担当、有作为的人。

勤俭持家、邻里和睦一家亲

俭以养德，静以修身。节俭是一种美德，是一种不竭的财富，是一个优秀民族所必须具备的道德品德和精神状态，也是一个进步社会所应当倡导的文明风尚，更是一个普通公民应具备的基本素质。在这个大家庭里，提倡节约，用之有度，从小事做起，从一点一滴做起。聂清华从小教育女儿、外孙一菜一饭当思来之不易。久而久之，勤俭节约已经成为一家人的一种生活方式和生活习惯，节约用水、二次利用、节约用电、随手关闭电源、出门购物携带环保袋……风雨数十年，一家人用勤劳、勤俭，筑就了一个令人羡慕的幸福之家。

和谐的社会离不开和谐的社区，和谐的社区离不开和谐的家庭，和谐的家庭离不开一个个有爱心的人。在小区这个“大家庭”中，聂清华与邻居和睦相处，善待左邻右舍，帮助他们排忧解难，平日里谈天说笑，节假日相互走动，邻里关系亲如姐妹，情同手足。端午节的粽子，中秋节的月饼，春节的团圆饭，无不彰显着邻里之间和谐愉快的氛围。

世间万物，因和谐而美丽，因和谐而温馨，社会是这样，家庭也是这样。一个幸福、快乐、美丽、和谐的家庭，需要每一位家庭成员共同的努力和维护。只有每个人都奉献着爱，家才会更加温暖，只有每个家庭都温馨了，我们的社会和祖国才会更加繁荣昌盛。

爱国爱家爱社会　良好家风代代传

国家税务总局银川市金凤区税务局退休干部袁思民“最美家庭”事迹

国家税务总局银川市金凤区税务局退休干部袁思民的家庭共有 7 口人，居住在银川市金凤区五里水乡。全家注重家庭、家教、家风，始终以忠孝两全为人生信条，对国家忠诚、对社会感恩、对父母孝顺、对工作尽责、对亲友和善，十几年如一日，以平凡的言行书写了不平凡的人生，袁思民家庭先后被评为银川市税务系统“五好家庭”“文明家庭”。

献身国防，无私奉献

袁思民全家有 3 人曾经在军队服役，有干部、有战士，有参战勇士、有和平卫士，他们把扎根军营、无私奉献作为对祖国的回报，刻苦训练、以身许国，为国防事业和现代化建设作出了贡献。袁思民参加对印自卫反击作战，受到多次嘉奖；女婿闫磊带领部队先后完成汶川抗震救灾应急动员、平罗抗洪抢险、宁夏植树造林等重大任务，受到军队领导接见，被石嘴山市国动委评为“抗震救灾应急动员先进个人”。

爱岗敬业，为民服务

全家人干一行、爱一行、专一行，都是单位的工作骨干，连续多年被评为先进工作者、优秀公务员、优秀共产党员。妻子闫永娟是环卫工人，不怕苦累、任劳任怨，“辛苦一人、幸福万家”，被评为市劳动模范。女儿袁萍在银川市金凤区原地税局担任副所长期间，带领全所人员攻坚克难，先后完成金税三期试点、国地税业务整合、减税降费等重大任务，受到上级机关和纳税人的好评。女婿闫磊先后参与完成宁夏党政机构改革、开发区体制机制改革、经营类事业单位改革、国有林场改革等重大任务，为自治区改革发展贡献出自己的力量。

互敬互爱，孝老爱亲

全家以孝立身、以爱为本，对老人关心体贴、关怀备至，对爱人相濡以沫、相敬如宾，对孩子悉心呵护、言传身教。一家老小互敬互爱，传承了中华民族家庭和睦、家风和顺的美德，是邻居眼中的模范夫妻、模范公婆，是街坊心中的文明家庭，他们家被自治区退役军人事务厅授予“光荣之家”，被评为银川市税务系统“五好家庭”“文明家庭”。

向上向善，乐于助人

全家为人诚恳、待人和善，艰苦朴素、乐于助人。谁有困难就主动相帮，谁有问题就热情解难，积极参加“学雷锋”、疫情防控、扶贫帮困等社会公益和志愿服务活动。多年来，全家坚持向山区学校捐赠书籍衣物，到社会福利院参加志愿服务，奉献善心爱心，用实际行动感动着身边人。

守望相助

国家税务总局英吉沙县税务局退休干部
郭志学“最美家庭”事迹

郭志学，男，共产党员，1981年参加工作，2014年退休。2010年9月，郭志学荣获喀什地区地税系统民族团结模范个人；2014年5月荣获英吉沙县民族团结进步先进个人。2019年，郭志学的家庭被全国妇联评为全国“最美家庭”；2017年、2020年，被新疆维吾尔自治区文明办评为自治区“文明家庭”；2021年，被新疆维吾尔自治区文明办授予“第七届自治区孝老爱亲模范提名奖”。

杨红英，郭志学妻子，1966年9月出生，2000年7月因病退休，长期卧床在家。郭良安，郭志学儿子，1989年5月出生，2013年9月参加工作，现任英吉沙县人民法院干警。

1988年在税务局老领导的撮合下，郭志学结识了同在税务局工作的杨红英，经历了一场浪漫的80年代爱情后，携手步入了婚姻的殿堂，还有了一个大胖小子郭良安。

1999年开始，郭志学妻子杨红英患上了严重的抑郁症，逐渐不能控制情绪，经常说胡话、发脾气，最严重的时候，拿起剪刀就向丈夫刺去。郭志学不敢防卫，怕弄伤了妻子，只能一边流眼泪，一边躲闪。

那时孩子还小，他只能又当爹又当妈，尽可能给妻子和家庭更多的爱护，不仅要坚守税收岗位，还要接过所有的家务，一旦挤出一点点的空闲时间，便带妻子出去散心，希望妻子的病情可以好转起来。

这深情的光阴柔情似水，耐心细致还带着些许委屈的陪伴一晃就是23年。酿得百花成蜜后，为谁辛苦为谁甜。2014年，郭良安也加入了公务员队伍，进入英吉沙县法院工作。同年，郭志学退休了。

郭志学一直带着真情的温暖感动着身边的所有人，听过郭志学故事的人大多数都被感动得流下了热泪。

麻绳总是细处断，命运专挑苦命人。2015年，郭志学的弟媳任红艳患上癌症，让本就不富裕的家庭雪上加霜，躺在病床上的任红艳考虑家庭困难想要放弃治疗。在最绝望的时候，郭志学拿出了自己全部的积蓄，塞到了弟弟的手中。

“无论付出什么样的代价都要把弟媳的病治好！人最重要。”郭志学用最朴实的话语，给出了最坚定的支持。愿有岁月可回首，且以深情共白头。2019年，郭志学的家庭被全国妇联评为“全国最美家庭”，动人的爱情故事和手足深情在新疆大地上广为传播，给更多人带去洗涤灵魂的正能量。

2020年初，新冠疫情来势汹汹，一场没有硝烟的战役打响。郭志学常思“位卑未敢忘忧国”，每天盯着疫情情况通报，辗转反侧。先是主动联系局机关党委，带头向红十字会捐款1000元支援武汉。在知道社区招募疫情防控志愿者时，又义无反顾地喊出“我是党员，我先上”的坚定承诺。

在担任志愿者期间，只要有需要的地方，就有郭志学忙碌的身影。他不辞辛苦地协助小区在门口卡点搭建临时值班室，组织小区人员有序进行核酸检测，利用自身熟练双语的优势承担楼栋长的职责，认真耐心地收集群众困难，送菜送饭，帮助采购生活用品，遇到生活困难的群众没钱，他就垫上，金额多达1万多元。

一本笔记本密密麻麻地记满了每一天群众的嘱托和需求，每一个对钩后面都是心连着心的回应。

老吾老以及人之老，幼吾幼以及人之幼。楼栋里的独居老人穆妮热·艾散江子女在外无法照料，郭志学每天三次敲门询问状况，为老人送去热腾腾的饭菜。“热合麦特！郭志学，亚克西！”每次送饭，老人总是拉着郭志学的手，热泪盈眶地一边称赞，一边感谢。有时候半夜回到家，脱下浸满汗水的防疫服，肚子饿得发出沉闷的抗议，他才记起自己也是个年近花甲的老人，自己家里还有个像“孩子”的妻子需要照顾。

在郭志学的影响下，儿子郭良安在单位担负起了志愿者的角色，父子俩成为了疫情最可爱的一对逆行者，把党徽戴在胸前，一丝不苟地擦得锃亮，熠熠生辉。

晚霞辉映丹心红 不忘初心显本色

国家税务总局昌吉州税务局退休干部 王兴明“最美家庭”事迹

王兴明是一名拥有 53 年党龄的退休税务干部。退休以来，他言传身教，引导子女廉洁从政、勤俭持家，带头弘扬新风尚。他积极发挥党员先锋模范作用，主动参与志愿服务活动，关心社区困难家庭，用实际行动生动诠释了共产党员永不退休的精神风貌。他充分发挥文艺特长，热心组织退休干部开展丰富多彩的文娱活动，将正能量传递给身边的每个人。2021 年，王兴明家庭被新疆维吾尔自治区党委评为“全区最美家庭”；2023 年被全国妇联表彰为第十三届全国“五好家庭”。

永葆初心传承好家风

把党融入家庭，把初心落实在生活。从军时，王兴明和爱人带领医疗队奔赴喀喇昆仑上山守防，把不满一岁的女儿交给了当地不懂汉语的维吾尔族阿姨看管，为了祖国的安宁，舍小家、顾大家。他带领的医疗队在医院首次荣立集体三等功，个人受到新疆军区嘉奖。

2015年9月，66岁的王兴明和曾经同样在高原部队从军的爱人怀着对党的忠诚，对部队的眷恋，带领9名老兵重返曾经战斗过的“天上无飞鸟、地上不长草、风吹石头跑、四季穿棉袄、半年雪封山、氧气吃不饱”的喀喇昆仑边防，冒着高原缺氧的生命危险，哽咽着给边防官兵讲述了当年艰苦奋斗的亲身经历，官兵们深受震撼和鼓舞，许多官兵泣不成声。部队领导得知王兴明夫妇青春献高原的亲身经历后，非常感动，当即号召官兵们要以老兵热爱祖国、热爱党、热爱边防的行动为榜样，树立“听党指挥、能打胜仗、作风优良；热爱祖国、艰苦奋斗、安心守防”的思想。

王兴明无论何时何地都将弘扬社会主义核心价值观落实在行动上，通过点点滴滴影响着家人。晚年的他带着孙女出去游玩看到乱扔的垃圾，就带着孙女主动捡起来，并教育她要讲文明讲卫生。

热心公益离岗不离党

传承红色基因，百年奋斗历程。王兴明秉持把党的光荣传统、红色基因和艰苦奋斗精神传承下去的思想，退休后始终坚持学习中央重大决策部署，在大是大非面前头脑清醒，立场坚定，具有较强的政治判断力、政治领悟力、政治执行力。他积极参加退休党支部学习和活动，讲规矩、守纪律，服从组织，按时缴纳党费，自觉接受组织纪律约束，主动向组织汇报自己的行动轨迹，让组织随时了解并掌握自己的思想和行动。只要退休党支部开展的各类学习活动，他总能坚持参加，从不请假。此外，他还通过各种平台宣传党的路线方针政策，及时准确地将“学习强国”等平台的精彩文章发到朋友圈，教育和引导身边人，积极传递正能量。

一个先进典型就是一面旗帜，一名优秀的共产党员就是一个标杆。面对新冠疫情这场突如其来的战斗，一个满头银发、精神矍铄的老党员，用实际行动践行着共产党人的使命，用滚烫的初心谱写着余霞成绮的壮景。2020年春节，在海南过冬的老两口服从安排居家隔离。从琼海市人民医院驰援武汉出发的第1天起，他和爱人坚持每天唱一首红歌，自编自导诗朗诵、舞蹈等短视频发送到朋友圈和业主群鼓舞士气，给医务工作者、社区工作者、志愿者加油，给武汉加油，给中国加油。整整51天，他们从未间断，直到医疗队凯旋归来。

为了不耽误居家上网课学生的学习进度，他义务为小区上学的孩子打印各种学习资料，让志愿者及时送到每个学生手中，家长们多次提出酬谢，都被他婉拒。他说：“孩子是祖国的未来，耽误不得，我家有打印机，方便，这是举手之劳。”

他所在小区有一名患有腿疾的清洁工老张，妻子和18岁的儿子均患有精神障碍性疾病，生活无法自理，儿子经常走失，全家靠老张当清洁工维持生活。王兴明看在眼里、记在心里，经常和老伴带上大米、清油、鸡蛋、水果等去看望，尽自己所能扶贫帮困，奉献爱心。

在琼海过冬的十几年，王兴明多次组织并主持小区“候鸟”春晚活动，歌颂伟大祖国、感恩伟大的党，并免费为大家书写春联，成为了当地“小有名气”的退休老人。

老有所乐传颂幸福晚年

王兴明兴趣爱好广泛，琴棋书画样样精通，吹拉弹唱手到擒来。自家的一楼小院被他打理得井井有条，花草树木满园、蔬菜瓜果飘香，房前屋后打扫得干净整洁，邻居们常常赞不绝口。他家的小院成了“网红打卡地”，路过的人总是情不自禁拿起手机，拍下带着浓浓生活气息的小景。

王兴明还是退休支部活动小组的“活跃分子”。他在负责昌吉州税务局老干部唱歌组期间，以身作则，积极组织老干部唱红歌，在庆祝建党100周年演出时主持节目并登台演出，受到局领导和退休老干部高度赞扬。

为喜迎建党百年，2021年春节，王兴明向家庭群发出了“举办家庭春晚”的倡议，每个家庭成员精心准备节目，自编自演节目宣传改革开放的成果，讴歌繁荣昌盛的伟大祖国，赞美各民族团结和谐的美好生活。《没有共产党就没有新中国》的合唱拉开了家庭春晚的序幕。外孙女的主持、老伴的表演唱、女儿的钢琴演奏、女婿的诗朗诵、王兴明的精彩独唱、欢快的麦西来甫舞蹈将家庭春晚一次次推向高潮，一台别开生面的家庭春晚在欢声笑语中落下帷幕。

幸福是奋斗出来的，王兴明坚定理想信念、脚踏实地、爱国爱党、勇于奉献，做到退休不褪色，离岗不离党，交正能量的朋友，经营好自己的家庭，牢记入党誓词，以共产党员标准严格要求自己，不给社会添乱，不给组织找麻烦，不给党员称号抹黑，以奋斗之我为祖国建设添砖加瓦，2022 年王兴明被昌吉州税务局评为“全州最美税务老干部”。

银发赤诚映初心 愿把余晖换红日

国家税务总局石河子市税务局退休干部 张其珍“最美家庭”事迹

巍巍天山下、悠悠玛河旁，有这样一个家庭，女方是一名有着69年党龄的耄耋老人，老伴是一名参加过抗美援朝的老兵。为了初心与信仰，他们听从党的号召，扎根边疆，演绎着“银发如丝志千里，丹心似火霞满天”的动人画卷，彰显着“历经沧桑而初心不改，饱经风霜而本色依旧”的赤诚情怀。这就是国家税务总局石河子市税务局退休干部张其珍家庭。

信仰如斯，一片丹心听党话

心有所信，方能行远。共产党员为党的事业而奋斗，不惜流血牺牲，靠的就是一种信念，为的就是一种理念。张其珍老人有着传奇的一生，赣州的苦难童年让她光脚参军入伍，从目不识丁的小鬼，到参加部队组织的学习，她走过战争年代、见证共和国诞生、参与新中国建设，从打字员做起、担任过机要秘书，当过排级干部，先后跟随部队辗转各地，从中南军区生产部到北京总后勤部再到北大荒、兵团、税务局……辗转数千公里距离，跨越数十年光阴，不变的是老人用一生报效党恩的赤诚。岁月在她的身体上留下印记，却不能改变她入党时的初心。为报答党的培育之恩，张其珍始终选择去党和人民最需要的地方，哪里有困难就到哪里去。越是在艰苦的地方，信仰越容易生长；越是经历风雨考验，初心越历久弥坚。2021年，全党党史学习教育开展之际，张其珍老人回顾自己的一生，内心不断泛出波澜，无意中和女儿聊天时听到特殊党费，她便打起了表达感怀党恩的心思，2021年3月25日，老人把10000元特殊党费交给组织，并深情地说到："没有共产党就没有我今天的幸福生活，是党组织的培养，让我从一名四处讨饭的孤儿成长为国家干部，回想我的成长历程，我对党充满了感激之情。在党成立100周年之际，我要交上10000元钱，作为特殊党费……"老伴也坚定支持她的这一决定，这笔沉甸甸的党费背后，饱含了两位老党员对党最真挚朴素的感情。

奉献如诗，一生情怀报党恩

经过严寒的人，深感太阳的温暖。张其珍夫妇对党的忠诚是发自肺腑的、直抵内心的、嵌入灵魂的。张其珍老人铭记自己是在党的关怀下一路走过来的。饱经童年的苦难让老人对他人的困难感同身受。张其珍夫妇平时生活十分节俭，家里的布置也很简单，都是一些老式家具，书柜是最大件摆设，床单、枕套用得已经发白，甚至打起了补丁。张其珍的老伴是一位参加抗美援朝的老兵，老两口每月收入上万元，但是依旧生活简朴。可在有些事上，老两口却"大方"且"攀比"。两位老人"比赛"似地投身公益，见谁有困难总是热心相帮，特别是社区的低保贫困户和残疾人是老两口经常帮扶的重点对象，见到小区里的残疾人没钱买菜买药，一年累计资助现金达7000元；贫困户没钱看病，老人自掏3000元陪他们看病，还帮忙买药，慢慢地张其珍老人成为小区里家喻户晓、乐于助人的共产党员。这些年来，无论是希望工程、社会募捐、爱心救助……这些公益善举活动都能看到老两口活跃的身影，被帮助过的人买些水果感谢时，张其珍坚决不要，唯一收下的"礼物"是一个手工缝制的小木凳套子，算是接受了心意，并再三说："我的日子比起以前好了不知道多少，这是做梦都没想到的好日子。退休以后，税务局从领导到工作人员对退休干部都很关心，每年安排学习、参观等活动，定期进行体检，报纸杂志寄送到家，逢年过节都是上门慰问，吃的用的都不愁，以后不要感谢我，要感谢共产党，感谢伟大祖国。”

传承如炬，一脉相承跟党走

心之所向，一往而深。张其珍夫妇矢志不渝感党恩、痴心执着报党恩、无私无我讲奉献、扎根边疆心不悔，不仅在党言党爱党护党，更是传承好家风的践行者。张其珍始终教育儿女牢记一句话，“没有党的教育培养，我早就饿死了，所以咱家的人和心都是党和国家的，党让做什么就一定做什么，要用一生去报效党的恩情。”张其珍同参加抗美援朝作战的老兵丈夫言传身教，工作时苦活累活抢着干；生活中清淡于物质，富足于精神；安度晚年时党员义务不退休，发挥余热、帮助他人、回馈社会。赣州的雪、武汉的雨、北京的霜、北大荒的风，最终落到新疆的胡杨，自此一家三代军垦人都扎根在八师石河子市的热土上，在平凡的岗位上书写屯垦戍边的坚守与担当，传承着胡杨精神和兵团精神。“我很小的时候母亲就告诉我，是共产党救了她，让她过上了幸福的生活，还教育我让我必须要知道感恩，她自己平常省吃俭用，却把这 10000 元钱作为特殊党费捐出来了，我理解并支持我的母亲，我要向我的母亲学习。”张其珍老人的女儿何汝中说出了内心的想法。张其珍从税务局退休后，在家帮女儿带孩子，照顾老人，奉献社会，四世同堂，其乐融融。

初心如磐，一颗红心永向党

生命不息，发光不止。张其珍夫妇不忘初心、牢记使命、无私奉献、淡泊名利，努力做与时俱进的追梦人。在党史学习教育中，他们坚持老有所为、做好精神传承，以自己的亲身经历、切身感受、实际生活为主要内容，为青年干部讲述自己在成长道路上如何得到党的培养、关怀和锤炼，讲述家庭、同事、战友为党的事业战斗的刻骨铭心的故事，用对党的赤诚和热忱，感染着身边的每一个人。他们坚持把精神传承做好、做实，只要有利于党的精神传承、发展的，他们都支持；只要有利于干部群众思想改变提升的，他们都配合。“倾听最美故事　凝聚温情力量”家风故事分享会上，张其珍的事迹感动了在场的所有人；“遇见最美的她”——强国复兴路上的“戈壁母亲”石城诵读会上，陈晓宇同志的温情讲述，让张其珍的故事更有温度、更有感动、更有力量。2022 年 3 月，新疆生产建设兵团第八师石河子市党委组织部及师市融媒体中心承办的师市首档党建电视栏目《石城先锋》这样描述张其珍：“她，走过战争年代，见证共和国的诞生，参与新中国建设；她从打字员做起，担任过机要秘书，当过排级干部，先后跟随部队辗转各地，从中南军区生产部到北京总后勤部再到北大荒，岁月在她的身体上留下印记，却不能改变她入党时的初心……”

初心易得，始终难守。张其珍夫妇用他们一生的信仰、坚持、行动，诠释着共产党员的初心和使命。他们以榜样的力量为党史学习教育提供了鲜活生动的教材，为党员干部上了一堂又一堂生动的党课，为弘扬党的优良传统、赓续红色血脉贡献了自己的全部力量。

税印初心不负韶华 同向同行传承家风

国家税务总局庄河市税务局退休干部孔宪贵“最美家庭”事迹

税印初心不负韶华，践行使命履职为民，传承家风乐于奉献。在国家税务总局庄河市税务局，有这样一个税务家庭，他们是父亲和儿子，她们是母亲和女儿，他们是并肩战斗的同事，他们是相濡以沫的伴侣——两代税务人，四名好税官。他们为税耕耘，为税收事业倾注满满的热情；他们爱岗敬业，在平凡岗位上书写税务人最美的答卷；他们因税结缘，组成幸福美满的家庭。两代人的传承，30 多年的“税”月轮回，4 名税务人用实际行动，秉持谦虚谨慎、艰苦朴素的价值标准，诠释敬业奉献、积极进取的精神风貌，在东北之南、黄海北岸的基层税务一线以家风促税风，以税风强家风，奏响了家税共赴新征程的美好乐章，他们就是退休干部孔宪贵一家。

解锁“勤劳”密码，涵养勤奋家庭

1987 年，在庄河最东边的海边小镇——南尖镇，税务新兵孔宪贵离开三尺讲台，穿上税务制服。在加入税务大军之前，孔宪贵是一名勤勤恳恳的人民教师，已在教育事业工作二十载，认认真真、一丝不苟，是他的性格特点和职业习惯。人到中年，忽然踏入完全陌生的税务领域，对孔宪贵来说，是一项前所未有的挑战，不懂税收业务，没有工作经验，解决方法当然是学习。为尽快理解掌握税收政策，他拿出学生时代的学习热情，工作笔记随身携带，走到哪记到哪，主动向身边同事请教。上班时税务所里工作任务繁重，下班后他依然打足精神，挑灯夜读，认真研读琢磨文件的每一句、每一词，并做好笔记，记录学习内容和心得，短短两个月，厚厚的工作笔记密密麻麻地写了三大本。通过坚持学习，孔宪贵在短时间内便迅速掌握税收相关政策，摇身变成所里行走的政策“宝典”。同事笑称他是“问不倒”，妻子打趣他是“啃”书人。在二十余载的税务生涯中，孔宪贵先后获得大连市税务系统优秀专管员、大连市税务系统先进工作者、中共大连市国税局优秀共产党员等称号。

“欲治其国者，先齐其家。”家是最小国，国是千万家。作为一名家长，父亲是孩子的风向标，孔宪贵无数个挑灯夜读的身影深深地影响着他的儿子——孔源。孔源小时候就喜欢依偎在父亲身旁，听父亲绘声绘色地讲述税收故事。看着父亲郑重地佩戴税徽，小小的孔源在心里埋下一颗关于税收的种子。2003 年，孔源通过考试进入庄河市国家税务局工作，成为一名光荣的税务人。2009 年，29 岁的孔源走上中层副职领导岗位，担任征收管理科副科长，成为庄河国税局最年轻的中层干部，他撰写的《缫丝行业纳税评估模型》被评为国家税务总局“百佳模型”，本人荣获大连市优秀团干部、大连市国税局优秀共产党员以及三等功等荣誉。2014 年，34 岁的孔源走上中层正职领导岗位，担任风险管理科科长，成长为单位的中坚力量。他先后荣获大连市敬业“俊”青年、大连市国税局优秀共产党员、大连市市直机关优秀党务工作者以及三等功等荣誉。2022 年，孔源经选拔推荐走上庄河市税务局领导班子岗位，成为全局青年干部的表率。好的家风如同无声的教诲，在默默无闻中改变着人的一生，接过父辈的火炬，绽放更亮的光芒，家风在这里传承，更得以发扬。

解锁“忠诚”密码，涵养为民家庭

一个人走得再远，最初的能量无不来自家庭。一个人能获得成就，无不源自好家风的熏陶影响。1989 年，在庄河最西边的海边小镇——明阳镇，任淑珍离开她心爱的学生们，成为明阳镇税务所一名光荣的税收管理员。从明阳镇税务所到城郊税务所，再到办税服务厅，无论在哪个工作岗位，任淑珍都把最辛劳的汗水留给自己、最灿烂的笑容留给纳税人。尤其是在办税服务厅工作期间，彼时任淑珍的家远在明阳镇，而办税服务厅在城区，怀揣着强烈的责任心，任淑珍选择带着她当时年幼的女儿刘鑫搬进局里的宿舍。白天，她在办税服务厅的岗位上兢兢业业忙碌着；晚上，她一个人带孩子辅导作业，心中还常常牵挂身在明阳农村家里的公婆和爱人。而无论多难多辛苦，任淑珍从未向组织提出过任何要求。服从组织安排，做好每一项工作，严以律己、宽以待人，把纳税人的事情当成自己的事情来办，是她一生的准则和信条。每天下午放学，当别人家的孩子习惯父母接送的时候，却是小小年纪的女儿刘鑫来接妈妈下班的时间。看到妈妈上班很忙，懂事的女儿就默默地拿出书本，坐在办税服务厅的角落里安静地写作业。然而，妈妈忙碌的身影、热情的解答、专注的神情，已经深深印在她的心里。有一次，一名纳税人在快要下班时来到办税服务厅，而任淑珍一工作起来，就忘了还在角落等她下班的女儿，当把纳税人的问题解决完，已经过去一个半小时，直到纳税人真诚感谢的时候，任淑珍才看到在默默等待的女儿。那天，虽然回宿舍很晚，虽然肚子很饿，但一想到别人感激地向妈妈道谢时，不知为什么，刘鑫心里却特别高兴，特别满足。

三十年时光荏苒，长大后我就成了你。2009 年，刘鑫步入庄河市地税局工作，成为一名像她妈妈一样担当坚守的“税务玫瑰”。10 余年来，她以孜孜不倦的学习热情、勤勤恳恳的工作态度、优质高效的纳税服务、无怨无悔的奉献精神成为全局税政岗位上的“灵魂人物”，成为税收业务的忠实解读者和国家税收政策的忠诚落实者，赢得了纳税人、领导和同事的广泛好评。

解锁“奉献”密码，涵养赤诚家庭

作为在同一单位共事多年的老同事，孔宪贵和任淑珍把同事缘延续成亲家缘，2011 年，孔源和刘鑫喜结连理，成为税务夫妻档。2012 年，他们迎来可爱的女儿——孔昱鑫。孔源是庄河市国税局风险管理的开拓者，刘鑫是庄河市地税局税政科的业务骨干，夫妻俩都把从父母身上耳濡目染的认真、宽厚、敬业的性格和习惯传承下来。在孔昱鑫的印象里，爸爸妈妈每天都很忙，没有时间陪她，他们俩常常把家里的客厅变成加班的“办公室”，一起制作培训课件，一起开展政策效应分析，一起讨论政策落实中的困难和问题。爸爸妈妈还常常在家里“吵架”，为一个个税收政策争论不休。孔源作为税政科的科长，每天要面对大量纷繁复杂的工作，而他又是一个力求将每一项工作都做到极致的完美主义者，因此常常加班加点，着急上火。作为妻子的刘鑫看在眼里、急在心上，但同样作为税务人，她又对丈夫充满深深的理解，默默地在丈夫背后支持着，同丈夫一起为税务工作并肩作战。

传承是一种仪式，更是一种精神。三十余载的风风雨雨见证着孔宪贵一家对于税收事业的热爱，三十余载的奉献与忠诚谱写了税务干部恪尽职守的人生赞歌。

“国之本在家，美好家风，国之幸。”孔宪贵的税务之家，用言传身教点亮家的幸福火种，用身体力行擦亮事业的奉献之光，他们不曾因为困难而退缩，不曾因为劳累而抱怨，演绎着工作即是事业，事业即是爱好，爱好滋润品德，品德回馈工作的良性循环，他们把个人小家置身于税务大家，同心同德同向同行，在薪火相传、赓续奋斗中奔赴税收现代化的崭新征程！

诠释最美 传承最美 弘扬最美

国家税务总局庄河市税务局退休干部 董延忠“最美家庭”事迹

家庭是社会的细胞，家庭文明和谐，关乎家庭成员的福祉，也关乎社会文明的进步。家风是一个家庭代代传承的价值信念，在中华民族绵延赓续的优良传统家风中，形成了非常突出的家风特质。

董延忠，男，1960 年 7 月出生于辽宁省庄河市，1984 年加入税务干部队伍。在工作中他始终坚持自尊、自信、自立、自强的工作作风，以一名共产党员的标准严格要求自己，勤勤恳恳、兢兢业业。多年来，董延忠在关心税收事业发展的同时关爱家庭，引导家人遵纪守法、互敬互爱、积极进取、热爱生活，温馨和谐的家庭氛围在邻里之间传为佳话，赢得广泛的称赞。

以孝老敬亲诠释最美

古训有云：百善孝为先，孝敬父母是中华民族的传统美德，孝亲敬老是营造幸福家庭的关键基石。对待老人要爱老、敬老，便是董延忠家庭中首要的家庭准则。

在孝敬老人方面，董延忠身体力行地为家人做着表率，尽管已年过花甲，他仍然保持着年轻时的习惯，每天早晨前往公园锻炼身体。退休以后，他将体育锻炼的内容改为太极拳、太极剑，谈及此，他表示：“太极类的运动一方面可以锻炼身体，另一方面，可以修身养性，能够让我有足够的体力和精力来照顾家人。”他所说的照顾家人，就是照顾他一直以来挂在嘴边的“三宝”。在董延忠的家中，有父亲、母亲、岳母三位88岁的老人，三位老人尽管患有一些基础的老年病，但在董延忠一家的陪伴和照顾下，三位老人精神矍铄、身体康健。在董延忠一家的带领下，兄弟姐妹及其子女们也时常前来探望老人，每到周末或节假日的时候，董延忠的家中总是十分热闹，充满了欢声笑语。在老人生日之际，董延忠更是举“全家之力”，在家中布置生日装饰、准备蛋糕礼品，为三位老人举办了别开生面的“生日派对”，让三位老人在儿女子孙们的陪伴下尽享天伦之乐。

以家教修身传承最美

家风是林岭，世禄为薇蕨。对于子女来说，最宝贵的财富便是一个家庭之中良好的家庭氛围和优秀的家风家貌；父母是孩子的榜样，董延忠夫妇用自身的行动，向孩子传递最美家风。

“学而时习之，不亦说乎。”这是“学习强国”的开篇语，也是董延忠最喜欢的一句话，他认为学习是一个自我激励、自我充实、自我提高的过程，要养成坚持学习的习惯；唯有学习，方能不断前行，唯有学习，方能赢得未来。在董延忠的家中，随处可见各类书籍，在这样浓厚的学习氛围的影响下，董延忠的儿子自小养成了热爱读书、勤于学习的好习惯，学习成绩优异并一路考取了研究生学位。董延忠夫妻二人敬业的精神也带动了儿子在工作岗位上兢兢业业、勤勉于行，成为单位青年人中的佼佼者；而董延忠夫妇在日常生活中的互敬互爱、相互扶持更是给儿子树立了良好的榜样，儿子儿媳二人的生活亦是相亲相爱、和和睦睦。从父母身上学到的对老人的孝顺也让董延忠的儿子无论工作多么忙碌，都会同父母联系、沟通，时常带领孩子回家探望并帮助父母照顾家中的三位老人，四世同堂、其乐融融的景象让董延忠一家成为邻居间广泛称赞的“幸福家庭”。

以敬业热心弘扬最美

“做人要忠诚。要有坚定的政治方向，要涵养对党忠诚的政治品格，不断锤炼过硬的政治本领。做人要踏实。”这是董延忠一家一直信奉并予以践行的人生格言。无论是身为税务工作者的董延忠，还是作为医院行政人员的董延忠的妻子，都在各自的岗位上兢兢业业、认真负责。董延忠获得过多种荣誉，也荣立过三等功。谈及他曾获过的大大小小的荣誉，他表示：“做一个平凡的人，老老实实做人，踏踏实实工作。”自 1984 年从事税收工作以来直到退休，在税收工作岗位上整整工作了 36 年的董延忠悉心耕耘，他老老实实做人、踏踏实实工作，先后在税务所、管理科、稽查科、人事监察政工科等多个科室所工作过，从科员到专职团委书记、从副科级秘书到科所长一步一个脚印，为税收事业的发展奉献自己的全部力量。

退休之后，董延忠依旧不忘曾经作为团委书记的责任，关心着青年干部的成长和成才，常与青年干部谈心，寄语青年干部要珍惜现有工作条件和工作环境，不辜负党和人民赋予税务人的责任，以及数辈税务前辈进行的努力所创下的“税务人”良好口碑。董延忠退休后在花园口经济区税务局青年学校上做过一场名为《寄语青春，我爱税务蓝》的演讲，号召青年干部以花园口区税务局为“大家庭”，作为区局的中坚力量，青年干部要以“敬老”之心虚心向老同志学习，也要有“爱幼”之心，传承好“忠诚担当、崇法守纪、兴税强国”的中国税务精神。鼓励青年干部要踏实勤恳、干好工作，时刻秉承谦虚谨慎、艰苦奋斗的工作作风，把各项工作做细做实，以积极向上的青春活力，创造出属于年轻一代的新天地。董延忠以税务大家庭长辈的角色给予青年干部谆谆教导，以身作则给青年干部树立起了爱岗敬业、勇于奋进的良好榜样。

一个先进典型就是一面旗帜，一户“最美家庭”就是一个标杆。董延忠用他的小家的美好温暖人心、诠释文明，用他的行动传递幸福、传播能量，充分展现了家庭家教家风建设在培养时代新人、弘扬优良家风、加强基层社会治理中的重要作用。

执手共进人生路　初心不改绘桑榆

国家税务总局象山县税务局退休干部
顾亚辉“最美家庭”事迹

顾亚辉家庭是典型的“三高”家庭。

学历高，素质高。顾亚辉和妻子黄燕，都是知识青年，1970 年代初高中毕业后下放到农村，在广阔天地间接受锻炼，茁壮成长。一次次的磨炼，使他们甩开了空洞的主义，坚定了求真务实、探寻前路的坚定信念，也打下了他俩爱情的基石。一路走来，他们互为知己、良师，在生活中相濡以沫，在工作中互相勉励，在困难面前相携相伴。几十年来，学习进步始终是夫妻俩共同的爱好和目标。闲来一本书、一支笔，彼此相伴，互不打扰，便可以消磨一天光阴。通过自学，夫妻俩先后考取了本科文凭，妻子黄燕更是通过了全国律师资格考试，取得了律师执业资格。在父母的影响下，女儿黄巍读书学习从来不需他人操心，一路积极向上，从天津科技大学毕业后，出国留学并考取了研究生学历，取得了注册会计师资格。

作为机关单位党政领导干部，讲政治顾大局，是镌刻在顾亚辉夫妇骨子里的属性。在职时是机关干部思想上、行动上的带头人，退休后是党的路线方针政策的忠实拥护者、践行者和宣传者。在这样的家庭氛围下，女儿黄巍即使身在异国他乡，也始终护国、爱国，始终坚守中国国籍。

干劲高，产量高。顾亚辉在担任象山县税务系统领导期间，始终致力于推进税收征管改革。勤学习、善钻研的优势，使他始终能把握税收征管改革的大势，创造性地开展工作。在任期间，他紧密结合象山税务工作实际与政策理论，在征管模式改革、税务代理、发票分级管理等方面进行了深入研究，出台了一系列有针对性的实施办法，对全县税收管理工作起到了极大的促进作用。勤工作，还要善总结。在每次征管模式改革、相关重大政策文件出台等特殊的历史节点，他总能站在高处，系统地分析梳理，提出具有建设性和可行性的意见建议，先后撰写了《关于税收征管模式在实施过程中的思索》《税务行政行为浅析》《谈谈系统论的结构最佳化原理在征管改革中的运用》《深化征管改革重在提高新模式运行质量》《关于提高征管软件应用质量的思考》等一系列调研文章，前瞻性地对进入 21 世纪的征管进行了展望，系统地提出了“科技兴税、法制兴税、质量兴税”的工作思路。

其妻黄燕，先后担任县司法局、县妇联领导。在任期间，分管的各项工作均在全县甚至全市名列前茅，个人曾获得省级先进、市级三等功等诸多荣誉。撰写的《保护妇女儿童合法权益》《采访权与隐私权冲突的法律分析》《夫妻财产关系多元化之应对》等一系列普法维权、关注民生的文章，在全县司法系统都具有一定的影响力。正是因为对工作有无比的热爱和饱满的干劲，才能有所察，有所悟，有所表达。业至精时自无疑，高产，皆因热爱。

在这样的家庭氛围下，女儿黄巍将父母勤奋实干、敬业简朴的优良传统带到了外企工作岗位上，凭借出色的工作业绩，得到了领导的赏识和同事的喜爱，现任会计主管，是公司中层核心人员。

生活幸福感、满意度高。“知足常乐”四个字是对顾亚辉家庭的生动写照，也是他们夫妻感情和睦，保持良好心态的秘诀。女儿远在异乡，近几年因疫情原因，一家人相聚的时间相较平时更加有限。夫妻二人每天和女儿一家视频的时间，就是欢享天伦的时刻。保持规律作息，坚持适量运动，参加力所能及的公益活动，发挥个人的每一点光和热，是他们对社会、对子女爱的表达。

夫妻俩都有发现美的能力，创造美的信念。在职期间，顾亚辉积极发挥兴趣爱好，带头成立了象山县摄影家协会税务分会，定格了象山税务工作中许多的美丽瞬间。从领导位置退下来后，他又积极投身志愿服务，承担社会责任，是其所在“银辉社区”的领导骨干，在社区志愿服务工作中发挥组织领导作用。对税务工作，他更是初心不改，始终以40年税制改革经历者的身份，通过讲座等方式，向年轻的税务干部们描绘着税务工作的“昨天”与“今天”，是税务系统老干部队伍中最积极的宣教员。妻子黄燕也不甘落后，退休后一直致力于法律援助等公益事业，在维护妇女儿童权益、救助贫困弱势群体、建设和谐美丽文明滨海城市中作出了积极贡献。

税务之家的传承

国家税务总局厦门市税务局退休干部 宋森泉、张玉华“最美家庭”事迹

习近平总书记曾说“家庭是人生的第一个课堂”。古来素云“天下之本在国，国之本在家”。厦门市税务局退休干部宋森泉、张玉华一家，正将这门家风课演绎得绘声绘色，用情用心。

老骥伏枥，勇当头雁

宋森泉同志2006年从厦门市地税局退休后，开始接触门球运动，他发现，门球运动不仅能够促进老年人的身体健康，也能将更多老年人从繁忙的家务劳动中解脱出来，为寂寞的晚年生活增添乐趣。于是，他一头扎进了厦门门球运动事业，当时厦门的门球运动还属于一片空白的状态，没有专业的人、也没有参与的对象，作为门球协会会长的宋森泉主动挑起重担，他自办《厦门门球》报，促进门球运动普及；他着力推动赛事改革，激发基层门球组织活力，带队创下闯入第十届世界门球锦标赛前16名的佳绩；他不畏惧艰难，主动在各部门、多单位间奔走协调，为提升场地标准化建设奔走呼号，争取到了如今全市城乡门球运动场地120余片。妻子张玉华是厦门市原国税局第三分局的退休干部，她倾力支持丈夫的选择，也加入了厦门门球运动的发展事业，她主动请缨担任厦门市原国税局的门球队队长，为刚加入的老干部讲解规则，手把手教有兴趣的老同志打球，组织厦门税务门球队到福建各地参加各类比赛，获得福建省门球优胜奖等多个荣誉。2018 年，宋森泉在一次门球比赛中担任裁判时不慎摔伤导致脊柱骨折，但夫妻俩并没有因此而气馁，在恢复后继续为厦门门球比赛的筹办开展发挥余热。在他们夫妻俩的共同努力之下，厦门门球事业的发展取得了喜人的成绩。2014 年，时任国务院副总理刘延东在厦门考察时，对厦门门球运动的开展给予了充分的肯定和赞誉；2016 年，厦门市开展的“寻找老年运动最美领头雁”的活动中，宋森泉荣获“突出贡献奖”，同时也获得“全国老年人体育工作先进个人”荣誉称号。他们夫妻还共同参赛，获得区和谐家庭门球赛优胜奖，是当之无愧的鹭岛门球“领头雁”。

家风传承，勇挑重任

家风无言，润物无声。在宋森泉、张玉华夫妇的影响下，他们的女儿宋雪飞也成了一名不怕苦不怕难的税务干部。由于父母既是转业军人，也是税务干部，在家庭教育中始终秉持严谨认真、不畏艰苦的理念，让宋雪飞养成了热心又坚韧的性格。成为税务干部后，宋雪飞牢记为民服务党员宗旨，工作勤勤恳恳，任劳任怨，2018 年更是主动请缨参加厦门税务援藏党员突击队，逾山越雪，传经送宝。作为浙江、云南、厦门三地援藏干部中唯一的一名女同志，进藏五个月期间，克服高原反应的影响，发挥“敢拼才会赢”的特区精神，与厦门援藏党员突击队其他队员一起，完成西藏自治区社保费和非税收入征管职责划转工作，从制度、政策、宣传等方面搭建了总体框架，得到了西藏区局党委和业务主管部门的充分肯定和良好评价，为藏区改革做出力所能及的贡献。宋森泉的女婿毛通双，是厦门大学环境与生态学院党委副书记，他的本职专业生态修复是一项需要长时间观察、并经历自然考验的工作。但他不辞辛苦，2019 年带队赴福建罗源县驻扎数月，对罗源湾红树林海岸公园的红树植被、鸟类、鱼类、底栖动物、滩涂养殖等进行综合调研，为生态修复工程提供建设性指导意见，该事迹被人民网、新华网、中国教育报等十几家中央省市媒体集中报道，并登上“学习强国”平台。夫妻二人让上一代的优良家风得到了传承和延续。

言传身教，家风如沐

在祖辈父辈的熏陶下，家里的第三代也养成了优良的品格。宋森泉家的院子正中间一个石拱门上写着：百草园。院子里精心布置的鹅卵石小径、圆形池塘，以及生机盎然的多样动植物，都让“百草园”三个字化成现实中的都市花园。而不为人所知的是，这片小花园是在家人教育之下，由宋森泉的孙子、孙女逐步种下的，为的便是从小养成吃苦耐劳、靠劳动获得喜悦的优良品质。他们的大孙女正在就读高三，她的梦想专业就是生态与环境，希望也能投身保护生态环境的事业中；而小孙子看到外祖父母和母亲穿着税务制服英姿飒爽的模样，也希望能够和他们一样成为不怕苦不怕难、为国聚财为民收税的好干部，延续税务之家的传承。就这样，一家人在日常生活中对两个孩子言传身教，把优良的家风理念在小家薪火绵延。

家是最小国，国是千万家。父慈母爱，孝老敬亲，一家六口，其乐融融，家风悠悠，这是宋森泉、张玉华老干部一家的幸福写照。他们生动诠释着小家大爱，以热心奉献彰显银发风采，以不畏困难绽放税心鲜亮，以优良家风为社会新风注入源头活水。

优良家风代代传

国家税务总局青岛市市北区税务局退休干部
张其秀“最美家庭”事迹

张其秀是青岛市市北区税务局退休干部，家庭成员包括妻子、儿女、孙辈等8人。多年来，张其秀始终把家风建设摆在家庭建设的首位，用家风家教来串联家人感情、凝聚家人力量，在他的言传身教下，其家庭成员在家是“孝敬父母、尊老爱幼、勤俭持家、邻里和睦”的践行者，在单位是“爱岗敬业、志存高远、勤劳正直、低调做人”的奉献者，在社会上是“行善积德、品德端正、遵纪守法、助人为乐”的佼佼者。全家人热心社会公益，积极向灾区和困难家庭捐款捐物，家庭成员无偿献血累计达到一万三千毫升。

立人立德立家风，励志家训诫后辈

张其秀2008年退休后，担任香港路社区第十四片区党支部书记至今，从部队到税务再到社区，张其秀党龄54年，担任党支部书记50载，转战众多战斗堡垒，始终自觉担当先锋模范，对党忠诚、为民服务的初心经久不变、老而弥坚。张其秀不仅是一名优秀党员，更是一位优良家风的传承者、践行者。他将《韩愈治家格言》和《朱子家训》书写裱好挂在客厅，让全家常看、常学、常思；他为儿女立下了“自立门户、克勤克俭、夫德妻贤、勿忘爹娘”

十六字家训，在儿子结婚时面对几百来宾再次叮嘱儿子儿媳要遵家训、立规矩。张其秀老人经常对儿女说，热爱祖国、遵守法纪是获得进入社会的基本品质，在道德观念上进行自我约束、积极主动弘扬和践行社会主义核心价值观、促进社会和谐稳定是每个人应尽的义务责任，树立了道德自信才能为实现伟大中国梦贡献力量。

踏实工作创佳绩，拾金不昧成佳话

张其秀一辈子都勤勤恳恳、任劳任怨、发奋工作。退休后，他将社区公益工作看成是第二职业，积极投身于社区志愿服务中。前两年，由于物业管理不严，自己所在小区由封闭小区变成了开放小区，外来人员随便出入，甚至出现了邪教信徒散发小广告的现象。张其秀和家人主动协助社区居委会进行抵制打击，将拣到的宣传单、光盘、小册子等二百余件上交居委会集中处理销毁。张其秀还经常叮嘱身边家人要为人诚信、问心无愧。2014 年 3 月份，张其秀及其家人先后在居住地周围捡到三个钱包，一个是爱人晨练时，在路边草地上发现了一钱包，内有 7 张银行卡、身份证、公司股份证等重要证件；一个是儿媳晚上在小区门口发现了一个钱包，内有身份证、居住证、银行卡、现金等，后期失主找回后万分感谢，因为银行卡里是三十万购买结婚用房存款；还有一个是女儿在商场内拣到，内有大宗现金、卡、证等，她没有片刻犹豫，便交给了该商场总服务台。三个钱包通过各种方式分别都找到了失主，完璧归赵，他们这种拾金不昧的精神感动了失主，在邻里间传为一段佳话。

团结邻里促和谐，无私奉献夕阳红

身教重于言传。张其秀用亲身实践为家人、为邻里做出了榜样。注重团结邻里、友爱邻里，他在家里设立“市南区养老互助点”，摆上了麻将桌、购买了棋牌、订阅了书刊报纸等，为邻居们提供了娱乐休闲的场所，老人们在一起谈国情、拉家常、讲养生、唱红歌，切磋书法、棋牌技艺、交流学电脑上网聊天，如何使用智能手机等心得，使附近老年人的夕阳生活得到极大丰富。每年年前，张其秀都会和妻子在自家熬浆糊、写书法，把小区内所有的宣传栏上都贴上弘扬社会主义核心价值观的书法作品和过年喜庆的“福”字，散播爱国情怀正能量。他倡导邻里之间，宽容礼让，互帮互助，无私奉献，受到社区居民的广泛赞同。

以案说法重实教，优良品德代代传

作为一家之长，张其秀非常重视子女优良品德的养成。老人喜欢看新闻节目，央视《新闻联播》《今日说法》《社会与法》等栏目是他最喜欢看的节目。在他看来，这些节目内容都是真人实情，与生活息息相关，正适合作为教育子女的有力载体和鲜活依据。两个孩子虽然职务不高、权力不大，但都时刻谨遵父亲关于处理公私问题的教导，“人家的东西再好咱不眼红，公家一个信封一张白纸咱不往家拿，集体的一分钱咱不往自己兜里装。”他们在各自岗位上勤勤恳恳、踏踏实实，工作上不挑拣，生活上不攀比，荣誉上不争抢。

张其秀常说，小小的家庭建设好了，整个国家才能和谐有序、文明进步。在他的影响带动下，全家人敬老爱幼、相亲相爱，其乐融融，以德治家、以学兴家、文明立家，忠厚传家的家风世代相传。他们家 2011 年被青岛市老龄工作委员会评为青岛市“老年友好型幸福和谐家庭”，2017 年被青岛市精神文明建设委员会授予青岛市“文明家庭”，2018 年被青岛市妇联评为“青岛市十大最美家庭”，2019 年被山东省妇联评为山东省“五好家庭”，2020 年被山东省关工委、省妇联命名为“山东省五老志愿者传承家风最美家庭”，《齐鲁晚报》《青岛晚报》《半岛都市报》等多家媒体刊登报道了他的家庭事迹。

2020 年，张其秀家庭被全国妇联评为“全国五好家庭”。

弘扬良好家风　助推文明新风

国家税务总局深圳市福田区税务局退休干部刘碧钦“最美家庭”事迹

人们常说，忠厚传家远，家和万事兴。在邻里亲朋们的眼里，刘碧钦一家人家庭和睦，孝敬老人，热心公益，是大家交口称赞的幸福之家，受到亲戚朋友们的一致好评。

刘碧钦家是一个平凡的三口之家，她和爱人，以及一个明理懂事的儿子。刘碧钦出生在军人家庭，大家族里虽没有什么轰轰烈烈的事迹，但他们有来自军人家庭的传承，父母辈的言传身教，全家人用自己的勤劳、朴实和宽容守护着最真实的幸福。33 年来，刘碧钦和丈夫共同努力，相濡以沫、风雨同舟，共同克服了工作和生活中的种种困难，用自己的真诚、善良和孝心换来了家庭的美满幸福，共同建立了一个和谐美满的家庭。2013 年，刘碧钦家被广东省妇女联合会授予 “绿色家庭”荣誉称号。

积极响应号召，争做绿色家庭

2013 年广东省妇联在“三八”妇女节期间，开展了“美丽家园　美丽人生”系列活动。军人家庭出身的刘碧钦，自小就树立了节约光荣，浪费可耻的观念。为响应妇联号召，刘碧钦带领一家积极参与节能减排环保行动和绿色行动，把家里的灯都换成了环保节能灯，平时相互提醒随手关灯，用淘米水浇花、洗菜水洗碗，买菜购物尽可能用环保袋，出行多步行，多乘公共交通工具等等，把环保理念贯穿到生活细节的点点滴滴。为使居室更整洁优美，他们把绿色带入家庭，工作之余在天台花园盆栽了花草绿植，在全家的悉心照料下，它们青葱繁茂，增添了生活的美感，也让一家三口更加平和、阳光。

相互支持，宽容体谅，用真诚的爱维护家庭

和谐家庭少不了互相支持，宽容体谅，体贴关心。刘碧钦夫妻结婚三十三年，在感情上相敬如宾，生活中互相关心，工作上相互支持。平时一家三口时常交流思想，互相取长补短，遇到困难互相开导，遇到问题理智沟通。

刘碧钦丈夫长期从事酒店经营管理工作，服务行业工作时间长，周末和节假日更要常常加班。为了让丈夫安心工作，刘碧钦工作之余，主动承担起家里的家务和小孩的教育。丈夫也体谅她的付出，只要在家就承担起买菜做饭等家务，利用一起吃饭、看电视、送孩子上课的时间，与孩子进行思想交流；只要有时间都会与老师主动沟通，了解孩子的学习状态。

在刘碧钦夫妻的共同守护下，其儿子平稳度过了青春期，顺利考入了自己满意的大学，并在毕业后进入了热爱的园林景观设计行业工作，他所设计的项目，在 2020 年获深圳十佳城中村（松岗）景观改造大奖。2022 年，刘碧钦夫妇带着父母亲戚一起前往惠州双月湾参观儿子所在的工作团队设计的云顶海岸悬崖艺术馆内外景观和龙川高铁站景观，刘碧钦和丈夫在为儿子工作取得进步自豪之余，带着全家人为儿子加油鼓劲。

孝敬长辈，关爱老人

“老吾老以及人之老，幼吾幼以及人之幼”是中华民族传统美德。孝敬长辈，关爱老人是对儿女的基本要求，对待双方家庭里的长辈要主动关心，时刻关心其健康，主动分担充分理解，更要一碗水端平，不能厚此薄彼。刘

碧钦夫妻经常主动与老人联系，了解其身体情况，主动寄钱寄物让他们不要为经济担忧，也会叮嘱弟妹在家照顾好在老家的公婆，有困难及时联系我们。刘碧钦的父母长期在深圳，丈夫也会主动去老人家做家务，与老人聊天，父母生病时，也是丈夫跑前跑后地在跟前照顾。刘碧钦比丈夫早退休，退休三年来，因双方父母年龄已高，她的主要工作也转变为照顾老人起居，也经常去丈夫老家照顾公婆生活，丈夫和儿子只要有时间都会主动加入。为了让老人享受到晚年之福的乐趣，刘碧钦夫妻俩常常利用节假日带着父母一起出游或联系父母的战友一起小聚，看看我们祖国美丽山水或回顾他们当年的英姿伟绩。

睦邻友好，热心公益，用积极的行动关爱他人

家庭和睦不光是要对自己家人关心、关爱，而且还要关爱他人，邻里和睦相处，大家互帮互助，团结友善。2019 年退休的刘碧钦，正赶上疫情防控，作为深圳市巾帼志愿者，积极响应市妇联巾帼志愿者抗疫集结令，主动参与小区抗疫服务，协助核酸检测、维持秩序等。尤其是 2022 年深圳疫情严重时，曾连续一个月每天参加社区义工，与医护人员及社区工作者一起忙碌，天气炎热时，穿着防护服一干就是一天，一天下来全身湿透闷热难受仍无怨无悔。截止到2023年2月，刘碧钦的义工志愿服务时长已达770多小时。刘碧钦的父母、丈夫都非常支持她参与公益、关爱他人，刘碧钦希望通过自己的微薄之力，用自己的实际行动，为创造美丽和谐社会贡献自己的一份力量。只有每个家庭都幸福，社会和国家才会更加繁荣昌盛。

幸福家庭是什么？腰缠万贯不一定幸福，位高权重也不一定幸福，刘碧钦夫妻俩一直坚信，夫妻真诚相待，同舟共济，敬老尊老，言传身教，乐于助人才是小家庭最温馨的幸福。最平凡，最朴实的才是最幸福的。

下篇

感人家书

国家税务总局北京市门头沟区税务局退休干部李德新家书

家书创作说明

家书作者： 国家税务总局北京市门头沟区税务局退休干部李德新

写作时间： 2021 年 9 月 2 日

写作缘由： 我的母亲出生于 1932 年 10 月 18 日，自 2019 年 7 月末，老人患病后，卧床多年，生活无法自理，吃、喝、拉、尿，完全靠儿女轮流照护。

弟弟妹妹们：

你们好！

母亲一年年变老，看着母亲走路摇晃的样子，似乎衰老的步伐在加快。如何做好母亲衰老阶段的护理，关注母亲的生活，已是时不我待的使命，应该时刻被儿女们挂在心上，要以母亲疼爱儿女的赤诚来疼爱自己母亲。

每每想起此事，我的心情就十分沉痛。1987年1月14日，父亲突然走了，年仅57岁，没给儿女们留下伺候的机会，留下的是重负的不平静。父母生养儿女不容易，把一生所有的疼爱都给了儿女。他们白手起家，省吃俭用盖起了10间房子。

儿女可知否？

砂、石、土、砖、瓦、灰，那是父亲用虚弱的身体一篓一篓背起来的，前前后后经历20年的时间。年仅50多岁的父亲，累得脊背弯曲。咳嗽、哮喘时常让他昼夜难眠。儿女因工作不能行孝在床前。父亲积劳成疾，还不足花甲就走了。那年元旦，父亲还将房屋打扫了一遍，准备等儿女回家过春节，谁知未等到春节家人团聚，父亲就走了，让儿女永远愧疚在心。

母亲89岁那年，表面上看神态如常。但俗话说“年里不老月里老”，她的身子骨再不像身强力壮时那么有抵抗力了。2020年7月末，因屋里刮进夜风，母亲身上突然起了许多红色疱疹，又连带小便失禁，一夜换了十几条衬裤。我紧急安排车辆，将母亲接到医院就诊，做了一系列检查，大夫给开了药就回到家里吃药调养。时过几日，母亲的病仍不见好转，湿疹面积越来越大，渐渐布满全身，失禁也仍无好转。老母亲见此状况，焦急地痛哭，我也心急如焚。后来在城里找了个大夫，通过手机问诊给配了药。母亲接二连三进行药物治疗，才有了好转，一年后母亲的湿疹完全治愈。

本次患病使母亲卧床两年，身体较之往年更差了，在生活和精神上都需要儿女更多的关爱和陪伴。娘在家就在，尽孝，时不我待！

弟弟妹妹们，就让我们共同为母亲做些力所能及的事，践行我们的孝道吧！

请弟弟妹妹看此信，相互转达我意，大家共勉。

哥哥　李德新

2021年9月2日

国家税务总局北京市昌平区税务局退休干部李玉英家书

家书创作说明

家书作者：国家税务总局北京市昌平区税务局退休干部李玉英

写作时间：2009 年 3 月 8 日

写作缘由：写给女儿苗远荒 18 周岁成人礼。

亲爱的女儿：

感慨时光远去、岁月如梭。还没来得及细细陪伴，你已长大。今天，你已经18岁了，是真真正正的大人了。为了你能走好以后的人生路，妈妈想把咱家的家训和妈妈一路走来的心得体会结合起来与你分享共勉。一是要志存高远。“志不立，天下无可成之事。”拥有远大理想，才能不断激发奋进潜力，青春岁月就不会像无舵之舟漂泊不定。二是要坚持读书。“绳短不能汲深井，浅水难以负大舟”。读书是增强生命力量、增加生命厚度、拓展人生宽度、开阔视野胸怀的重要法宝。读书，能让你在纷繁嘈杂中保持清醒坚定、在迷茫彷徨时不迷失方向。无论是现在还是将来，无论是顺境还是逆境，都要坚持不懈读书，把读书作为一种责任、一种精神追求、一种生活方式，让勤奋学习成为青春远航的动力。三是要矢志奋斗。“青春须早为，岂能长少年。”征途漫漫，惟有奋斗。奋斗是青春最亮丽的底色，人生理想的风帆要靠奋斗扬起。要坚持敢为人先，不怕困难、敢闯敢试。要坚定人生目标不放松，干一行爱一行、钻一行精一行，潜心谋事、用心干事、恒心成事，以青春之我、奋斗之我，走好自己的人生路。最后要锤炼品德。人无德不立，品德是为人之本。要模范遵守社会公德、职业道德、家庭美德，自觉弘扬真善美、贬斥假恶丑。要保持积极的人生态度、健康的生活情趣，确保在人生路上走得更正、更稳、更远，活得更出色、更快乐、更精彩。

女儿，今天你18岁了，正式进入了多姿多彩的青春时代。也许正因为她多姿，所以有诱惑也会有陷阱。也许正因为她多彩，所以有彩虹也会有雾霾。妈妈想对你提三点希望：一是希望你柔中带刚，以柔克刚，刚柔相济。女孩子温柔是必需的，但必须还要刚强。生活永远不会是一帆风顺的，前进的道路永远不会平坦，这就需要勇敢地面对现实，用自己坚强的心去包容、去理解、去解决。父母永远是你背后的盾，永远支持你。二是希望你务实与独立。虚荣与嫉妒是女孩子最易犯的错误，也是许多女孩子悲剧的根源。所以我的要求是：用强大的知识来武装自己，扎实学好基本功，记住：当你有足够的知识和素养，就会有“一览众山小”的境界，就会有“一切都是浮云”的淡定。当然这需要时间，需要知识的积淀和生活的历练，一切都需要慢慢来，所以现阶段你必须做到：懂得欣赏而不是羡慕，懂得尊重而不是嫉妒，懂得敬仰而不是崇拜，懂得矜持而不是怯懦，懂得展现而不是炫耀，懂得分享而不是独占，懂得骄傲而不是狂妄，懂得知足而不是穷欲，懂得宽容而不是滥情，懂得谦虚而不是自卑，懂得思考而不是盲从，懂得努力而不是坐享其成。人生的初始不能选择，但人生美好的结局却无一不是努力的结果。三是希望你懂得感恩与团结。人生从来就不是一人在踽踽独行，尤其在现在这个信息社会，任何的努力都需要团队精神，更何况你的亲人、你的老师、你的同学都在无私地为你奉献着。生活不会一帆风顺，要学会感谢生活中的坎坷，它会使你独立思考，会使你发奋图强。要学会宽容与理解，团结一切可能团结的人。

亲爱的女儿，说了这么多，只为心中一个朴实的愿望：愿女儿一生幸福！我们爱你支持你，我的女儿！

爱你的妈妈

2009年3月8日

国家税务总局天津市北辰区税务局退休干部吕惠霞家书

家书创作说明

家书作者：国家税务总局天津市北辰区税务局退休干部吕惠霞的父亲

写作时间：1956年正月

写作缘由：1952年2月，15岁的吕惠霞经天津市税务局招考，被录取为税务局干部。能来天津参加工作，这源于父亲对子女学习文化知识的重视。从吕惠霞7岁开始，父亲就让跟着比她大两岁的二姐一起上学。虽然当时吕惠霞家生活也不算富裕，但是因父亲“万般皆下品，唯有读书高”的认知，吕惠霞兄妹四人都接受了启蒙教育，读到了高小。“知识改变命运”，在吕惠霞这一辈就应验了。吕惠霞姐妹三人先后离开了家乡——河北省深泽县五羊铺村，到城市参加革命工作，并陆续成家生儿育女。

起初，离开了熟悉的生活环境和亲人，吕惠霞有很多不适应。正是父亲的来信，不断地安抚吕惠霞年轻的心，传递着亲人们对她的关怀惦念，让她感到温暖，引导鼓励着她慢慢地安心在陌生环境中工作、学习、生活。

从1952年15岁参加工作，到55岁退休，后来又在局退休干部组成的税务咨询所工作了11年，吕惠霞都是积极认真地干好每一项工作任务，从没出过任何差错。这也离不开党组织和领导对她的培养教育。1952 年底，吕惠霞加入了中国共产主义青年团。1956 年 2 月 24 日，吕惠霞光荣地加入了中国共产党。她把自己的进步写信告诉父亲，父亲欣喜地用红笔写了一封贺信，吕惠霞珍藏至今。

三女儿惠霞：

你在这新春佳节中，接连回信三封，唯有末尾这一封，才谈到自己入党的喜讯，全家人听了喜出望外，无不赞叹欢迎。想不出如何表达快乐，全家人就开了个临时家庭座谈会，你说我笑，无次序地、很欢喜地谈了半天，以下是谈话：咱们全家人口共计 12 口，成年人 8 口，属你最小，但你算居首的先进分子，也是得到上级诚恳的批评及教育，督促你很快地积极进步，成为为国为民的服务人员，帮助国家办事，为社会主义社会早日到来奉献。你仍须努力，耐心学习，不怕劳苦，遵守纪律，服从指挥。贯彻到底地做下去，就是全家人唯一的珍望。

此致

庆祝准许入党存念

全家人等同致贺

1956 年正月

国家税务总局天津市保税区税务局退休干部刘瑞芝家书

家书创作说明

家书作者：国家税务总局天津市保税区税务局退休干部刘瑞芝女儿

写作时间：2015 年 12 月

写作缘由：女儿在外地求学，在即将大学毕业之际，回忆和父母在一起的日子有感而发。

亲爱的爸爸妈妈：

你们好！

再过一个多月就要放寒假了，我就要回家陪你们过年了，这是我大学时代的最后一个新年、“划时代”的新年，在这里给你们拜个早年！过年后，我就要走向社会，在广阔的天空翱翔，去逐梦，去奋斗，充实人生。

爸爸妈妈，转眼我就要大学毕业了，在外求学4年，缺少了妈妈的细心照顾，也缺少了爸爸的陪伴，从开始的不适应，到独立生活、独自思考，我在不断成长中走完大学之旅。

大学的时光过得飞快，更容易让人思考，让人回忆，让人感恩。

回忆往昔，从小到大的点点滴滴，每一个片段都深深地印在我的脑海里。小时候我不懂什么叫珍惜，什么叫爱，此刻我明白了，却不知怎样才能回报这样的爱。我明白只要我过得好，你们就无怨无悔，因为我是你们的女儿，是你们一生呵护的人。

还记得高考分数下来不太理想，那时我很难过，内疚、自责、郁郁寡欢，爸爸一直在开导我，可是我就是放不下来，爸爸妈妈因为心疼我而暗淡的眼神，我怎会忘记。

那天我们一家人坐在一起吃饭，妈妈当晚所说的话我此刻仍然清晰地记得，您说这辈子最开心、最自豪的时候，就是去送我考试的那三天，您说："我生在农村，生活艰难，但是我刻苦读书，奋力拼搏，走进了大学考场，现在我又把我的女儿送进大学考场，妈妈很骄傲！高考不能决定你的将来，你有的是时间迎头赶上。"

每次想到那晚，想到您当时的神态，我都鼻子酸酸的，也许我不能成为很厉害的人，但是我会通过努力成为让你们骄傲的人。

陪我踏进大学校门，你们的脸上始终洋溢着欢乐的笑容，帮我分担着沉重的行李，爸爸爬上高1.8米的寝室床为我整理被褥，妈妈跑前跑后看食堂、买饭菜……你们关切地在电话里问我军训苦不苦累不累。每当想起你们为我的事情而焦急的时候，我都忍不住一阵阵地心疼，是我不懂事，让您们时常为我担心。

还记得我们一家人一齐在电视机前看我喜欢的偶像剧的情形，那一刻我明白了爱屋及乌的意思，你们会喜欢我所喜欢的。父母给予的点滴关怀顿时涌上心头，感谢爸爸妈妈的养育之恩，今后我一定会加倍回报。

如今，鸟儿快要展翅飞翔了。外面的世界是一段华丽而神秘的旅途，对女儿真正的考验才刚刚开始。在你们永远深情的目光下，女儿将不遗余力地勇往直前。

爸爸妈妈，我诚挚地祝福你们：健康平安幸福！

女儿

2015年12月31日

国家税务总局唐山市税务局退休干部李凤洪家书

家书创作说明

家书作者： 国家税务总局唐山市税务局退休干部李凤洪

写作时间： 1973 年 12 月 15 日

写作缘由： 1973 年国内国外的形势复杂严峻，李凤洪写信给未婚妻，介绍自己在部队的工作和生活情况。

绪芬：

你好！

毛泽东主席教导我们："没有一个人民的军队，便没有人民的一切。"距离我上次给你写信已有一年之久，给你写封信告诉你一切都好。家中双方老人都好吧？入伍 3 年来，我在领导关心下积极进步，1970 年 10 月 15 日我加入了中国共产党。部队生活非常紧张，早上 6

点起床、出操、整理内务，每天开饭前会集体唱歌，我还是指挥。白天军事训练，学习文化。星期五的上午开展学习雷锋做好事活动。连队有小菜地，我们自己种菜供应给连队食堂。星期日大家一起干活，我很积极，带头跳入大粪池，用自己的脸盆掏粪送往菜地，我还受到连长的表扬。

由于通信不便，去年没有给你写信。告诉你件好事，我今年4月去师教导队培训，8月被提为七连二排长。关于咱们结婚之事，军队规定结婚年龄为28岁。请照顾好老人，等军队首长调查批准。你当赤脚医生，要树立为社员服务，为村民看病、办好事儿的观念。我当兵为了保卫国家，时刻准备打仗，在部队听首长的话，努力工作。放心吧。

再见。

凤洪

1973年12月15日

国家税务总局魏县税务局退休干部茜保文家书

家书创作说明

家书作者： 国家税务总局魏县税务局退休干部茜保文

写作时间： 2022 年 8 月 8 日

写作缘由： 作为一名从基层局班子成员岗位退休的干部，茜保文有多年从军、从税经历，深受党和组织栽培多年，退休不褪色，在学习贯彻习近平新时代中国特色社会主义思想中有感而发，用自身的学习体会为新一代税务年轻人讲好税收故事，勉励年轻人做好事、做好人。

艳雪我儿：

退休两年来，闲暇时间较多，回顾我为党工作的几十年，从部队到税务、从基层到机关，获得点滴荣誉，都源于党组织的教育培养、源于改革开放的实践锤炼，更蕴含着家人的理解和支持。我有几点重要的体会想跟你交流一下。现在科技发达，电话、视频、微信等沟通联系方式多样，但是我仍想以书信这种传统的方式向你传达。

第一，坚定政治信仰。要有坚定的政治信仰和党性修养，一个人无信仰则无以立身，容易迷失方向。你是一名党员干部，一定要爱党、爱国，坚定政治信念，提高政治站位，确保对党绝对忠诚，坚定不懈地听党的话，一心一意跟党走，不要在关键的时候迷失方向，掉链子、摔跟头。工作再忙也要抽出时间学理论知识，从党章党规、《习近平谈治国理政》等书籍中汲取政治营养，不断增强“四个意识”，坚定“四个自信”，做到“两个维护”，在政治上、思想上、行动上要始终与党中央保持高度一致。

第二，坚持为民服务。习近平总书记指出，我们要始终坚持全心全意为人民服务的根本宗旨。新的历史条件下，我们党带领人民群众取得了举世瞩目的成就，生活好了、日子富了，就容易产生思想懈怠、贪图享受、“四风”问题等。作为共产党人，越是这种时候，越要坚守内心，要立足本职，从人民最关心、最直接、最现实的问题入手，深入基层，深入群众，了解群众想什么、盼什么、怨什么，迫切需要解决什么问题。用心为群众排忧解难，勇于担当，不要脱离群众，高高在上。要永远记住一句话：“江山就是人民，人民就是江山。”

第三，坚守廉洁自律。“壁立千仞，无欲则刚。”一个人没有贪欲之心，那么什么时候都可以挺直腰板做人。反之，私心一起，则容易犯错误，成为永远抹不去的污点。钱是一个好东西，钱也害人不浅。实践证明，只顾眼前利益，必定行不久远，何况现在国家给我们的报酬也不低，应该感谢党和政府，清清白白做人，明明白白做事。放下小我，知足常乐，为党和人民多做贡献，这才是正道，才是根本，才能安心，才能长久。要审慎处理好“八小时之外”的私人生活，时刻做到自重、自警、自省、自励，管住和管好自己的“工作圈”“生活圈”“社交圈”，确保任何时候、任何情况都不游离于组织之外。

第四，坚卓家风家教。“十年树木，百年树人。”好的家风家训是传给子孙后代最好的财富。做好本职工作之外，在家庭中也要和妻子互敬互爱，教育孩子认真学习党的政策、规定，学好文化课，把孩子培养成为正直、善良、诚实、有爱心的人，成为有远大志向的人。要教育孩子热爱党和祖国，锻炼好身体，积极向上，成为社会的有用之才。你在部队锻炼过，也从税十余年，要把部队艰苦奋斗的优良作风、忠诚担当的税务精神作为教育子女的传家宝一代代传承下去。

税月星火如炬，愿你不忘初心、牢记使命，一路前行，走向更好的明天！

父亲

2022年8月8日

国家税务总局山西省税务局退休干部李东英家书

家书创作说明

家书作者： 国家税务总局山西省税务局退休干部李东英

写作时间： 2022 年 10 月 31 日

写作缘由： 家风是潜在无形的力量，在日常生活中是必不可少的成分，通过家书可以传递亲情和温暖。一路走来，不管在工作中还是生活中，李东英都坚持以身作则，严格要求自己，书写这篇家书，希望通过文字的形式引导儿子儿媳树立正确的价值观，让他们勤勤恳恳做事、清清白白做人。中国历来都是礼仪之邦，作为“接班人”，应该发扬好的家风家训。抗疫三年，儿子儿媳的表现让李东英甚是欣慰，他们冲锋在前、知难而上，用实际行动诠释了党员的使命和担当。这篇家书围绕“三个务必”，对儿子儿媳提出要求和嘱咐，传达李东英想传达的信念，同时希望他们继续传达给下一代。

亲爱的儿子、儿媳：

你们好！

作为一名国家公务人员，是党和国家培养了我，给了我为之奋斗、实现人生价值的事业平台，也支持我筑起了温馨有爱的家的小巢。光阴荏苒，转眼间我已从事税收工作40余载，先后在所得税、法规、财务、巡视、大企业管理等多个部门历练。一路走来，无论在哪个部门，无论是作为一名普通干部，还是走上领导岗位，我始终以一名共产党员的标准严格要求自己，以身作则，廉洁齐家，坚持干干净净做事、清清白白做人，踏踏实实地走完了自己的职业生涯。

如今，我已经从岗位上退了下来，帮助你们带孩子成了我的新任务。大家居住在一起，我也时刻关注着你们工作生活的点点滴滴。儿子、儿媳，你们双方父母都是税务干部，你们从小到大的成长过程都受到父母的严格要求，懂礼貌、讲真话，有爱心、有善心。你们通过自身努力，从山西竞聘到上海工作，在各自的工作岗位上都取得了小小的成绩，也获得了周围人的肯定。特别是在今年上海抗击疫情的“战疫”中，你们主动下沉一线，向社区党组织报到，扛起了小区临时党小组的旗帜。在当地政府的统一部署下，组织小区内党员同志和群众志愿者，开展了“健康守护、特殊关爱、楼组党建”三项行动，为楼内近40户居民配送急需药品，为10多户独居老人提供“一对一”关怀，为居民发放防疫物资和检测核酸……你们冲锋在前，不惧风雨，用实际行动诠释了共产党人的使命和担当，受到临时党支部和小区群众的充分肯定。同时，你们的抗疫事迹也被人民网等多家媒体宣传报道。作为长辈，我为你们感到骄傲和自豪，也相信你们一直走在正确的路上。

父母之爱子，则为之计深远。尽管对你们充满信任，我还是要再三叮嘱，叮嘱你们传承好清清白白做人、踏踏实实做事的家风。习近平总书记强调，家庭是社会的基本细胞，是人生的第一所学校。不论时代发生多大变化，不论生活格局发生多大变化，我们都要重视家庭建设，注重家庭、注重家教、注重家风。你们的工作比较特殊，一个从事金融工作，一个从事税收工作，廉政意识是永恒的主题。特别是这几年，你们来到了国际化大都市上海，这里市场经济发达、物质诱惑很多，你们更要时刻牢记自己的共产党员身份，坚定理想信念，加强自我约束，为自己、也为孩子树立和传递正确的名利观和价值观。我想，重视家教、以严治家，既是对工作负责、对家庭负责，更是对国家和人民负责。

习近平总书记在党的二十大报告中，郑重要求全党同志牢记“三个务必”。围绕“三个务必”，我也在家庭范围内对你们提出一些要求和嘱咐：

一是务必不忘初心、牢记使命。要始终牢记自己的共产党人身份，要牢记党为中国人民谋幸福、为中华民族谋复兴的初心使命。每个人都有自己的理想和追求，你们要将自己的梦想融入到中华民族伟大复兴的中国梦中。改革开放时期，邓小平同志曾提出，把“三个有利于”作为判断我们一切工作是非得失的根本标准。在中国特色社会主义新时代，一件事情该不该去做，一项事物值不值得去追求，要拿初心使命去检验和判断。对国家和人民有利的事情，要尽力去做；对国家和人民有害的事情，有天大的好处也坚决不能做。人们常说，做决断的时候，要问问自己的本心。初心使命就是共产党员的本心，要把初心使命作为你们判断是非的标尺、做人做事的根基，标尺准了、根基正了，人生的路才不会走歪。

二是务必谦虚谨慎、艰苦奋斗。1949年3月，在即将夺取新民主主义革命的全国胜利之时，毛泽东同志在党的七届二中全会上明确提出了“两个务必”，告诫全党务必继续保持“谦虚、谨慎、不骄、不躁的作风”，务必继续保持“艰苦奋斗的作风”。73年后，习近平总书记在二十大报告中再次提出了“谦虚谨慎、艰苦奋斗”的要求，赋予了这八个字新时代的生机与活力。你们成长和生活在一个物质生活越来越充裕的时代，要清醒地认识到这个时代的挑战和问题依然严峻复杂。要有空杯心态，待人谦和有礼，不断学习进取，切忌在小小成绩上骄傲自满；要有敬畏之心，注重谨言慎行，做到居安思危，切忌越过了党纪国法的红线底线；要有奋斗之心，不怕苦、不怕难，要靠自己的双手去争取更美好的生活，拒绝“躺平”和“佛系”。“谦虚谨慎、艰苦奋斗”这八个字，是治党的要求，也是治家的良言，你们要知行合一，落到实际行动中去。

三是务必敢于斗争、善于斗争。你们一直生活在和平的年代，成长于中国改革开放飞速发展的30年，斗争精神和斗争本领还需要不断加强。你们要对当前的国内外形势有正确的认识和判断，面对风险挑战，不能怕，不能躲，不能遇到点困难就逃避抱怨，不能总想着过太平日子，要知难而上，冲锋在前，主动维护国家和人民的利益，在斗争中经风雨、长智慧。在你们小的时候，父母一直教育你们要善良，要善待他人，但也要认识到善良不代表软弱，善良意味着你要变得更强大，才能去维护内心的准则。所以，遇到事情要讲担当，关键时候站得出来，也要讲方法，不能蛮干狠干，既要敢于斗争，也要善于斗争。只要你们在做对的事情，我们永远是你们的后盾和港湾。

年纪越长越能体会出家庭对自身的深远影响。家风家教是一个家庭的精神内核。家庭，作为我们生活的重要组成，一定程度上影响了我们成为什么样的人。身教甚于言传，父母怀着怎样的认知和信念走过人生路，孩子看在眼里，记在心上。清清白白做人、踏踏实实做事，是我们的信念，也是我们想要传达给你们的信念，更希望你们继续传给下一代，希望这样的家风家教能够护佑孩子们健康成长，家庭和睦温馨，事业行稳致远。

妈妈

2022年10月31日

国家税务总局五寨县税务局退休干部栗祥彪家书

家书创作说明

家书作者： 国家税务总局五寨县税务局退休干部栗祥彪的妻子徐桂花

写作时间： 2022年11月1日

写作缘由： 五寨县税务局开展警示教育，要求全体税务干部进一步强化“八小时以外”的教育监督管理，本着对自己负责、对家庭负责、对单位负责、对社会负责的态度，徐桂花给身为税务干部的丈夫栗祥彪写了一封廉政家书，希望丈夫规范自身言行，树立良好形象。

亲爱的祥彪：

转眼间，我们从相遇、相识、相恋到结婚、生子，已经度过了38个春秋。在这38年间，我们携手面对困难，相濡以沫，创建了这个自律、自主、自强、尊老爱幼的家庭。尽管朝夕相处，但我们在各自繁忙之中推心置腹、促膝长谈的机会并不多。希望你在台灯之畔、香茗徐绕中慢慢细品这封信时，能体会到家人对你的关爱与希冀。当我们白发苍苍、回首往事时，我们可以以一生清正廉洁为孩子们树立榜样！

自参加工作以来，你从一名普通税务工作人员逐渐成为单位的中坚力量，这既是你个人多年奋斗与努力的结果，更离不开组织对你的培养和信任。你在工作时兢兢业业、任劳任怨，以精湛的工作能力和高尚的人格魅力得到了各级党组织的认可，连续多次受到省局、市局、县局表彰，并先后被忻州市税务局记三等功两次。作为妻子，我为你感到自豪，同时我更加明白自己的肩上又增添了另一层责任，这就是要当好你的“廉内助”。

自你从事税务工作以来，相信你对廉政的重要意义、具体要求都不陌生，很多话都毋庸赘言。你既非握有重权的领导，亦非经手财务的会计，廉政似乎无从谈起。作为你的妻子，在写下你名字的那一瞬间，我感到肩上的责任，我要一字一句倾注真情。你，作为一名税务干部应该对自己有更高要求。那么，就让这封有温度的家书传递我对你的眷恋，提醒你时刻警醒自律、勤勉奉公。

38年前，怀揣中国税务梦的你，通过自己的努力在招考中脱颖而出，如愿以偿地加入税务大军中。你兴奋、你欢乐，似乎理想的大门已经为你打开，你钟爱的税收事业就这样来到你的身边。自走上工作岗位后，你不再懵懂，用勤奋和汗水浇灌自己从事的税收之花。多少个日出日落，多少次眠星枕霜，对家庭的深深眷恋和对父母的牵挂都没有阻止你负重前行的脚步。一分耕耘一分收获，花越开越盛，路越走越顺，在东秀庄税务所担任所长的日子里，你凭着对工作的高度负责和娴熟的实践经验，凭着良好的敬业精神和扑下身子实干的工作作风，克服了税源与收入矛盾带来的困难，实现了税收收入的稳步增长。你赢得了纳税人和县局、市局领导的高度赞誉。我清楚地记得，在你工作的第三个年头的春节前夕，你和同事一起为企业年终结算加班到凌晨2点才回家，虽然你满脸写满了疲惫，但是抑不住的是你洋溢而出的满足感。作为你的妻子，我为你感动。工作不易，能将自己的热爱融入税收事业工作中更是不易，我在心里默默地为你点赞！

这件事虽然很平凡，但是你服务的纳税人、企业的财务人员打来电话说，临近年关，安排了一点年货“意思意思”，你再三婉言谢绝。你用行动告诉我，你的心底已深知：这不是该得的。那时的我更加为你感动，为你自豪。我嫁给你不求锦衣玉食、大富大贵，只求一辈子的平安、幸福与温馨！

亲爱的丈夫，你饱读诗书，一定知道“物必先腐也，而后虫生之”，贪腐是一条不归路。只有处处廉洁自律，才能确保一生平安、全家幸福！亲爱的丈夫，你要知道，这世间纵有良田万顷，日食不过三餐；纵有广厦万间，安息不过六尺。我们现在的生活已经衣食无忧，你身为一名国家税务机关的工作人员，“为国聚财、为民收税”是你的天职，我绝不希望你收入平平却开豪车、戴名表，满脸写着贪婪，让世人唾弃。

我向往的生活是笑脸面阳，一生携手爱人悠闲漫步在这清涟河畔、南山公园，我需要的是一个和睦的家庭，一位体贴的伴侣，一家人平平安安。我无法想象，假如有一天你腐化堕落，成为党和国家的败类，人民的公敌，未来我和孩子该如何面对？我们的孩子可以没有一个无比优越的家庭环境，但是绝不能没有一个清清白白的父亲！你还记得吗？你一直像鸟儿爱护羽毛那样爱护自己的荣誉，在你看来，你的荣誉并不是你个人的，是单位的，也是咱们这个家的。我始终坚信，你能成为我一辈子的骄傲，能带给我想要的平安踏实的生活，让我们的爱情之树常青，幸福生活永驻！

这封家书，我希望你存于电脑、存于手机，时刻提醒你曾对家人、对组织作出的承诺。日后希望你每日三省，重复问自己三个问题：是否做了不该做的事情？是否拿了不该拿的东西？是否去了不该去的地方？然后自己回答：否。

亲爱的祥彪，希望你珍惜我们现在的幸福生活，注意纯洁社交圈、净化生活圈、规范工作圈、管住活动圈。希望你常算廉洁这笔账，在工作、生活上一如既往地清清白白做人、堂堂正正做事，做一个党的好干部、妻子的好丈夫、女儿的好父亲，每天“一身正气上班去，两袖清风回家来”，我和女儿永远会理解你、支持你。

为了我们家庭的幸福，为了所有爱你、关心你、信任你的人，更为了我们相守一生的诺言，让我们共同营造一个清正廉洁的家庭环境，让家庭成为充满和睦亲情的温馨空间，成为远离腐败的洁净港湾。

祝：工作顺利！

爱你的妻子：徐桂花

2022年11月1日

国家税务总局锡林郭勒盟税务局离休干部巴图家书

家书创作说明

家书作者： 国家税务总局锡林郭勒盟税务局离休干部巴图

写作时间： 2022 年 9 月 14 日

写作缘由： 治国必先齐家，家庭的前途命运同国家民族的前途命运是紧密相连的。老一辈无产阶级革命家既是国家的功臣，也是治家的典范。巴图老人非常重视家庭教育，对子女从严教育，育德育才。希望子女传承和弘扬老一辈无产阶级革命家的红色家风家规，形成爱国爱家、相亲相爱、向上向善、共建共享的文明新风尚。不论时代发生多大变化，不论生活格局发生多大变化，继承和弘扬革命前辈的红色家风，把红色传统发扬好、把红色基因传承好，做家风建设的表率，把修身、齐家落到实处。

家书的本意是想让孩子们学习了解历史，坚定理想信念。信中的内容，除了生活琐事之外，更多的是谈论革命与人生，让孩子们知道“国家的荣辱、做人的尊严”，传承老人的战斗意志，做勤劳、拼搏、智慧，有责任心的人。

家书写作半年后，巴图老人离世，这封家书也是老人临终前对孩子们的殷切嘱托和美好希冀。

孩子们：

你们好！

希望你们身心健康、生活幸福！

在你们细心照料和关心下，我身心健康，享受着这美好的天伦之乐。

1947年，17岁的我抱着解放伟大祖国的壮志成为了16师的一名战士。为了战胜国民党反动派，我与众多战友冒着枪林弹雨奋勇杀敌，先后参加了150场大小战役，取得了察哈尔、锡林郭勒地区的解放。我还参加了伊克昭盟解放战役，并取得了胜利。我的战斗生涯随着浑善达克反扫荡战役取得成功告一段落。

当时，我与亲密战友们为了实现解放祖国，人民大众早日获得自由，不顾自身安危英勇战斗，许多战友倒在了战斗一线，为祖国、人民献出了宝贵的生命。这些不是故事而是我的真实经历，所以我郑重地告诉你们，希望你们传承我的战斗意志，把这段历史铭记于心，并传承下去。

解放战争取得胜利，离不开那些忘我奋斗、纪律严明、思想统一、心往一处想、劲往一处使的亲密战友们，更离不开指导有方、机智过人的指挥员们在战场上的不怕牺牲、英勇作战，正是他们的付出才彻底战胜了国民党反动派，取得了最终的胜利，五星红旗在世界东方飘扬。是党中央的正确决策使社会主义中国在新时代屹立于世界民族之林。

当时，我们缺衣缺粮，过着有了上顿没下顿的艰苦生活。但我们参加了解放战争，共产党不仅把我们从黑暗痛苦的统治中解救出来，还解决了穷苦老百姓的饿肚子问题。今天的生活是无法与当时的处境进行比较的。

孩子们，人只有尝生活的苦、经历了痛苦和贫穷的折磨，才会明白生命的价值，才能感受生活的辛酸困苦。在这么好的时代，只有通过辛勤劳动、奋力拼搏实现的美好生活才是最有价值的。你们一定要牢记，不能躺在上一代的功劳簿上。

人要在适应时代发展进程下劳动生活，用自己的实际行动丰衣足食，创造美好生活，切不可做坑蒙拐骗的事情。要头脑清楚，坚决不说假话、不做亏心事，以“孺子牛”的精神奉献社会。

孩子们，你们是自己下一代的榜样，不能干违法的事，要传承助人为乐的传统美德，高举民族团结大旗，为56个民族大团结奉献自己的力量。

人生的智慧从生活中来，人绝不能缺了智慧。男人要禁忌每天浑浑噩噩、不学无术，女人要杜绝成为工作邋遢、沉迷烟酒、不顾儿女的人。从牧区进城后，要谨防不顾孩子、不顾家庭、生活散漫情况的发生。要远离每天纸醉金迷、沉迷赌博的朋友和亲人。

孩子们，我从小牢记父母的谆谆教导，回顾自己奋斗历程，我是真抓实干才有了今天。不管何时，人绝不能没有责任心，要常常教育子孙后代要有责任心。有责任心的人，会成为自己想成为的那个人。

孩子们，父亲从家教、做人做事、自力更生等方面跟你们说了很多，虽然说的话糙、但理不糙，希望你们能牢记于心。今天就说到这里。父亲祝你们日子过得越来越好。

锡林郭勒盟正蓝旗税务局离休干部　巴图

2022年9月14日

国家税务总局抚顺市税务局离休干部胡淑芳家书

家书创作说明

家书作者：国家税务总局抚顺市税务局离休干部胡淑芳

写作时间：1990 年 12 月 15 日

写作缘由：20 世纪 90 年代，全国各族人民在党中央和国务院的正确领导下，进一步贯彻深化改革的方针。国民经济的整体实力经历了由弱到强、由小到大的历史性转变。

在深化改革的关键时刻，胡淑芳同志虽然已离休多年，但她仍然坚持每日看书读报，关心国家大事。她鼓励子孙后辈要在四项基本原则指引下，充分发挥壮年时代的聪明才智，为国家的发展作出贡献。同时，国家财政的困难也牵动着胡淑芳同志的心。胡淑芳同志为了响应党和政府要过几年“紧日子”的号召，在 1990 年春节即将来临之际写下这封家书，要求后辈积极响应党和国家号召，不得铺张浪费，不搞超前消费。

这封家书虽朴实无华，却令人感动。这是从长辈手中接过来的殷切嘱托，不仅仅是长辈对晚辈的谆谆教导，更是这个家族代代相传的家风；是家族成员在工作和生活中坚守的信念，更是一代又一代税务人赓续精神血脉的力量之源。

通 告

一九九〇年的新年、春节即将来临，这是辞旧迎新、总结过去、展望未来的欢乐日子。这个日子是在深化改革的关键时刻迎来的。国家还有很多困难，个人也不充足。党和政府号召要过几年紧日子，我们要积极响应号召，不搞超前消费，可不花的钱就不要花掉。新年只放两天假（包括星期日），来家时不要买东西，春节时每人（户）按10—15元的标准买些肉，回家吃火锅（时间另定）。

一九九〇年是本世纪最后十一年的开端，你们要在四项基本原则指引下，充分发挥你们壮年时代的聪敏才智。

胡淑芳

1990年12月15日

国家税务总局本溪市税务局干部吴海旭家书

家书创作说明

家书作者： 国家税务总局本溪市税务局干部吴海旭

写作时间： 2017 年 4 月

写作缘由： 吴海旭的父亲是一名税务干部。她从小在税务所大院长大，大学考入辽宁税务高等专科学校税收专业，毕业后通过公务员考试进入当时的国税局，在窗口工作了十几年，后来交流到地税局工作，那一年同为税务人的父亲退休。吴海旭想写出父辈们言传身教给她的那些烙印在血液里的税务精神和价值准则，于是写下了一封家书。父亲说：“我们就是干这个的，肩上有税徽和责任”。吴海旭想告诉父亲及税务前辈们：“作为青年人，我们必将肩负初心使命，接好老一辈税务人的接力棒，走好新时代税务人的赶考路”。

亲爱的“老前辈”：

当您收到这封信时，您即将脱下一身靛蓝，告别国税局——这个您为之献出了40华年的大家庭。而我——您的女儿，一个有着10年税龄的老兵也接到了新的任务——为推动国地税深度合作，挂职交流到地税局工作一年。我们的人生又一次展开了新的旅程，像每一次启程一样，我充满力量。因为我知道我的背后有您和家人的支持，我知道我性格里有您遗传的不服输精神，我知道不论我在哪里，我的品质和行为代表着自己对家风的传承。

今天，我给您写信，其实是想借着这个机会和您聊聊我理解的“税收传承”。税官，是我从小就羡慕的职业。当然，这首先是因为您的关系。作为基层税务所的税官，您和您的同事常年骑着自行车穿梭在乡间收税，破旧的手提包里装着完税证明和算盘，您们就是靠着这些完成了为国聚财的使命。我最初羡慕的就是那身靛蓝和闪耀的税徽。可是当看见您们面对纳税人的不理解和风里来雨里去的辛苦时，幼小的我困惑了。我问您：“你和叔叔们这么辛苦为了什么？”您说：“因为我们就是收税的啊，我们干的就是这份工作，我们的肩上有税徽，有责任！”我听了顿感无比地自豪，我觉得我的父辈们正做着一件了不起的事情。您和您的同事们用日复一日的坚持给了我人生第一条价值准则：每一份工作都是辛苦的，但是只要你记得肩上的责任，每一份工作都是可敬的。

当我成为一名税务工作者也穿上这身靛蓝时，您和您的同事们已经久经考验、千锤百炼了。跟着你们这些老前辈“跑个体户、下企业”、反复讲解税收基本知识、案头逐户比对清欠税款……我从懵懂的青涩少女逐渐成长为一名年轻的税官。在进入到这个大家庭之后，我才知道税收其实是枯燥的、是单调的，社会的进步更导致这个职业充满了诱惑。而面对繁杂，您们严征细管；面对诱惑，您们秉公执法。是您们让我懂得了怎样面对手中的权力，是您们让我知道了什么是廉洁修身，是您们让我知道税收工作要细致严谨，是您们让我知道什么是忠诚，是您们教会了我什么叫作：“笃学修行，不坠门风。”

如今，我和我的同事们也能独当一面了。10年间，我们共同经历了Ctais上线、征管改革、营改增、金税三期上线。一次次考验，我们逐渐走向成熟，也意味着将承担更多的责任；10年间，您的言传身教让我成为一个对社会有用的人，我懂得有什么样的家风，就有什么样的精神状态、就有什么样的价值追求。所以，古人说“欲治其国者，先齐其家”。对社会而言，家风正就能使每个小家的家庭成员更文明更诚信，从而为社会的进步贡献微小力量。这样，小家、大家在交相辉映中就能塑造新的时代风向，支撑起淳厚的民风、社风。您给我的家风支撑起我的价值观和世界观，让我明白一个道理：作为新一代的税务工作者，当我们从传统的“征税管税”走到“服务纳税人”的今天，正家风就是要“修己身、正己心”。什么是“修己身、正己心”？是递给纳税人的一张张税收完税证明，是不厌其烦地解答纳税人一个又一个问题，是笑容可掬地接待不间断的办税人；是走街串巷宣传税法的汗水，是绞尽脑汁书写报告的背影，是全力奋战营改增、金税三期的责任心。

亲爱的“老前辈”，最初我不明白什么是“家风”，后来我知道，所谓家风，顾名思义，是一个家庭的风气、习俗，是一个家庭代代相传的规矩，是每一个家庭成员从小到大都需遵循的祖训，是能够影响家庭成员精神、品德及行为的一种传统风尚。从“小家”到“大家”，社会风气其实就是放大了的家庭风气，家风的“家”，是家庭的“家”，也是国家的“家”。只有“国”这个大家庭的“家风”健康纯正，社会才会发展进步，国家才会稳定和谐。我很感激我的家族给了我独属于自己的家风印记，更感激我的家族给了我在这个社会上安身立命的根本。“忠厚传家久，诗书济世长”，您放心！我会继承您和父辈们的衣钵，秉承家风、砥砺前行！

此致

敬礼！

您的女儿

2017年4月

国家税务总局上海市税务局退休干部黄世敏家书

家书创作说明

家书作者： 国家税务总局上海市税务局退休干部黄世敏及妻子鲁明雄

写作时间： 2022 年 3 月

写作缘由： 退休之际，空闲之余，写作家书，是一种传承家族文化的重要方式。一是在家书中，可以向家人表达自己的情感、思想和人生经验，从而增进彼此之间的了解和感情。二是通过家书，可以将家族的传统、价值观和文化传承给下一代。三是家书也可以为后代提供宝贵的参考和回忆，为家族成员提供激励和启示，积极向上、追求进步。

按照传统说法，家书是手写的给家人的信。但随着现代信息技术的进步，家人已多用手机来联系，手写家书的已很少。黄世敏和家人也是这样，几乎没有书面往来的信件，但家人的联系实际并不少，只是变换了形式。2022年3月黄世敏写了一本读书札记，分送亲朋好友，其妻鲁明雄为这本书写了序，书中从一个侧面反映了他们夫妻的深厚感情和对亲朋好友尤其是家人的殷切希望。这样的序或许可看成是一种新的“家书”。下面是这封“家书”的全文。

序

前几天，世敏终于把这本书的打印稿塞到了我手里，说快大功告成了，让我给他写个序。作为妻子，我又惊又喜，心情却有点复杂。

几年前，世敏告诉我他要好好看书，并写一本读书札记。我当时就有点懵，写书哪有这么容易，要花好几年时间，要打许许多多个字，甚至还要挖空心思，伤眼睛，已经退休了，干嘛要折腾自己，自我苦吃？我再三劝他不要写了，养养身体、享享清福得了。他嗯嗯嗯地答应着，却老是阳奉阴违、我行我素，看了一本又一本，写了一篇又一篇。到了这个时候，我只能睁一只眼闭一只眼，除了叮嘱他要劳逸结合、多多运动，再也不能多说什么，尽量照顾好他的生活。

现在眼看书要完成了，我自然很惊讶，但也很高兴，很敬佩他。世敏就是那样，是一个十分认真和执着的人。从年轻时候起，他就把“热爱学习、终身学习”作为自己的座右铭，靠自学考取了大学，靠不懈努力获得了硕士学位，退休3年多，克服困难看了这么多书，写了一本札记，真是难能可贵。记得前年他住院，忘带了不少东西，却没忘记带上他心爱的书和笔记本，身体刚好一点儿就看了起来，把医院当成了阅览室。2021年盛夏的一天，他骑车去杨浦区图书馆借书，回来时突遇大暴雨，结果被淋成了落汤鸡。毛泽东曾说过，一个人能力有大小，但只要有这点精神，就是一个高尚的人。我想，世敏就是这样的一个人。书中自有黄金屋，多少次在灯光下，多少次在别人闲逛时，他废寝忘食、沉浸在自己的世界里。我知道，此时与其让他停下自己的脚步，不如为他祝福，祝他顺利完成自己的夙愿。

这本书写得怎样，我不好断言，这是一本凝结了他的认真和执着的书，每篇文章都是他认真阅读、认真笔记和认真思考的结果，不论对于我们家人，还是对于亲朋好友，都是值得点赞和一读的。它至少可以在大家阅读同一本书时，提供些许方便和启发，即使出现不同意见也是有价值的。而对于我们的小辈，捧着这本书，也可以从中领悟和继承那种认真执着的精神，融会于自己的学习、工作和生活。

鲁明雄

2022 年 3 月

【编者注】

没有规矩不成方圆。黄世敏十分注重家人家规的建设和传承，在平时阅读时对文采绚丽、意涵深邃的人生格言独有偏好。2017 年女儿结婚时，他衷心祝愿新人幸福，同时提出了希望，主要是以下两条。

第一条是“家和万事兴”。他希望女儿、女婿夫妻恩爱永远，相互尊重，相互关心，共同经营好自己的家。此后，“家和万事兴”

的字画一直高高地悬挂在大厅墙上，每日每餐都在告诫和提醒每个成员，家就是一艘以和为贵、和衷共济的坚船，是一个鸾凤和鸣、风和日丽的港湾，要齐心协力维护和建设好这个家。

第二条是“百善孝为先”。他希望女儿女婿婚后要孝敬父母、敬重长辈，承担小辈应有的责任。黄世敏夫妇在这方面身体力行，率先垂范，他们都是父母的大孝子、大孝女，是父母心中的好孩子。2019年，黄世敏还为其母亲撰写了传记，亲切回顾了母亲对祖国、对家庭、对生活和对劳动的爱，并出了图文并茂精美的美篇书《母亲的爱》。母亲看了赞不绝口。在他们的影响下，女儿、女婿也非常孝顺，对长辈十分关爱体贴，女婿几乎每天都要主动和远在外地的父母视频，体现了小辈的责任，更是体现了浓浓的亲情。

2018年，黄世敏根据孩子婚后生活和工作的状况，回顾了自己偏爱的三条格言送给他们，希望对他们有所帮助。

第一条：“人无远虑，必有近忧。”他写道，人之所以有今日之忧，是因为以前没考虑得长远，这方面的教训不胜枚举。“少壮不努力，老大徒伤悲”“生于忧患，死于安乐”。年纪轻轻不求上进、不居安思危，终有一天会遭受挫折、遭遇失败。所以做大事要事，一定要高屋建瓴、从长计议。

第二条：“临渊羡鱼，不如退而结网。”他说，空谈误国，实干兴邦。世界上不论什么事，如果脱离实际，夸夸其谈、纸上谈兵，而不脚踏实地地去干，就像只站在河边对鱼兴叹，是什么也得不到的。反之，如果踏踏实实地干，即使开始时失败，也是走向成功的一步，但失败是成功之母。比如，许多人很羡慕别人考取大学，自己又不肯下功夫学，谁又帮得了你？

第三条："好计算胜于你争我夺。"他说，好计算不是好算计，而是大胆设想、小心求证，出于行动的计划性和严密性，也是个人的自我保护。好计算能培养自我约束意识和经济核算意识。从广义上说，计算包括对人生规划、家庭经营、名利地位的考虑，凡事虽不和君子争名、不和小人夺利、不和天地斗巧，但也不是消极无为，而要靠自己的手、自己的脑去努力实现。

他总结说，以上三条格言可以用一句话来概括："确定目标，苦干加巧干"。如果说以上五条中后三条是事关个人成长的计策，那么前两条恰如泥土之于花朵，是个人健康成长和家庭和谐美满的基础。

国家税务总局海盐县税务局退休干部李汉良家书

家书创作说明

家书作者： 国家税务总局海盐县税务局退休干部李汉良

写作时间： 2011 年 4 月 25 日

写作缘由： 2011 年 4 月李汉良退休之际，给儿子写了一封信，通过一封情真意切的家书回忆往昔，表达了对税务生涯的不舍和感慨，以及对孩子的殷切期望。

儿子：

见信好！

很奇怪老爸今天会给你写信吧？是啊，从你读税校时给你写信，到今天再次提笔已经十几年了。十几年的光阴，让老爸眨眼就从风华正茂苍老到现在的光荣退休，也让昨天还稚气未脱的你成长为现在的意气风发！今天，老爸正式退休了，从组织手里接过退休证书的那一刹那，老爸第一次体会了百感交集。有深深的失落，有莫名的怅然，有依依的不舍……所以，很想和儿子你说说话，说说属于父亲和儿子、男人和男人、老税务和新税务的心里话。

年纪大了，总是爱回忆往事，可是老爸突然发现对于你的童年回忆是那么少、那么单薄，因为作为父亲的我的确是很愧对童年的你。老爸那时候刚从部队转业回到地方一个很偏远的税务所工作，因为交通很不方便，老爸只能一个星期回家一次，有时遇上加班或突发性工作，老爸可能一个月才能见到你一次。所以，老爸真的想不起你很多的童言无忌和天真可爱，老爸只记得你在一篇作文里曾这样“批判”家：“别人的爸爸总是带着孩子在球场上欢呼雀跃，可我的爸爸却总是蹬着他的‘破永久’去收收不完的税；别人的爸爸总是在孩子受委屈挫折时给他擦眼泪、树信心，可我的爸爸却总是锁着眉想他想不完的事。为什么同样是爸爸，我的爸爸却那么与众不同呢？”呵呵，老爸当时只能苦笑，不是不想做一个好爸爸，实在是当时的办公条件、工作压力不允许啊！

在老爸的歉疚里，你还是健康快乐地长大了！儿子，还记得1998年的8月6日吗？那是你毕业分配到国税局上班的第一天，那一天是老爸最开心也是最自豪的日子，不仅仅是因为人们所说的心想事成、子承父业，更重要的是你实现了自己的愿望。记得当你真正理解了税收取之于民、用之于民的内涵后，你认真告诉老爸：“爸，我以后也要像您一样做一个为国聚财的税务人！”为了这句话，你认真了努力了，也终于如愿以偿。当老爸听到同事说："呦，老李，儿子来接班了，真不错！"你肯定体会不到老爸当时的那份骄傲和自豪！还记得老爸当时送你的那首共勉的诗吗？

我的使命是服务
我的名字叫公仆
道义与良知告诉我
一分一毫都与民生攸关
一言一行都与民心相连
责任与使命告知我
公正公平才能昭示正义
廉洁清正才能赢得民心
党纪与党性警示我
一取一舍都代表国家公权
一吃一喝将接受良心审判

如今，你参加工作也13年了，这13年你应该对这首诗有了更深刻的认识和理解吧？这13年，也是老爸管你最多的13年，你有没有埋怨过老爸的"唠叨"？总是在你无所事事的时候督促你别忘了学习；总是在你呼朋唤友的时候提醒你别失了分寸；总是在你安于现状的时候告诫你别消磨了自己。不是老爸苛求你功成名就，只是担心你不与时俱进就会被无情淘汰，不时刻警醒就容易一失足成千古恨啊！老爸在税收一线工作了几十年，历经了税制改革、国地税分设、征管改革、机构改革等许多重大变革，每次改革开始都会让自己观念上感到茫然，业务上感到生疏，甚至一时无所适从，但最后都会顺应改革，推动税收事业蓬勃发展。靠的是什么，就是学习学习再学习，努力努力再努力啊！你别笑，这不是大话套话，是老爸工作几十年的切身体会。所以，老爸希望你无论什么时候都不能放弃学习！

儿子，踏上这条税务之路，有鲜花也有荆棘，有泪水也有欢笑，坎坷前行，老爸要忠告你几句话："思想上要紧绷廉政廉洁自律之弦，行动上要牢筑倡廉大堤，心中要警钟长鸣，慎初、慎独，防微杜渐，牢记'千里之堤，溃于蚁穴'，做到自重、自省、自警、自勉、自励。"

爱你的老爸

2011年4月25日

国家税务总局磐安县税务局退休干部李晓兴家书

家书创作说明

家书作者： 国家税务总局磐安县税务局退休干部李晓兴

写作时间： 2016 年 9 月 22 日

写作缘由： 适逢“家规、家训”征集活动，结合所依循的家规、家训深有感触，考虑子女教育，包括自己从小到大的切身体会，有感而发。第一部分是从己身出发，与女儿沟通自己是如何看待教育问题的；第二部分是从小事出发，阐述父亲对女儿的一份拳拳爱护之心；第三部分是从“家规、家训”出发，与女儿细细分享自家“家规、家训”的由来，并表达内心期许。情盈于心间，落笔于纸上，父亲对女儿的严与爱融于字里行间。

亲爱的女儿：

20 多年了，已久未提笔写信。今儿借着“家规、家训”主题征文，老爸想着给你写封信，谈谈“家规、家训”。说起“家规、家训”，咱们家庭对此并不陌生，平时也经常念叨和触及。老爸经常以长者的身份训导你，教你如何传承咱们老李家的“家规、家训”。随着时代和人居环境的变迁，成长的环境也在不断变化。记得老爸年少时，村里人只要有谁做错了事，不管大小，总会有人站出来说道说道。例如小孩的过分顽皮，肯定会有村里的长辈来管你。老爸当时作为村里的孩子王、调皮鬼和“大草包”，当然少不了他们的管教。爷爷奶奶也三天两头会得到“投诉”，当然，接着就是给我再教育，好则挨训孬则挨揍。为此，小的时候就让我心里充满着有许多“怕”字，懂得什么是天高地厚，什么是该做不该做。直到今天有点小出息，我还真的感谢当初的村里人，虽有父母的严加管教，但也有村里乡邻监管有力的功劳。正是因为有这种“家训”环境的影响，村里孩子在学习上、行为规范上的养成难能可贵，所以整个村风很好，民风也正。多年来从没听说谁犯了事，整个村相安无事，过着安居乐业的平稳日子，不能不说与此是息息相关的。不以规矩，不能成方圆。对于一个家庭来说，需要有一个良好的家规家风。当时因年少不懂事，觉得这些好事者多管闲事，现在想来这可是一笔宝贵的财富。现在也正因为缺了这样的环境，而特别怀念当初的环境。看如今小孩白白胖胖的被多个大人宠养着，而坏了规矩，更看不到那个小孩太调皮、做错了事时，还会有人站出来说道了。以前这是一件很经常很平常的事，而今这种氛围已在社会烟消云散。怪不得当今有许多人都在怀念这件事，时常听到说起小孩没教调、无家教，游手好闲无法无天胆子大；看到叛逆或犯错的人越来越多；感叹现在是“孩子父母不管教，只有法律来管”的现实场景。应该说与削弱了大家来管、共同参与这道中间环节不无关系。这也说明更需要有“家规”的约束，以减少触犯“国法”的发生。所以，当今的父母责任更大，建立“家规、家训”的言传身教更有必要，社会正在呼唤“家规、家训”的回归，对于“家规、家训”地位作用的重新认识很有意义。

说起父母管孩子谁都知道重要，宠孩子更是父母的天性。父母对子女的教育不能等，民间有“小时偷针，大来偷金”的俗语，与其今后自己孩子让着别人管，还不如早先狠着心自己来管。为此，每次因你某点事在训叨你的时候，其实爸爸的心里比你还难受，该宠、不该宠像一杆秤时常在爸爸心里衡量着，老爸需要原则和规矩，不能因此而害了女儿。就说上次老爸为你发火后就难过了好几天，不是说你不好，其实你已很优秀、也很乖，但爸妈总希望女儿更好。想着自己的女儿今后让别人说道我会更难受，还不如现在狠点心。现在，你应能体谅为父的用心吧。

接着，再说咱们老李家的“家规、家训”。随着你的长大，老爸开始想着这个事，可后面成就的“家规、家训”却有个故事。一天，爸妈去看一个书画展，晚上回家在整理白天所拍摄的照片时，发现有一张歪歪扭扭的照片，是我在捣鼓相机时无意间拍下的。红纸黑字倒是显眼，上面有个长长的“福”字很有特点，细看下面的四句注释很有意思，说“孝道为先——是反映中华民族极为重视孝的观念，是一种稳定伦常关系的表现；康宁是福——是健康、安宁，是一种福分和美好追求；和谐处事——是和睦协调，是一种方法和能力的体现；忠厚传家——是忠诚和厚道，是一种优秀道德品质文化的传承”。琢磨了这么久，不就是它吗。当时真是高兴极了，拍手叫绝！就这样，三天后再见到时，我毫不犹豫地把这“福”字请回了家。正是“梦里寻你千百度，得来全不费功夫”，缘分啊！将其作为咱们的“家规、家训”一直珍藏着。

同样的道理告诉我们：德行是根本，厚德才能载物；人生不过三万天，健康快乐最值钱；做人要真诚、谦和，善待别人，温暖自己；忠厚传家久，诗书继世长。另外，大气贯穿其中，对人、对事、对己都要大气度，做一个大气的人。总之，家——是一种道义文化的传承；家——需要有家规、家训的约束！

望儿细细揣摩，铭记于心，践之于行，以不负为父之期望，把咱家的“家规、家训”子孙世代相传。谨记！

致礼！

祝：身体健康、学习进步、天天快乐！

父亲

2016年9月22日

国家税务总局温岭市税务局离休干部张骅家书

家书创作说明

家书作者：国家税务总局温岭市税务局离休干部张骅

写作时间：2011 年

写作缘由：2021 年 9 月 1 日，93 岁高龄的温岭市税务局离休干部张骅同志在家辞世。先生 1928 年生于浙江温岭，1949 年 7 月投考华东军区军政大学入伍，1953 年在抗美援朝战争中立三等军功，1963 年 7 月从军队转业至温岭县税务局任预算股副股长、会计，1985 年离休。早在十年前，老先生便拟好遗嘱，要求后事一切遵循丧事简办原则。这也是张骅老先生留给家人的家书。

我的后事安排

生老病死，人生规律，我已年高体衰来日无多，趁今清醒时辰对日后病危及后事作如下安排，务请家人照办以安亡灵：

一、我病重期间，一般当在医院，倘好转无望，则勿以药物或器械去支撑久拖，这只能劳民伤财，有弊无益！弥留之际亦不需返家，倘医院不便续住，当然可以回家；生命终止后，直送殡仪馆。

二、亡故后丧事简办。市内诸亲友及原单位和老干部局应电话告知，但不发讣告、不搞遗体告别。墓穴早已备妥，不拣日子，方便为要，上午火化，当日上山，可用乐队，送山众人均予雇车代步，下葬之后于酒店盛宴酬（致）谢！概拒礼金。遗照可短期挂置，但不设座头（灵位），更杜绝“做七”之类的无谓行为，切切（记）！

三、结束语。我们家庭和睦关爱，能走到一起只有缘分，我一直依恋着。但有生有死，天之道也，今寿终当走。此生尚称遂心愿，无憾告辞人世间，正是：丢却臭皮囊，我（魂）即解脱了，乘风归自然，逍遥无穷尽。唯望诸位家人亲友，节哀淡忘，好自珍重。别了！别了亲人们！后会在大自然。

自拟挽联：

生在人间尽世事（右）

终归自然任逍遥（左）

乘风西去（横批）

张骅

2011年冬日

【编者注】

以上为张骅所写，亡故后请儿子贴于餐厅，并照上述办理，是为孝也。从字里行间中，可以看到张骅先生对和睦家庭的眷恋，也希望在自己离去后，家人亲友节哀淡忘、好自珍重，其中的优良家风家教让人受益无穷。

习近平总书记强调："家风好，就能家道兴盛、和顺美满；家风差，难免殃及子孙、贻害社会。"古语有云"天下之本在家"。作为老一辈优秀税务干部，张骅先生的家风家教值得我们借鉴与学习。

先生从抗美援朝的战场归来，不仅带回了山河无恙、国家安宁，也将令行禁止、矢志奋斗的红色精神带到工作岗位之中。站在终点回首人生路，先生坦言道"生在人间尽世事""此生尚称遂心愿，无憾告辞人世间"。在20多年的税务生涯中，先生严谨细致地对待每一项工作，不断更新财税知识、会计知识以适应国家财税事业的发展和完善，身体力行向后辈传递了积极负责的工作态度。

先生出生于建党之初和大革命时期，从物质条件匮乏的年代，一路走到如今国家繁荣昌盛、人民安居乐业的时代，却仍不忘儿时的贫苦，几十年如一日地保持节俭、朴素的习惯。一直到现在，先生家人还住在 1985 年所建老房子中；在遗嘱中也特意强调务必丧事简办，一切以方便为要，不办追悼会、不设灵位，对生前身后名都淡然置之。以勤养志、以俭养德，这样的家风不仅涵养了子女低调谦逊的为人，更铸就了他们淡泊名利的品质。

君行万里德相随，人走一生良言伴。先生身体尚佳时便考虑到若来日病重，医院不便续住则可直接回家，牵挂送葬亲友奔波劳累，叮嘱“送山众人均予雇车代步”“下葬之后于酒店盛宴酬谢！概拒礼金”，将老一辈知识分子的素养外化于行动，知行合一，宽以待人，处处为他人考虑。对待子女循循善诱、以理服人，临终惟愿亲友节哀淡忘、好自珍重，在家庭教育中重言传、重身教，使和谐友爱的风气从小家传递到大家。

家是最小国，国是千万家，弘扬优良家风需要广大家庭携手并进，聚焦“小家”，筑牢“大家”，以良好家风涵养初心使命！

国家税务总局当涂县税务局退休干部曹建民家书

家书创作说明

家书作者： 国家税务总局当涂县税务局退休干部曹建民

写作时间： 2019 年 10 月 3 日

写作缘由： 2019 年是中华人民共和国成立 70 周年。在这普天同庆的日子里，国家税务总局当涂县税务局退休干部曹建民同志在收看了庆祝中华人民共和国成立 70 周年大会盛况后，心情激动，久久不能平静，就给远在千里之外于香港中文大学任教的儿子写了一封家书。从字里行间，流露出一位退休老党员、退伍老军人的爱党爱国赤诚之心和对儿子谆谆告诫的家国情怀。

杰儿：

安好！

作为一名退役军人，前天，我收看了“庆祝中华人民共和国成立

70周年大会”的电视直播盛况后，心情非常激动，久久不能平静，想起千里之外远在香港的你，不禁提笔写信，叮嘱几句。

杰儿，记得当年你以全校第一名的成绩考入中学时，我和你妈妈带你去了祖国的首都——北京。清晨，我们全家站在天安门广场上，伴随着雄壮的国歌声，望着冉冉升起的五星红旗，我们仿佛看到1949年五星红旗飘扬在天安门城楼上，在那一声响彻云霄的呐喊中，中国人民挺直脊梁，屹立在世界东方。那时我曾告诉你，我们伟大祖国从建国初期的艰苦创业，到改革开放新的征程，从未停歇追梦的脚步。今天的幸福时光，与当年血与火的日子紧密相连着！无论是战争年代的炮火连天，还是创业年代的千难万险，中国人民用那勤劳的双手和终生无悔的信念，把一个又一个激情时刻点燃。我们知道，从那时起，在你的心里已留下了“我和我的祖国”这个烙印。

杰儿，你还记得吗？凭着你的努力，1998年，你以安徽省文科第一名的成绩考入北京大学。我们和你拎着行李再次来到祖国的“心脏”。当我们一起徜徉在北大的未名湖畔，一起谈理想、谈奋斗时，你说过，在北京读书是幸福的，你要以此为起点，树立一个大目标，不断追求知识，为家乡争光、为祖国争光。你是这样说的，也是这样做的。4年的大学时光很快过去，你以托福和GRE的优异成绩被美国得州大学录取为硕博连读生。在送别你离开家乡的时候，我们特地在县电视台为你点了一首《多情的土地》。诗人艾青说过：“为什么我的眼里常含泪水？因为我对这土地爱得深沉……”我们点这首歌，就是想让你知道，无论你走到哪里，不要忘了养育你的这片土地。

杰儿，当你在大洋彼岸求知的时候，你的祖国和家乡正发生着翻天覆地的变化。曾记得，当儿媳妇从美国回来探亲看望我们时，上街购物要坐“大雅机”（注：当地俗语，一种类似三轮车的交通工具），她说没见过这东西，不敢坐，弄得我们很尴尬。是啊，当时同美国比，家乡还很落后，还有很大的差距。但如今在中国共产党这面光辉旗帜指引下，伴随着祖国前进的脚步，家乡也变得越来越美丽。前不久，你们一家三口从香港回来，我们带你游览了县城的龙舟广场、凌云山公园、清源门……望着一处又一处美丽的景色和鳞次栉比的楼群，以及满街穿梭的“的士”，你也发出了感叹：“这变化真够大啊！”

杰儿，当你走出国门时就要想到，我是一个中国人，无论何时何地都要为祖国增光添彩。这些年来，你用拼搏证实了自己，你用汗水回报了祖国。我们欣慰地看到：在清华大学FMBA的课堂上，你以博士生导师的身份传授着知识；在世界各地的金融论坛上也留下了你的身影。你曾多次获得业界研究奖项：瑞士投资管理公司类风险溢价研究基金奖、法国领先资产管理公司ETF学术研究奖、芝加哥数量联盟学术竞赛奖、加拿大衍生品研究院研究基金奖，等等。这些成绩的取得仿佛在告诉世人：中国人是好样的！

杰儿，你要永远记住，当你高考全省摘冠时，你是家乡人民的骄傲；当你在世界各地领奖时，你是祖国母亲的骄傲！你像一片绿叶，长在祖国这棵枝繁叶茂的大树上，但你要知道，树高千尺总有根。小草没有根，就不会吐出新绿；花儿没有根，就不会绽放花蕾；而绿叶没有根，就不会翠色欲滴。世上万物都离不开根，树有根，山有根，河有根，人也有根。人的根是祖国，是故乡，是父母，是所有对你成长有过帮助的人。今年是祖国70华诞，70年的风雨、70年的期盼、70年的激情、70年的奋斗，点燃了我们心中美好的明天！杰儿，只要你时刻把祖国放在心里，像绿叶依恋根一样，祖国就会给你无限的风景……

父亲

2019年10月3日

国家税务总局莆田市涵江区税务局退休干部李国荣家书

家书创作说明

家书作者： 国家税务总局莆田市涵江区税务局退休干部李国荣

写作时间： 2022 年 8 月 23 日

写作缘由： 聆听家书，传递亲情的力量，感受家庭的温暖。涵江区税务局分享的这封家书是退休干部李国荣在 9 月开学之际写给他亲爱的小孙子的一封信，饱含一位爷爷对孙子的谆谆教诲和殷切期盼。时间过得好快，转眼小孙子从一个嗷嗷待哺的婴儿，长成了阳光开朗的少年，看着小孙子一天天长大，李国荣深感欣慰的同时也提出了更多的期许。他希望小孙子能健康快乐地成长，学好文化知识，树好人品，热爱劳动，积极生活，识大千、谋远略。珍惜朝气蓬勃的大好韶华，善德兼行、乐观向上、勤奋进取，争取不落人伍、敢于挑起大梁、承前启后、以正祛邪，做一个新时代的传承者和佼佼者！即便是没有轰轰烈烈的业绩，也要一步一个脚印地稳步前行。

亲爱的孙子：

时间过得真快，转眼你已从一个嗷嗷待哺的婴儿，长成了阳光开朗的少年，看着你一天天成长，爷爷深感欣慰。

你在学校读书，老师教你学习，增长文化知识是为了将来走上社会，能够适应工作需要，这固然很重要。但是，回到家里不妨学习一些生活知识，这也是你将来要面对的一项重要课题，学好了会受益终生。

优胜劣汰，永远是每个人在这个社会立足生存中需要面对的现实，为了自己将来不走弯路、不摔跤、不碰头皮、不被人瞧不起、不被社会淘汰，就要从小养成良好的学习习惯和良好的生活方式。这对于你，无论是在校读书还是将来走上社会、为人父母、教子育孙都有百益而无一害。

古人曰，“人而好善，福虽未至，祸其远矣。”“厚德载物，厚德养家。”我们是生在文明古国，前人为我们树立了良好的道德风尚。过去，家风是一个家族传承兴旺的法宝，现在和将来，好的家风永远是一个个小家庭的立足之本。良好的家风对于一个人、一个家庭和下一代都有着深远的影响，甚至决定了后代子孙们出门在外的祸福根源，为人处世的态度和底气。有良好的家风才是一个家庭真正的财富。古人忠告我们的善德是一个人乃至一个家庭兴旺发达的“良方”，古人的话是天底下千真万确的、最真实的道理，希望你能遵守传承和发扬光大。

如贤子弟，趁早耕读并练；光耀门庭，莫迟善德兼修。亲爱的孙子，从小我就对你寄予厚望，希望你健康快乐地成长。学好文化知识，为以后踏上社会打好基础，树好人品，少走弯路。一寸光阴一寸金，请珍惜大好韶华、善德兼行、乐观向上，勤奋进取、承前启后、以正祛邪，做一个新时代的传承者，正直豁达的人，光明磊落过好自己的一生。

爷爷

2022年8月23日

国家税务总局福建省税务局退休干部叶贞玲家书

家书创作说明

家书作者：国家税务总局福建省税务局退休干部叶贞玲

写作时间：1985 年 6 月 1 日

写作缘由：这封家书是平潭县税务局退休干部叶贞玲于 1985 年 6 月 1 日写给她的二女儿吴承芳的一封信。当时，吴承芳即将参加税务工作，叶贞玲作为一名“老税务”，也是一名母亲，感慨万千，她激动地提笔对年轻税务人寄语，嘱托自己的女儿好好工作、好好生活。

一方面，信中回忆了老一辈税务人工作的艰难困苦，充满了对新税务人的谆谆教诲，希望女儿能在历史变迁中见证平潭税务改革发展，更在续写荣光中参与建设，留下年轻一代税务人拼搏奋斗的身影和足迹。以税务人“钢”的意志、“铁”的作风，取得一场又一场新胜利，用敬业与奉献兑现责任与承诺，用辛劳与佳绩彰显税务铁军的担当与风采。

另一方面，信中也饱含了母亲对于女儿的关心和关爱。她在回忆了女儿成长的点滴瞬间后，教导女儿进入社会后如何调节自己，适应新环境。鼓励女儿好好工作，保持一颗乐观向上的心，同时希望她照顾好自己的身体，体现了一位母亲对孩子的良苦用心。

阅读这封家书，字里行间，感人肺腑，令人动容，催人奋进。

我心爱的二丫头：

你好！

你即将以一名新兵的身份加入税务大家庭。祝贺你！现在的我感慨万千，因为我既是你的母亲，也是一位“老税务”，有许多话想对你说，思前想后，还是通过这封家书表达我真心的祝愿吧。

作为一名“老税务”，欢迎你加入税务队伍，成为一名共和国的税官！回想起我刚参加税务工作当助征员时，因为早晨渔民和菜农都很早出摊做买卖，我每天清晨5点就要出发，步行1个小时来到集市收零散税收。一个摊位一个摊位、三毛五毛地将税款收好，并开税票给商户。当时，人们的纳税意识还不强，必须早点赶到，否则单靠两条腿逛一圈集市要耗时不少，走到后面摊位可能商贩已卖完货离开了。等全部摊位收摊后，就将收好的税款和税票底根核对无误，再交给单位的会计。我记得，那时候大概一天能收10来块现金。我们那个年代，勤劳、节俭、朴实是良好的社会道德风气，而奉公更在于克己。当时我的想法很简单，就是身为国家干部，单位的工作一定要做好，不能有私心。自从我1972年加入中国共产党后，使命感就更加强烈了，勤政廉政是我对自己的最基本要求。

如今，你作为新税务人，既有头顶国徽、肩扛税徽的荣耀，也有“为国聚财、为民收税”的使命，责任重大！希望你志存高远、坚守初心，秉承中国税务精神，勤奋工作、尽职尽责，不辜负国家和人民的殷切期望，为祖国的税收事业贡献自己的力量。相信在不久的将来，通过你们新一代税务人的努力奋斗，国家的税收事业一定会迎来巨大的腾飞！

作为你的母亲，我感到时间的车轮滚得真快啊！一转眼，你已从一个躺在妈妈怀里吸吮乳汁的香香软软的小婴儿，到背起书包哼着童谣上学堂的读书郎，再到现在成为一名光荣的税务干部。从小到大，你在妈妈的眼里一直都是聪明可爱、善解人意、孝顺懂事的好孩子。你是妈妈的骄傲！

这段日子看着你对即将到来的税收工作的憧憬，我由衷感慨年轻真好啊！妈妈知道，你有冲劲，想好好干出自己的一番事业。这很好！但妈妈还想嘱咐你，社会和学校是两个不同性质的领域，一切都要从头学起，要以谦和、坦然、开放、阳光的心态去学习、拥抱和接受新的一切，包括磨难和可能遇到的挫折、痛苦。这些都是你人生必不可少的经历，处理得好，它们将成为一生的财富和资本。另外，你从小体质就不太好，过度疲劳就容易生病。在努力工作的同时，你也要照顾好自己。妈妈不希望你太累、太辛苦，累了时歇一歇，换种心情重新起航，快乐过好每一天。生活中如果有些烦心事，你愿意的话可以多跟妈妈说说，妈妈永远是你最坚实的后盾！

妈妈衷心地祝愿你开心快乐，尽快适应新环境、开启新生活、取得新成绩！

妈妈

1985年6月1日

国家税务总局吉安市税务局退休干部刘前锋家书

家书创作说明

家书作者： 国家税务总局吉安市税务局退休干部刘前锋

写作时间： 1994 年 9 月 26 日

写作缘由： 1994 年，刘前锋的女儿刘冰凌高中毕业，怀揣着高考录取通知书去外地求学。十几岁的孩子第一次离开家里、离开父母，那时没有手机、没有网络，刘前锋夫妇和女儿之间的联系只有书信。每每收到女儿的来信便迫不及待地拆开，然后你传我、我传你反复阅读。从第一封信开始，刘前锋便把它们小心地收好放妥，数次搬家都带在身边，将女儿的回信也是视作宝贝，一直珍藏。2013 年，恰逢女儿本命年，刘前锋把几万字的书信稍作整理、略加装裱，作为生日礼物送给女儿。

凌儿：

两封来信均在今日收到，这些天咱们全家都在盼望南昌来的报平安的信，因为惦念你，你妈妈往往说着说着就要害一回“红眼病”。

上警校对你来说是意料之外的事，但既去之则安之，既然进了这个学校，就一定要学好，这一点，我相信女儿是不甘居人后的。从你的不习惯到慢慢习惯，从你不太爱说话到晚会的主持人，我们已经看到了你的信心。

上警校，训练艰苦是意料之中的事，也许是报到之前就有思想准备，因此尽管感到很苦、委屈，但好像你还没有因此流泪，这是意志和毅力的考验，这一课将对你终生有益。春节回来，我女儿该是一副雄赳赳气昂昂的模样，至少不会像爸爸那样驼着背走路。

生活上的事，爸妈不在身边，就靠你自己了。说真的，我还一直担心你睡上铺会从床上滚下来呢。吃的方面拣你喜欢吃的买，贵点不要紧，发的餐券不够再买嘛。零食我不主张多吃，但馋得难过时也不妨来那么一点。水还是要喝开水。总之要注意自我保护，特别是胃，有病开药时别忘了提醒医师，对胃有刺激的药不要用。至于用钱，你说省着点花是对的，但该花还得花，爸妈不会问你要账单的。

信中提到了几位关心你的同学和泰和老乡，他（她）们在你需要帮助的时候出现，得感谢他（她）们，待明年你成为老生的时候也要这样去关心新同学。你提到的那个郭蓉副社长不知是什么社长？是文学社么？你喜欢文学，这个不要丢。另外，大专班不知是否开设英语课，如自学是否可先弄套大专班的教材，此事你自己拿主意。

家里现在很好，你妈妈仍是每天半日班。我们税务机构分设基本到位，我在国家税务局，下次写信写“泰和县国家税务局”我收即可。冰海学习还认真，中秋节前跟妈妈一起去了趟班主任家，说其他方面都还好，就是英语要想办法赶上去。外婆身体亦尚好。

待紧张的军训结束之后，我看你要给下列地方去封信，即：姨姥、二伯、谢老师、胡老师、刘洪祈老师及妈妈、林妈妈。吴玲是见着我就要问姐姐怎么样，此事不急，但要做。

国庆将到，据说有四天休息，到时我会来趟南昌，你要的衣服等一并带来，当然还得带点花生之类来喂喂小馋猫啰！

就写这些，余面叙。看你妈妈还有啥指示。

冰崽：

那天你一转身就走了，我也不敢再叫你，因为我怕你会哭，也怕我自己忍不住掉眼泪，那晚坐夜车回来着了凉，头痛了好一阵，老毛病了。

该说的你老爸都讲了，我也不重复，我只催你老爸国庆节去南昌看你，我才安心些。带的吃物，如方便就叫些老乡一起聚一聚，尤其是曾凌云，代我们全家谢谢她。本想赶一件薄毛衣给你，恐怕来不及，到时再寄给你，如需要什么就赶快写信回来，我们会设法带给你。打电话给你，恐怕没人去叫你，又怕训练上课不能接电话［上星期你二哥打了电话给周科长（周木兰），他讲你训练去了，要叫你很远。你二哥叫他去你那一趟，一来认识一下，二来问你有什么事就告诉他，他会告诉你二哥。］你每星期六下午六点多一点就打个电话回来，打到张万辉家，我听听女儿的声音，就知道你在那里如何了。

洗澡有热水吗？如要买票，你就买票洗热水澡，尤其是洗头不能用冷水，妈妈的头痛病就是洗冷水的结果。开水要勤快点去烧，再不要喝冷水了，如衣服洗不动，就用鞋刷刷一下更省力些。在外不比在家，凡事要自己照顾自己，晚上起床要清醒些，唉，该说的说也说不完，待你爸回来要他好好向我们汇报。

（那件细羊毛衫洗一下就会缩小，别使劲拧水，怕变形。）

妈妈说了许多，打住。下面还有弟弟的信，那可是图文并茂，可惜有不少错别字。

爸、妈

1994年9月26日

国家税务总局峡江县税务局退休干部毛本义家书

家书创作说明

家书作者：国家税务总局峡江县税务局退休干部毛本义

写作时间：1978 年 11 月 27 日

写作缘由：1978 年 11 月 27 日，毛本义同志书写了这封家书给当时就读峡江中学初中部二儿子毛晓明，这封家书是他写给儿子众多书信中的一封平常家书。

1978 年是我国恢复高考的第二年，也是我国改革开放之年。毛本义鼓励儿子立志为中华民族复兴努力学习。

晓明：

由于工作较忙，近来一段时间见面机会较少，不知你的学习情况如何。前几天到学校走了一下，阅看了你期中考试的各种试卷，成绩不太好，听老师说你的学习有所退步。虽然分数多少、成绩好坏这是暂时现象，但从今年全面来看，你的学习确实有一定退步，为什么呢？要找一找原因。当然你年纪还小，可能智力还没有充分发育，但仅是一种表面现象，其实，有一定的主观原因。这次考得不好，不要灰心，胜不骄傲，败不灰心，这是两句名言。为了搞好今后的学习，提出以下几条供你参考：

1.要明确学习的伟大意义，要实现"四个现代化"，没有科学文化是不行的。为了适应"四个现代化"的需要，希望你刻苦努力学习，努力攀登科学文化高峰，不要辜负党的期望。

2.要为自己的前途着想。当然，读书做官论不对。但是，自己学到本领，国家需要，服从国家分配，将来才能更好地为党为人民服务。

3.要克服自满情绪，不懂的地方要常问，要不耻下问，有甘当小学生的精神，常跟老师、同学们接近，你要坚决克服那种不做声、爱面子的小资产阶级思想，不要怕丢脸。作业做错了，要重新做过，考过的题目，没有做对的要重新补做。一次做不对做两次，两次不对做三次，一直到弄通弄懂为止，弄通后还要问一个为什么。例如，这次物理试卷中，第二道题本来较容易，因为你对概念知识没有弄清楚，结果答错了。数学试卷中，最后一道题，你在一年级下学期学习一元一次方程时已学过这种类型的例题，也是因为你对列方程的应用题的概念知识、基础知识没有弄通。你查对一下，想一想，反复思考，做出这道题来，告诉你，此题答案是甲车单开需要24小时，乙车单开需要27小时。

4. 要把知识在脑子里消化，弄通弄懂。有些列方程的应用题可以用几种方法解，用一种方法解答后不要满足，再想一想是否可以再用其他方法解答。这次数学试卷中最后一题可以用一元一次方程解答，也可以用二元一次方程解答。总之，思路要广一点，不要死背公式，要灵活运用。

5. 对于一些几何定理，物理计算公式、定律，化学方程式、分子式、原子符号，代数有些公式，如 $(a\pm b)^2$、$(a\pm b)^3$、a^2+b^2、a^3+b^3，二元一次方程判根式 $b^2-abc>0$ 以及直角三角形正切、余切、正弦、余弦互为关系都要记牢，建议你另外用一本日记本，从小学四年级开始，将数学、物理、化学有关公式、定理、定律、化学方程式，一条一条抄下来，供平时复习之用，这是一种学习的有效方法。

6. 要加强钻研性，克服马虎了事。坚决克服随随便便的思想，简单从事要不得。做作业、参加考试时要仔细，不能马虎，计算过程要一步一步写全。这次考试中，老师在试卷中不是有批语“太简单了”吗，结果扣了分数。这封信比较长，请看下去，经常看一看，有好处。

本义

1978 年 11 月 27 日

国家税务总局淄博市税务局退休干部左文平家书

家书创作说明

家书作者： 国家税务总局淄博市税务局退休干部左文平

写作时间： 1967 年上半年

写作缘由： 1966 年，左文平参加了援越抗美战争。进入越南半年多时间，由于部队施工和战斗任务紧张，他一心想的是怎样把任务完成得更快更好，所以一直没能给家中写信，直到 1967 年上半年，才给爱人曹建云写了这封信。首先向爱人报个平安，说明未及时给家里写信的原因，向妻子表达了歉疚。分析越南战争的形势和对美帝国主义的仇恨，表达对援越抗美战争必胜的信心。左文平表示，家中有妻子的支持和鼓励，自己将舍小家、顾大家，不怕牺牲，排除万难，将革命进行到底，彻底消灭美帝国主义和一切反动派，坚决用实际行动来保卫祖国，保卫世界和平。

建云：

可把你和孩子急坏了吧！我还活着，活得好好的，在越南一切都顺利，身体很壮实，一切没有问题。你和孩子都很好吧？你辛苦了！

你知道我为什么这么长时间没给你写信吗？我们进入越南的第五天，部队家还没安置好，美国"鬼子"的飞机就来"欢迎"我们。美机连续数月全面轰炸越南北方，把城市和农村炸成了一片废墟，到处都是大弹坑，有的弹坑深十几米。因为交通被破坏，所以未能及时给你写信报平安。

万恶的美帝国主义和南越反动派不甘心失败，向北越发起进攻，我们中国入越部队和越南人民一道奋起反击，坚决用实际行动来保卫祖国、保卫世界和平。

这是我第二次和美帝国主义战斗。抗美援朝，我们中国人民志愿军胜利了，中朝人民胜利了。这次援越抗美，我们也必定会取得胜利。

我作为一名革命战士，为了人民永远不受苦，永远过上幸福美满的生活，就是要将革命进行到底，彻底消灭帝国主义和一切反动派。我们在恋爱时我曾问过你："这辈子你跟我怕不怕，不怕我上战场'光荣'了？"你说："你不会'光荣'的，你是勇敢的英雄，我不怕。"有你这样好的妻子支持，我是多么的高兴和快乐。

文平

1967年

国家税务总局泰安市税务局退休干部朱圣海家书

家书创作说明

家书作者： 国家税务总局泰安市税务局退休干部朱圣海

写作时间： 2006 年 2 月 19 日

写作缘由： 2006 年 2 月，老干部朱圣海的儿子朱涛岗位变动，由宁阳县国税局信息中心调整到人事教育科工作。面对新岗位新工作新责任，老干部朱圣海给朱涛写了这篇家书，对朱涛同志提出了十点要求。其言真切，条理清晰，对实际工作有很大的帮助。

吾儿涛：

听闻你工作岗位有了新的调整，要到人事岗位上履行新的职责，父亲为你感到高兴。人事岗位是机关工作中非常重要的部门，组织调任你是对你工作能力的肯定，更是一种莫大的信任，作为一名从税务战线上退休的老同志，在这里我有几点要求和嘱咐想要一并告诉你，你要牢记在心：

一、交好班，要交得清楚、明确，不能留下后遗症。

二、要完全脱离在信息中心时的工作状态，尽快适应新的工作岗位及工作环境。

三、从事人事工作的干部不同于其他干部，有更高的要求，所以自己要严格要求，处处以身作则，模范带头。

四、在今后的工作中要严格遵守人事工作纪律，其中包括保密纪律、组织工作纪律等，做到不该说的不说，职权范围外的经批准、考虑妥当后再去做，一切不能盲目行事，擅自主张、做事。

五、要想成为一名合格的人事工作者，当好领导的参谋和助手，在平时工作中就要做到“五勤一精一诚”，即：脑勤——就是要多动脑，养成善于思考、三思而后行的习惯；眼勤——就是要多观察；耳勤——就是多听不同人群的说法和反映；手勤——就是多动笔，提高自己的写作能力和书法水平；腿勤——就是不能懒，养成雷厉风行的作风，办事不拖拉，不论是职权范围内的、组织或领导安排的都要按时、保质保量地完成；工作精——就是人事工作要精益求精，不能马虎；心诚——就是对组织、上级、领导和同事都要诚心诚意，并虚心接受他们的批评和帮助。

六、要有意识地锻炼自己的工作能力、工作方法、领导艺术和水平。

七、为人处世要大度，有礼貌，热情心暖，有亲近感。

八、要注意养成良好的学习习惯，每天坚持写日记，每天背一句或一段警句、典故，还应看一些名著等，这些都对你的提高有益处。

九、在今后的工作中时时、处处、事事说话、办事要像个样子、有水平，做一名廉洁奉公的好干部。

十、作为一名人事工作者，最重要的就是要热爱人事工作，喜欢人事工作，只有这样，才能心往人事上想，劲往人事上使，也才能把人事工作做得好上加好。

以上十条都是为父为你履职新岗位提出的要求，更应是你以后干工作时常念于心的“紧箍咒”，杜甫有一句诗里讲道“自励不息，自律不已”，希望你能每日三省吾身，不断进步，勇攀高峰，在事业上取得更大进步，为宁阳税收事业发展贡献力量。

父亲朱圣海

2006年2月19日

国家税务总局鹤壁市税务局退休干部陈勇家书

家书创作说明

家书作者： 国家税务总局鹤壁市税务局退休干部陈勇

写作时间： 2019 年 11 月 10 日

写作缘由： 家书是陈勇在“不忘初心、牢记使命”主题教育开展期间写给女儿的，教育女儿常怀感恩、忠孝为先，本分做事、本色做人，敬畏法律、慎微慎行。

雪儿：

转眼之间，你已嫁人，我也快做外婆了，我们平时聊天的话题也大多围绕着小孩子，趁着“不忘初心、牢记使命”主题教育活动，妈妈在这里也给你写一封信，这封信既是完成“政治”任务，更是说给你的心里话，也是写给我自己的。

记得你读书时学习到于谦的《石灰吟》，你说你喜欢于谦磊落的襟怀和崇高的人格，身上的正气和傲气，这不正是廉洁的写照吗？你我作为普通的基层党员，要像石灰石一样，经得起千锤百炼，烈火焚烧，纵使粉身碎骨，也要留清白在人间。

从小到大，你都让我比较省心，老妈也很骄傲。今后，不论你做什么，只要你认为正确的、你喜欢的，老妈永远支持你，但为了你的一生平安，老妈还是要跟你念叨。

一是常怀感恩，忠孝为先。你是党员，爱党爱国不是随便说说的口号，不是随笔记下的涂鸦，而是我们内心共同的信仰和前行的动力。常怀感恩之心、常念忠孝之义，是一个合格共产党员最基本也是最核心的要求。

二是本分做事，本色做人。如果把社会比作一艘巨轮，那我们都是这艘巨轮上的一块小甲板，只有每一块小甲板都齐心敬业站岗，真诚友善待人，社会这艘巨轮才能平稳地驶向远方。

三是敬畏法律，慎微慎行。法律是“红线”，是底线，是永远不可碰触的“高压线”。你我是公民，要敬畏法律，要让法律成为一种信仰，要在慎微、慎独、慎初、慎行中时刻提醒自己，勿以恶小而为之，勿以善小而不为。

今天就先写到这里吧，有些零碎，却为肺腑，望你谨记、切行。

最后再叮嘱你照顾好身体，愿我们家小天使早日来到这祥和社会。

妈妈

2019年11月10日

国家税务总局焦作市税务局退休干部翟俊喜家书

家书创作说明

家书作者：国家税务总局焦作市税务局退休干部翟俊喜

写作时间：2022 年 3 月 27 日

写作缘由：2022 年 3 月 18 日，修武疫情突发，进行封闭式管理，家住焦作、当日正常上班的翟军英滞留修武，在保证正常工作的同时，参与到单位分包责任社区的疫情防控工作之中。虽然他每天通过电话和手机视频向家里报平安，但老父亲依然对儿子十分牵挂。在封城第十天，翟俊喜在县局发布的特殊主题党日的宣传中看到儿子在执勤点的照片，心有感慨，写成此信。

吾儿军英：

今天是修武疫情防控封闭式管理的第十天，也是你和玉花不在家的第十天。你们还好吗？我们全家都在挂念你们。我们守着手机，刷着新闻，时刻关注着修武的状况，只要当天没有新增的病例，就是全家人最欣慰的。

你值守在疫情防控卡点，战斗在抗“疫”最前线，你是我们家的英雄，我们家的骄傲！

今天看了县局发布的“云上”党日美篇，在里面看到了你在卡点执勤的影像。吾儿今年五十有四，在如此艰险的情况下依然轻松淡定，看得出你是一位有着应对急难险重任务战斗经历的“老兵”，有着良好的心理素质，坚守着作为共产党员全心全意为人民服务的初心和使命，父亲为你骄傲！

军英，希望你在前线守护好人民群众安全，家中的事情不要挂念，我们会安排好。我相信，有党的正确领导，有日渐完善的防控措施，有人民群众的万众一心、众志成城，一定会早日打赢这场没有硝烟的战争。我们等着你们早日凯旋！你要好好地保护自己，切记！切记！

万望保重！

父亲

2022年3月27日

国家税务总局十堰市税务局退休干部王家英家书

家书创作说明

家书作者： 国家税务总局十堰市税务局退休干部王家英

写作时间： 2002 年 12 月 21 日

写作缘由： 2002 年 12 月 21 日，在得知女儿加入了中国共产党后，王家英非常欣慰和激动，当晚便提笔写下了此封家书。信中，她通过回忆个人的工作经历和心得，以一个老党员的身份引导新党员，以一个妈妈的关爱教导晚辈，要求女儿入党后要加强学习启发他人，用实际行动感染他人，用吃亏在前带动他人，廉洁自律做个明白之人。一封情真意切的家书，无不体现出一个老党员、一个母亲对后代的关爱和教诲，为后代指明了前进努力的方向。

亲爱的姑娘：

首先祝贺你入党，这让我感到很高兴；其次想写封信给你，提几点建议，或叫要求吧，望你走好今后的路，为单位做点事，为家里争点光彩。

我是1966年参加工作的，1969年入党，有幸见证了中国共产党领导全体人民艰苦奋斗、从站起来到强起来、从苦难走向幸福的过程。回望风雨坎坷，我发自内心感恩伟大的中国共产党。我在党的帮扶下成长，在党的光辉下成人，是党的思想伟力引领我坚定理想信念，牢记使命，践行党的宗旨，汲取智慧力量，是党督促我成为一名用实际行动履职尽责，勤勤恳恳为人民工作的党员。

为此，给你提几条建议，希望你做到：

一、是党员就得加强自身学习启发人

在我刚加入党组织的时候，我所在的支部书记叫王新言，他总是能在工作和生活的细节上体恤每个人的思想情绪，通过各种办法来启发我们。他常常组织我们学习马克思列宁主义、毛泽东思想，学习党的历史，特别是长征历程，学习雷锋为人民服务的精神……我入党时还是以阶级斗争为纲的年代。白天，我们与生产队社员同劳动，只有晚上才能围坐在一起，就着点豆大的灯光学习报纸和党中央文件。王书记引导我们要讲政治、有信念、有信仰，要坚定共产主义理想信念，自觉在思想上政治上行动上同党中央保持高度一致，要向党中央看齐，拥护党的领导，坚决贯彻执行党的路线方针政策……这些思想就像绵绵春雨，无声地浸润着我的心灵，对我后来的工作和生活都有着极大的帮助。

二、是党员就要用行动感染人

我们党来自于人民，服务于人民，与人民群众想在一起、干在一起，密切联系群众，为中国人民谋幸福，是每一名党员的初心使命。

记得那是70年代，全国各地都在大搞农田水利基本建设，我当时在郧西县土门区永福片上工作，白天在山上工地现场，组织社员群众改梯田、筑小型水库、建灌溉渠，吃住在片上，与群众同进同出，一起吃着无油的菜汤饭，虽然条件艰苦，常常吃不饱，但一点也不影响我带领群众干活儿的热情和积极性。山上工地现场插着的红旗迎风招展，高音广播里对现场先进人物当场表扬，我们和群众一起肩挑背扛，装土推车，垒石砌墙，数千名干部群众心无旁骛地投身这场大会战。时至今日，过去修的水库、水渠还灌溉着村庄农田，整齐壮观的梯田解决了几代人吃不饱饭的基本问题。

三、是党员就要做吃亏在前带头人

1975年的5月，我们土门片上的党支部开了一次一分半钟的紧急党支部会。这次特殊的会议，让我至今难忘。当时是三四天的连续降雨，到第5天晚上突然电闪雷鸣，紧接着瓢泼大雨从天而降。王新言书记一看情况不对，立马召集我们党员开会：情况不好了，今晚可能暴发洪水，危及社员群众生命财产安全，我们几名党员必须马上到各自联系点的生产队。危险就是命令，我当即抓了把油布雨伞，拿上手电筒就冲进了雨中。道路泥泞，我摔倒了又爬起来。途中越过小河，平时看着不宽的小河，水位随着暴雨侵袭急涨，我两次被河水冲走，又两次拼力爬起来。好不容易找到生产队长，和他挨家挨户地敲门通知低洼处的群众转移到高处避险。我们拿麻袋装土，用一夜的时间垒起1米多高的麻袋墙，终于保住了生产队集体粮食仓库。当晚洪水冲走了低处几户人家的土房，但无人员伤亡，粮食仓库也安然无恙。回想起来，当时的我浑身湿透，站在粮仓前，水顺着裤管直往下淌，好不狼狈。可就算这样，如果再来一次，我也会毫不犹豫地冲在最前面，把危险留给自己，保证人民群众的生命财产安全。

四、是党员就要廉洁自律做明白人

党纪就是铁律，我一直坚信：一个人入了党就要听党话，只能给党添光彩，不能给党抹黑。1986年，组织上任命你爸爸为郧西县人民政府县长，是组织照顾，把我从乡下土门调进县城工作，你爸爸走上领导岗位，我们俩默契地立下规矩：全家不得占公家便宜，更不得以权谋私，这是党纪，也是家规。

记得有一次，家里的液化气罐管子老化，我下班回家做饭，点火前未察觉出问题，漏气导致自己被火烧伤。在我去县医院包扎的时候，县行管局的同志帮我换了液化气罐，安装好了新管子，我回家后非常感谢，便付钱给他，行管局的同志说算了，行管局报销。我当时很认真地对他说："万分感谢你帮我换了新的，但钱一定是我个人支付。"那位同志看我态度坚决，也就把钱收下了。你爸听说后，直说我做得对，无论何时都不能占公家便宜，否则，别人会看不起咱们，更看不起党员这个身份。

不拿群众一针一线，这是毛主席对部队的要求；清正廉洁、正派、爱民，这是我入党后第一任党支部书记王新言对我的影响，也是半个多世纪党组织对我的教育结果。无论在何时何处都要自律，特别是要做清正廉洁的表率，做到敬党章、敬党纪。警钟长鸣、不失方向、不丢原则、修养自我，才能得到别人的尊重，树起一个党员的光辉形象。要永葆忠于党、忠于人民、忠于国家、忠于党纪的政治本色！为人民、为单位做点事。

请共勉！祝你进步！

妈妈

2002年12月21日晚

国家税务总局黄冈市税务局退休干部方向定家书

家书创作说明

家书作者：国家税务总局黄冈市税务局退休干部方向定的父亲方克俊

写作时间：1982 年 7 月 6 日

写作缘由：方克俊同志 1928 年 8 月出生，1949 年 8 月参加工作，1956 年加入中国共产党，担任了 43 年的基层税务所所长，1993 年 9 月从英山县税务局光荣离休，2006 年因病去世。他一直严以律己，对子女的要求也十分严格，希望子女能凭借自己的努力，通过考试成为一名税务人。1982 年，本已是教师的三儿子方向定经历三次考试终于考上了黄冈财贸学校，成为了一名税务人。方克俊十分欣慰，提笔向儿子写下了这封家书。他以自身 30 余年的税务经历教导儿子，在学习中要勤学苦读、扎实实践。一封苦心孤诣的家书，饱含着一位老党员、老父亲对后代的关切和期盼，以身作则为后代指明了奋斗的方向。

十年树木，百年树人。好的家风能让子孙后代在潜移默化中受到熏陶，从而将方克俊艰苦奋斗、勤奋好学的优良品质传承下去。儿子方向定在好家风的影响下，成为了一名坚守基层的优秀税务工作者，得到了组织和纳税人的一致认可。

向定：

当我写这封信给你的时候，你已经在黄冈财贸学校学习月余了。为什么要拖一个多月，爸爸才给你写信呢？这中间有三层意思：

第一，由衷地祝贺你。你通过自身的努力，坚持了两到三年的自学，终于考取了国家公务员，并获得进入黄冈财贸学校短训税收专业知识的学习机会，真是一件值得全家人高兴的事情，爸爸为你感到骄傲。

第二，笨鸟要先飞。据了解，你这次在财贸学校短训，主要学习《国家税收》《会计原理》《工业会计》《社会主义财政》四门课程。以我从事税收工作30余年的经历来说，这些基础理论对一个即将跨入税务大门的小青年来说尤为重要。你要把握好这次学习机会，搬掉一切学习路上的绊脚石，聚精会神地听讲，一丝不苟地学习，毫不马虎地作业，“走路不怕慢，就怕沿路站”，学习是个苦差事，来不得半点虚假和囫囵吞枣。昔有“头悬梁，锥刺股”的故事，今有雷锋的“钉子”精神，学习没有难，就怕你不钻。我深信，向定你是个积极进取的孩子，面对学习上的困难是有办法克服的，更会有信心战胜的。爸爸相信你，我的好孩子。

第三，实践要扎实。千锤打锣，一锤定音。学习是为了实践，是为了更好地做好革命工作。对于《会计原理》中的自制凭证、记账、出报表等，都要跟老师一起跟到位，学到手；对于《工业会计》中的核算、分摊、结转等事项，要熟记于心，更要勤于实践；对于《国家税收》中的税种税率、税收征免、税收管理，要多向税务专管员学习，学习他们“一人进户，各税统管”。这样当你走上税务岗位后，能独当一面，会管理工商各税，会结算工商各税。至于财政、珠算方面知识也应争取多学点，免得“书到用时方恨少”，免得“平常不努力，用时抱佛脚”。

今天写了这么多，目的只一个：珍惜时光，为税而学。希望你能理解爸爸的用意。顺祝

学习进步！

爸爸

1982年7月6日

国家税务总局桂阳县税务局退休干部谢清桂家书

家书创作说明

家书作者：国家税务总局桂阳县税务局退休干部谢清桂

写作时间：2022 年 2 月 1 日

写作缘由：所谓爷孙一场，只不过意味着，你和他的缘分就是今生今世不断地在目送他的背影渐行渐远。纸短情长，信笺中既饱含对小孙子成长片段的深情回忆，也蘸满对晚辈成才成龙的殷切希望。

亲爱的小辉腾：

想不到在现代社会网络时代，在爷爷退休几年后，还能像我们那个年代以书信的方式与你交流。虽然你识字较多，但很多语言和道理可能还不能完全理解，爷爷希望你健康快乐成长，待你长大成熟后慢慢体会爷爷的良苦用心。

时间过得真快。不仅爷爷从风华正茂、穿着税务制服的帅气小伙步入退休老人的行列，你也从咿呀学语的婴儿转眼间成为读小学三年级的少先队员了。

你一出生，就给我们这个幸福的家庭带来了无尽的欢乐。也许是传说中的缘分，你注定与我们谢家有缘，上天把你这个聪明健康的男子汉“降临”到我们家。虽然爷爷是名老共产党员，由于受时代烙印的影响，重男轻女的思想多少还是有那么一丁点儿，从你妈妈怀上你时，多次催促你爸爸带上你妈妈去医院做B超检查确认性别，这点现在想起来都觉得幼稚和可笑。

在不知不觉中你就慢慢长大了。说几件让爷爷发自内心爱你的事。

记得你2岁多的时候，你爸爸所在单位社区组织全体适龄儿童打预防针，爸爸妈妈工作抽不开身，是爷爷抱你去社区卫生室的。起初，爷爷最担心你承受不了打针的疼痛，或被其他小孩的痛哭“感染”。可到了卫生室，当护士小阿姨卷起你的衣袖，把长长的针头插入你的手臂时，你紧咬小嘴巴，没哭出声，护士小阿姨和周围人都连声夸你是个小男子汉。这为你今后坚强的性格打下了坚实的基础。“古之立大志者，不惟有超世之才，亦必有坚韧不拔之志。”俗话说：不经历风雨，哪能见到彩虹。是的，在你今后成长的漫漫人生道路上，一定会遇到类似预防针“针头”的痛苦和困难，相信你都能忍受和克服，直至到达成功的彼岸。爷爷希望你一直保持这种不惧苦难的坚强意志。正因为你幼小的心灵里有了这种品格，后来你上小学都是自己独自去学校，和同学一起回家，没要爷爷奶奶去接送，这点让我十分欣慰。

你4岁多个子还没有餐桌高的时候，其他同龄小孩大多还依赖长辈喂食，你却能独自拿个小碗，自己吃东西，并且吃得干干净净，从不浪费，这点真棒！爷爷要为你点赞。

你6岁，上小学了。最让爷爷高兴的是你有浓厚的学习兴趣和良好的学习习惯。不论是爸爸妈妈还是爷爷奶奶买的书或是电子画册，你都表现出极高的学习热情，经常边翻边读，还不时用稚嫩的声音问这问那。每天放学回家，都是完成作业后再玩。爷爷记得你一年级就能背许多古诗词和进行简单的数学计算，好家伙，其实你的领悟能力真是不错的！

城南完小是桂阳的名校。每次大小考试你几乎都能在班上排前几名，说真的，你的沉稳让我很放心。你爷爷并不是天资超人的，不好意思你也不是，不过我们一起达成了共识，咱就是一个卒子，不能跑不能飞，我们就一步步地往前拱，只要每天拱，就一定能拱到想去的地方。

现在，你又喜欢户外，这点与爷爷一样。生命在于运动嘛，健康的体魄是一切工作学习的基础。

说了这么多，爷爷给你今后成长提一些建议吧。

很抱歉小辉腾，你没有一个大富大贵的爹，虽然他依然在努力。你的人生只能靠你自己，靠你的努力和勤奋，靠你的付出和拼搏，甚至靠你的汗水和泪水。在你一路前行的过程中，我会陪你，我会关心你，我会帮助你，甚至为你我会舍弃一切，但是，孩子我无法替代你。

学习改变命运。爷爷的经历虽然不能说改变命运，但的确是学习造就了你爸爸的今天，所以这句话依然适合你。不要迷信那些学习不重要的流言，更不要相信能力比学历更重要的谎言。一个人如果连学习能力都没有，其他的能力我想也是没有的。所以即使学习再苦再累你也必须要坚持，必须把它当成吃饭睡觉一样，必不可少。学习是一道门，打开它，你的眼睛将会看到不同的东西，你的视野将会不同，你的格局将会不同，而格局恰恰决定了结局。

努力是一切。人和人的智力其实都差不多，唯一的区别就是努力的程度。努力是什么？努力就是先做应该做的事，再做喜欢做的事；努力就是把复杂的事情简单做，把简单的事情重复做；努力就是发挥自己的潜力；努力就是没有实现自己的目标决不罢休；努力就是先让自己吃苦，再让自己享福！我知道，这些连你爷爷、你爸爸都不一定能完全做到，现在建议给你，似乎是残酷了点儿。

吃苦是必须的，没有吃苦何来享福？在你学习任何一个学科时，都要发狠心、用狠力，不惜体力和脑力。如果你比别人聪明，那是父母给的；如果你比别人努力，那是自己的。一个单词一遍记不住就来两遍，一篇作文没写好就重新再写，一道数学题没做对就重新再做……不要怕麻烦，不要怕辛苦，不要觉得别人没做我也可以不做，因为别人的人生终究不是你的，而你的人生最终还是你的。如果努力了进步了，就是“今天含泪播种，明天欢呼收获”；如果努力了并没有进步，你也可以大声地告诉自己“人生无愧”。有多少人可以挺直了腰板说这句话呢？小辉腾记住，你为自己而活。

小辉腾，你在慢慢长大，我无法再给你提要求了。无论是目标还是方向，我都只能给你建议，爷爷的经历和阅历只能供你参考。有的人无法自我管理，所以最终只能被别人管理；有的人不能自制，所以最终只能让别人控制；有的人不想努力，但以后会有人逼着他更努力。其实人生就是一杯苦酒，一咬牙一仰脖子一口气喝完了，以后就不用多喝了；如果怕苦，一小口一小口地喝，那这辈子就慢慢喝吧。路遥说过，人生虽然漫长，但关键的就那么几步，特别是人年轻的时候。小辉腾，爷爷今天要郑重地告诉你，不论小学初中高中，希望你能吃苦，请相信年轻的时候吃点苦是一辈子的财富。不能苦一阵子的人，或许就要苦一辈子。

啰嗦了很多，希望你别烦。

看着你一天天长大，我明白爱就是分离。过去你会紧紧抓住我的手指头，握住我的手，抱着我的腰……因为我是你的依靠；现在，你和我并肩而行，相视而笑，偶尔会拍拍巴掌、贴个脸……对我来说已是一种奢侈；以后，你会对我挥手，怀着你的理想去飞，而你的背影，就像《目送》里写的那样：不必追。我的手，从你的温度慢慢地变成了对你的记忆。

小辉腾，伴随你成长的，不再只有爱了。你会发现：爷爷曾经俊朗的脸庞会爬出沟沟坎坎，爷爷飘逸的头发里已经钻出银丝，爷爷的体力会慢慢地衰减，爷爷已经无法再陪你打篮球了，爷爷的反应速度已严重下降……我们永远不会平面交叉，我们是永远无解的追击问题，你的成长，就是我慢慢的老去。别伤感，这就是生活。

只有那一抹眼神，无论是清澈的，还是慢慢浑浊的，依然包含着爱，亘古不变；只有那一声问候，无论是嘹亮的，还是嘶哑的，依然包含着爱，天长地久。

永远爱你的爷爷

2022年2月1日

国家税务总局怀化市税务局退休干部张磊家书

家书创作说明

家书作者：国家税务总局怀化市税务局退休干部张磊

写作时间：2022 年 6 月

写作缘由：为政不廉，利剑高悬。这一封家书，是税务干部写给从税儿子的廉政家书。书信中向儿子讲述了勤俭持家、廉洁从政的家风税风，字里行间饱含对儿子的真挚情感，承载着对孩子未来的殷切期盼，盼他珍惜生活、清廉自守、慎始慎终。

亲爱的儿子：

昨天你醉酒回来，爸爸忽然有很多话想跟你说。这些年我们在一起能坐下来聊天的时间也少，爸爸的身体每况愈下，所以想到用写信的方式给你传达爸爸的意思。

这是爸爸 20 多年后第二次给你写信，记得第一次还是在你读大学期间。时光悄然而逝，现在爸爸已经80多岁了，身体已经一天不如一天，这几年都是你和妈妈在身边照顾。爸爸知道你们辛苦，也能理解你的孝心。

你现在在税务机关单位工作，爸爸也是从这个单位光荣退休下来的。爸爸有30多年的工作经验和阅历，深知工作中将会遇到的诱惑和风险，还有人情冷暖。因此，爸爸想告诫你一些人生中非常值得注意的东西。

爸爸60年代参加工作，经历过新中国成立初期的艰辛和十年“文化大革命”。从改革开放到现在，从我和你妈妈结婚时的一无所有，到现在把你们兄弟俩养育成人，我们一家四口组成了这个幸福的小家。这一切都是爸爸和妈妈辛辛苦苦努力工作获取来的，我们非常珍惜这个幸福完整的家，每年都会因为给这个家亲手添加一些新的家具、日用品而感到幸福满足。

一直以来，我对你和弟弟在教育问题上都是谨遵严父教子的古训，因为我知道，淳朴善良的性格必须从小培养，坚韧不拔的意志更要从小磨炼。

勤俭持家是我们这代人的光荣传统，靠自己勤劳的双手赚取来的东西用起来才安心，靠自己辛勤劳动种出来的食物吃起来才放心。虽然现在我们的日子好了，但爸爸希望你忆苦思甜，不要遗忘美好的品德，把它传承下去，传承给你的儿子、孙子。

当年我和你妈妈结婚时，唯一的家产只有一只碗。那时我们住在单位安排的公有宿舍，也不用考虑买房的事情。我刚上班第一个月的工资才二十几块钱，家里的一切都是慢慢置办起来的。后来有了你和弟弟，我们也一直住在单位安排的宿舍，你很快长成少年了，应该记得清楚。到1997年开始福利分房，我们才终于有了属于自己的小家。你妈妈非常爱惜，天天用刷子清洗地板瓷砖，结果将瓷砖的缝隙越刷越深。

记得在你很小的时候，由于爸爸工作调动，我们经常搬家，直到住进自己的新家之前，我们一共搬了5次家。记得1990年在太常居住时沅水上涨，往年涨大水最多也才淹没到单位的地基前，可那年水位却持续上涨，妈妈正在厨房做饭，河水越涨越高，当河水进入屋里时我们才急忙将家里的东西往房顶上搬运。

那年的水将房屋淹没了大半，你和弟弟站在山坡上看着被淹没了一半的房子都在发愁。屋顶上还放着锅碗，锅里有妈妈做的你们最喜欢吃的“鸡嘎嘎”。你看着家里养殖的鸡有的淹死了，有的飞到了屋顶躲避洪水。那年你也才12岁，穿着裤衩子义无反顾地跳进洪水里去救鸡。

你安全地将一只只鸡救回岸边，又游回屋顶去看那锅让你和弟弟心心念念的鸡肉。你游回来时又将锅子一起安全搬了回来，嘴上还有亮晶晶的油渍。回头你还跟我们说，鸡肉有点硬。爸爸好佩服你的勇气，你和弟弟都是爸爸妈妈的骄傲。

洪水之后，我们家那些年置办的家具被洪水泡得全都发霉开裂，但我们依旧舍不得扔掉，继续使用了很多年，直到现在我们家还有40年前的家具。你老是说，这些东西与我们的新家不搭，但这些老家具都带着当年的印迹，承载着爸爸妈妈几十年的回忆。

爸爸在2000年退休，离开了自己热爱的工作岗位。但爸爸依然在学习党的理论知识。爸爸深知思想认识必须从好的家风开始，随着国家的发展，人民脱贫致富，美好的生活必然带来更多的诱惑，清正廉洁的政治素养更需要进一步提升。

爸爸在以前的工作岗位上从来不接受纳税人的宴请，逢年过节外人递来的红包，爸爸从来都是拒收。虽然家里那时生活拮据，爸爸要养活一家四口，可从来不贪那些不义之财。看似那小小的一笔钱财能给你们买来喜欢吃的糖果，喜欢穿的新衣，更能给家里添置一些新的家具。但爸爸知道收人钱财为人办事的道理，而且这些事情都是违背国家法律的，爸爸不能因为自己的私心毁了我们共同建立起来的美好家庭，更不能触犯法律。要保持廉洁作风，时刻警醒自己，再穷也不能伸手去拿不属于自己的东西，家里虽然不宽裕，但也要活得光明磊落，心中坦荡。爸爸从事税务工作多年，亲眼见过太多因为贪婪而身陷囹圄、断送前途、毁掉人生的真实事件。希望你也要引以为鉴，时刻不忘初心，一定要坚守住廉洁底线。

家是最小国，国是千万家。最后爸爸送你几句话：不义之财不取，不法之物不拿，不净之地不去，不正之友不交。堂堂正正做人，干干净净做事。廉洁方能聚人，律己方能服人，身正方能带人，无私方能感人。

父亲

2022年6月

国家税务总局汕头市税务局退休干部杨超明家书

家书创作说明

家书作者： 国家税务总局汕头市税务局退休干部杨超明的父亲

写作时间： 1968 年 12 月 23 日

写作缘由： 父亲杨伟华在杨超明 1968 年 12 月 8 日入伍后给他写的第一封家书，杨超明当时非常激动，一直珍藏至今。

明儿：

接读来信，看到你的决心，觉得非常高兴。在这新的形势下，你能光荣地参加人民解放军，奔赴保卫祖国的第一线，使我感到最大的安慰。

部队是革命的大熔炉，是毛泽东思想的大学校，现在你已经踏上了革命的征途，路是走对了，相信你在今后一定能健康地成长起来，前途光芒万丈。但在新的环境中你一开始可能会感到不那么习惯，另外，部队的学习和训练抓得比较紧，希望你尽快地适应下来，要遵照毛主席教导：“下定决心，不怕牺牲，排除万难，去争取胜利。”在任何艰苦的环境和工作中都要经受得住党对自己的严峻考验，更要认识到艰苦困难的生活是锻炼自己的最好机会。在工作、生活中遇到困难或受到挫折，要有革命的乐观主义，千万不能让自己意志消沉下来，就是天塌下来也要振作起革命的精神，具有蓬勃的革命朝气，对工作要热情、主动，不能走歪门。另外，希望你对首长对同志都要有深厚的革命感情，有了矛盾要善于处理，不要背后议论，更不要发牢骚、说怪话。以上意见，只因你是初出茅庐，提起你注意就是了。再者家里的事不用你考虑，一切个人的事都要少去想它，只是要好好安心工作并保重身体。

祝

进步！

愚父

1968年12月23日

国家税务总局佛山市税务局退休干部陈坚雄家书

家书创作说明

家书作者： 国家税务总局佛山市税务局退休干部陈坚雄

写作时间： 2004 年 4 月 23 日

写作缘由： 陈坚雄的女儿当时在国外读高中，学习成绩名列前茅，父亲教导女儿要虚心，不要自满。同时，提醒女儿对未来大学、未来人生的目标制定得要切合实际，制定的目标经过努力是可以达到的，学习要张弛有道，及时调整目标，合理释放压力。

亲爱的女儿：

你好！来信已收阅，得知近况一切安好，父母甚为安慰。

来信告诉，你在新加坡学习一直都比较努力，学习成绩也总能排在班级的前列，父亲特别为你感到高兴，但父亲也啰嗦地给你提醒一句，就是虚心使人进步，骄傲使人落后。在学习上千万不能有一点骄傲自满的思想，特别是取得好的学习成绩，得到老师的表扬和同学们赞许的时候，更要学会提醒自己千万不能自满。俗话说“天外有天、人外有人”，就是告诫人们不要沾沾自满，总是还有人比自己更优秀，这样才能使自己有追赶别人的动力。记得父亲每次给你回信时总会提醒这一点，不是给你泼冷水，相信你也不会这样理解，父亲是想用这样一种冷静的方式给你鼓励，希望你不断地去争取更好的学习成绩。尤其目前是你在新加坡学习的最后一个学期，即将要跨进大学的门槛，在这个关键时期，一定要保持这种清醒。

你来信还谈到自己大学的目标是世界一流的大学。有目标就会有奋斗的动力，没有目标就会失去动力。但目标的制定必须要切合实际，经过努力是可以达成的，不切实际的目标会带来巨大的压力，容易让人失去动力。但父亲相信你的目标是切合自身的学习状况的，只要继续努力是可以达成的，因此，我们是支持的。但父亲也提醒你不要压力太大，当经过努力离目标还有一点差距时，要及时作出对目标的调整，懂得释放压力。总之，学习要有张有弛，张弛有道，做到学习好、身体好。

近来家里一切安好，你不用挂念。

顺祝

安康！

父亲　字上

2004年4月23日

国家税务总局韶关市税务局退休干部潘仙桃家书

家书创作说明

家书作者：国家税务总局韶关市税务局退休干部潘仙桃

写作时间：2020 年 9 月 8 日

写作缘由：潘仙桃的女儿当时为新丰县人民法院书记员。在信中潘仙桃以自身的工作感悟教育女儿，要遵守党纪国法，严格遵守法律法规，严格规范个人言行，在工作岗位上知敬畏、守底线，要用廉洁思想武装自己的头脑、用廉洁制度约束自己的行为。信中充分体现了退休干部在关心下一代成长、传承好家风、弘扬美德等方面的正能量。

亲爱的女儿：

你好！想起这么多年也没给你写过信，现在科技都发达了，平日里都是通过电话互动，基本上都没再提笔写信交流了。我刚在电视上看了一部反腐警示片，想在这儿和你说说心里话。

作为一名共产党员，我一直坚持清清白白做人、干干净净做事，也一直是这样教育你。在这个社会飞速发展的时代，你要努力做到洁身自好，不追逐物欲，敬业爱岗，高度自尊、自重，自强不息，严于律己，分清是非善恶，在社会这个大染缸中保持廉洁自律，不断加强人生观、世界观和价值观的学习和修养，自我约束，自我调控，及时矫正和调整行为中的失误，抵制不良作风和腐朽思想的侵蚀。

你在法院上班，思想上万万不能放松，面对有些事情存在“事情小”“这没什么”“帮个忙应该没问题”的思想，但是殊不知就是这样的“没问题”的思想才会麻痹自己，才会使自己在这样那样的事情中迷失，错误也就会在这个时候悄悄追上自己。是啊，从我们已经熟悉或者不熟悉的一例例警示案件分析来看，一个个腐败分子，他们都有一个共同的特点，就是为了个人私利，违法违纪，铤而走险，到头来身败名裂，受到法律的严惩。这些案例，往往最能给人以警醒和启迪。这让我们更加深刻地思考这个问题，真正能从灵魂深处理解廉洁的重要性。我们要时常告诫自己，要用廉洁思想武装自己的头脑、用廉洁制度约束自己的行为。

孩子，单位和社会赋予你一定的职权，就意味着赋予了你一份对单位和社会的责任，是对你的工作能力和正直人品的无比信任。因此，你要时刻谨记廉洁自律，始终保持一身正气！除此之外，你对家庭也有一份责任，因此要常常告诫自己，要常算清廉这笔账，明白得失轻重，不至于迷失自我；要常念孩子和老人，为自己铺就一条廉洁从业之路，让家人放心，让领导放心。一个人无论职位高低、权势大小，只要在本职岗位中尽心尽责，也就没有枉过一生！

祝你工作顺利，家庭幸福！

妈妈

2020年9月8日

国家税务总局重庆市黔江区税务局退休干部罗登武家书

家书创作说明

家书作者： 国家税务总局重庆市黔江区税务局退休干部罗登武

写作时间： 2014 年

写作缘由： 退休干部罗登武认识到，面对子女，父母不仅要养其身，还要养其心（道德观、价值观），为其身体和心灵的茁壮成长保驾护航。

罗登武在家书中谆谆教诲，不厌其烦，原因有二：一是现在的年轻人生在新社会，长在红旗下，生活在新时代，从小读书，未曾像先辈一样吃苦受累。时代在进步，人们的思想也在不断地改变，当今社会一些是非乱象令人迷茫，年轻人敏锐性、辨别力有限。因此，要警醒其讲政治、讲正气，在学会做人的基础上用心做事。二是工作来之不易，要感恩税务部门政策的好机遇，好好珍惜。作为父母，难免怕其有了工作就沾沾自喜，碌碌无为。因此，告诫其作为新时代的税务人要坚定“为国聚财、为民收税”的光荣使命，要勤思好学、敢于担当、勇于奋斗，努力做新时代倾力履职尽责的最美税务工作者。

儿子：

今天是你奔赴工作岗位的大喜日子，也是你真正意义上步入社会、迎接新的人生挑战的日子，足以让我们为你骄傲，说明父母23年来的心血没白费，作为父母为之高兴。

儿子，你从小就是一个比较懂事的孩子，记忆中，一次妈妈病倒在床上，爸爸又在乡政府上班，那个年代无通信工具，仅四岁的你一人走了五公里远的崎岖山路去村卫生室为妈妈拣药，在家里还不时搭着板凳炒饭。我回家听后直摇头，心里很难受，不禁泪流满面，至今想来惭愧不已。一次你在幼儿园上学未回家，晚上和爸住在政府宿舍楼，睡到半夜三更时，一村里发生山林火灾，政府人员全体出动灭火，把你抱去和老同事一块睡，你却不吭不闹。这些都说明你从小就很乖巧听话。

儿子，我们是土生土长的农村人，骨子里始终流淌着农民的血，肚子里吃的是红苕和玉米，农民特有的不怕苦、不怕累的精神都体现在了我们身上。特别是两年的部队培育和锻炼经历，更加磨炼了你的意志，强健了体魄，坚定了政治立场，我们都感到参军不虚此行。你从小到大一路走来，父母作为见证人，为你留下了一个个坚实足迹而欣慰。

儿子，天下没有一个父母不疼爱自己的子女，没有一个父母不望子成龙、成凤，23年里父子虽然朝夕相伴，但真正坐下来促膝谈心不多。作为父母，我们一点儿也不担心你未来的成长与进步，因你天生就有农民儿子特有的和部队磨炼出的不怕苦累的坚强意志，与生俱来的不甘落后的进取精神。但人生无常，社会复杂，作为走过几十年风雨历程的我，没有经验也有教训，现将父母平时唠叨梳理成条，觉得有必要在此提醒你几句并与你共勉。

一是正确处理好家庭与工作的关系，家庭永远是最温暖的港湾。首先你无须过多考虑家庭的事务，不要让家庭事务束缚了你的手脚，要把更多的时间放在工作上。俗话说，家是最小国，国是千万家。你应该对国家充满热血和忠诚，相信父母会尽力撑起这个家，创造宽松的家庭环境来支持你的工作，不贻误你的事业。其次要孝敬父母，尊重长辈，和睦弟兄，团结邻里，当好模范兄长，尽到“尊老爱幼，男女平等，夫妻和睦，勤俭持家”的家庭责任及社会责任，做一个对家庭负责，对社会有用的人。

二是提高政治站位，做一个新时代的税务好青年。要坚持共产党的领导，热爱自己的祖国，讲政治，坚定理想信念，增强政治意识，从思想上和行动上与党中央保持高度一致，听党话，跟党走。要做遵纪守法的模范，遵章守纪，廉洁奉公，履职尽责。要德才兼备，以德为先，积极争取进步，向组织靠拢，为社会作出贡献。

三是珍惜工作机会，做一名爱岗敬业的好员工。首先你要感谢党，感谢税务部门为参军人员提供工作安置的这个机会，好好珍惜来之不易的工作，要更加努力，走好人生的每一步。其次要重视知识的积累。学习可以增长才干，学到的更多知识，就是你拥有的武器。学习好似龟兔赛跑，不怕慢，就怕站，人可以白手起家，但不可以手无寸铁，应虚心向同事请教，不断提升真本领。

四是正确对待得与失。刚刚入职时新鲜感很浓，随之而来的可能是工作的压力、人际关系的处理等事情的困扰，也有很多东西你并不了解，需要你去探寻，需要在工作中自己慢慢体会、感悟。工作上忙一点，多干一点，这不是吃亏，当你摆正心态后就能发现这是一次很好的锻炼。任务多且重时，要做到忙而不乱，即便出了错也不要灰心，认真反思，努力改正，就当是“吃一堑，长一智”。

五是正确处理好人际关系。要严以律己，宽以待人，与同事精诚团结，合作共赢，面对工作压力和人际关系时要合理调整心态。有时领导的做法可能让你费解，甚至让你生气，这时你要静下心来思考，多去检讨自己有哪些偏差。因为领导是从工作整体来考虑问题的，理解了要执行，不理解要在执行中去理解，这是一名公职人员应具备的基本素养，要诚实面对，不能有丝毫懈怠，不要给领导和同事留下你偷懒、不服管或能力不够的印象。但也不能做一个糊涂盲从的员工，遇到疑问还是要多向领导和同事请教，多与领导和同事沟通，态度要谦逊，同时要注意方式方法。

儿子，你已长大成人，今后的路还很长，需要你一步一步地走下去。父母都希望你走好人生路，也坚信你能通过自己的努力奋斗，谱写一个完美的人生。

父亲

2014年

国家税务总局重庆市开州区税务局退休干部邱占科哥哥家书

家书创作说明

家书作者： 国家税务总局重庆市开州区税务局退休干部邱占科哥哥

写作时间： 1953 年 4 月 5 日

写作缘由： 这封信是邱占科的哥哥邱占银在 20 岁出头，参加中国人民志愿军入朝作战后，于 1953 年 4 月 5 日写给其叔父，即邱占科的父亲邱文顺的第二封家信。从家信中可以看出，邱占银同志觉悟很高，思想很先进，他在战场不怕牺牲，作战勇敢，同时也将保家卫国作为人生信仰，展现出志愿军的英雄气概。

叔父母大人：

敬前禀者无别。自从去年入朝与大人写回一封家信，不知大人收到没有，不知家庭生产怎样，不知身体健康吗？侄在朝鲜已在学习军事、政治。我的身体很好，生活很愉快，请叔父母不必挂念，我们在这次反击作战中已得到党和上级的教育培养，立了一个三等功，这是多么的光荣啊！希望叔父在家多多增加生产，支援前线打击敌人，争取和平的完全实现，仍要争取军属模范，希接后多写信联系，别念多叙。

家安！

侄

1953年4月5日

国家税务总局乐安市税务局退休干部曾庆云家书

家书创作说明

家书作者： 国家税务总局乐安市税务局退休干部曾庆云

写作时间： 2021 年 4 月 8 日

写作缘由： 曾庆云的儿子曾俊 2005 年 11 月参加税务工作以来，长期在税务基层一线工作并且作为基层一线骨干承担着大量的业务工作。2021 年，曾俊因感觉工作任务繁重、心理压力过大，收入水平也不高，同时看到身边的亲朋好友做生意都发达了，思想产生了迷惘，向单位提出了辞去公职申请。单位领导一边对曾俊进行思想疏导，一边通知其父曾庆云协助单位做通曾俊的思想工作，曾庆云在此次情况下给儿子写了这封家书。

俊儿：

近日，原单位同事给我讲，你因为感觉工作繁杂，压力过大，产生了思想困惑，有辞职离开单位的想法。作为父亲，我感到很惊讶，然而你也是近40岁的人了，也组建了自己的家庭，对待自己的未来规划也有自己的思量。我不想对你进行批评或者横加干涉，我只想把自己一生总结的几点体会给你交代一下，希望你能有所感悟，走出困惑。

一是明白自己努力工作是为了什么。在我那个年代，国家贫穷，家里人口多，吃不饱饭。我参军是为了减轻家庭的负担。在部队，党和国家培养了我，后来退伍转业到税务局工作，结婚、生子，生活过得越来越好，对我来说努力工作就是为了感恩，感谢党和国家对我的培养，使我有了现在家庭和美的生活。

二是明白自己真正需要的是什么。我一生做人的原则就是踏实做事，清白做人。钱是一个好东西，人人都喜欢，但也害人不浅。国家给我们的工作报酬不低，足够一家人的生活开支，一味去攀比金钱、追逐金钱往往反而被金钱所奴役，走上不归路。知足常乐、生活健康、家庭和美、多做实事、多做好事才是根本，才能安心，才能长久。

三是明白自己需要怎么去做。我从部队转业到税务部门，最开始不懂业务工作，也常常为了工作开展不顺而心烦气躁。后来静心反思，工作不顺、压力大的根本原因是自己对业务知识掌握程度不高。怎样才能提高工作能力和效率，没有捷径，唯有不断学习、不断充实，脚踏实地工作、沉心静气学习，才能从容做好各项工作。要善于从工作、生活中寻找内心的平衡和愉悦。做人实在，做事实在，为群众服好务，不仅是为了获得上级的表彰，只要用心工作、积极为群众排忧解困，群众对你认可，你就会发自内心地感到满足和愉悦，这就是最大的成就。

俊儿，父亲一生踏实做人、广做好事善事，不谋私利、不求回报，只望内心坦荡、家庭和谐、福延子孙。以上几点体会，希望对你有所帮助，望你从本心出发，对自己家庭负责，把握好自己的人生道路。

父亲

2021年4月8日

国家税务总局广安市税务局退休干部陈国忠家书

家书创作说明

家书作者：国家税务总局广安市税务局退休干部陈国忠

写作时间：2006 年 12 月 26 日

写作缘由：这是陈国忠在 2006 年 12 月即将退休时，写给儿子、女儿的信，陈国忠在信中给儿女写了三点家训：低调做事，用心做事，干净做事。为了传承红色基因，他写了这样一封情真意切的家书，一言一词饱含深情，既表达了自己对税收事业的热爱，又体现了一名老税干对工作在税收战线上的儿女的殷殷嘱托，他运用亲情的力量去感染、激励子女树立恪尽职守、廉洁自律的意识，用真情构筑起一道爱岗敬业、反腐倡廉的城墙。

陈波、陈红：

你们好！

明天就是我60岁的生日了，也代表着我即将离开我为之奋斗、为之感动、为之自豪的税务部门，真可谓别有一番滋味在心头。“岁月如歌弹指过，光阴似水不再来。”说实在的，这段时间来我思绪万千，心里更是难以平静，甚至带着几分感伤和惆怅，心中更多的是怀着对同事们的依依惜别和对税收工作的眷念，因为这里是我魂牵梦绕的地方，有我的事业，有一起工作的同事、朋友，还有我的昨天！

我17岁走上税务工作岗位，43年税龄，30年党龄。43年的时光，43年的冬去春来，为党的事业奋战一生，无怨无悔。同事们给予了我很多，给我留下了很多难忘而美好的回忆。虽然我即将离开工作岗位，但我的心里将永远怀揣着税收事业，永远将税收事业铭记在心中，因为在这团结紧张、严肃活泼的大家庭里，我经受了锻炼与考验，得到了理解、支持和帮助，得到了认同与温暖。

在退休之际，我将这么多年的工作体会和经验分享给你们，希望你们在各自从事的税务稽查、会计核算岗位上认真工作，择一行、干一行、终一生。

第一，低调做事。低调做事就是遵循规律，扎扎实实，这既体现一个人的作风，又反映一个人的心境。做事必须低下头、俯下身、沉下心，扎实、老实、踏实地做好每一件事情。

第二，用心做事。用心做事就是尽心尽力做事，这既反映一个人对待事业、对待工作的态度，也反映一个人的工作能力和水平。用心做事要有激情，激情是一种奋发向上的精神状态，激情饱满的人才会有强烈的职业责任和充沛的创造欲望，能执着地争创一流。用心做事要有责任，在其职尽其责，在其位谋其政。用心做事要有方法，做事的方法得当，就会收到事半功倍的效果，抓主要矛盾，抓重大问题，抓重点工作，要善于从纷繁复杂的工作任务中理出头绪，重点推进。

第三，干净做事。干净做事就是严于律己，兢兢业业做事，牢记使命并自觉培养良好的从业道德，正确行使权力。做到行使权力不为面子所障碍，不为压力所动摇，不为利益所左右，不为人情所困扰，恪守法律、道德、纪律三道底线。

以上就是我从税多年来的感悟，希望你们铭记于心。为父一生立党为公，不求私利，认真做事，踏实做人。多做好事，福留子孙，这是很要紧的，望你们能深刻体悟，把握好自己，走好自己的人生道路。

你们的父亲：陈国忠

2006年12月26日

国家税务总局遵义市红花岗区税务局退休干部陈云海家书

家书创作说明

家书作者： 国家税务总局遵义市红花岗区税务局退休干部陈云海

写作时间： 2022 年 8 月 1 日

写作缘由： 孙女好奇陈云海为什么会把自己老旧的军装保持整齐。陈云海觉得告诉孙女对军人身份的敬仰、对过去回忆的不舍与成长，年龄尚小的她是无法体会的。于是写了这封家书，希望长大的她能明白。

亲爱的妞妞：

你老是问我为什么衣柜里的绿色军装不曾见我穿过，却一直保持整齐无皱褶的样子。我一直不知道怎么给你这个小不点表达这层含义，便以这一封家书来给你说说外公难忘的入党故事。这还得从一张奖状说起。

1975年，作为一个农民的孩子，外公当兵来到部队。加入中国共产党，成了我热切期盼的一件大事。好在连队党支部时刻关注着我的每一个进步。果然，在当兵后的第二年我加入了共青团，第三年成了一名预备党员。在部队期间，我为了参加比武，每天坚持裸游5000米、武装游1000米。攀登就在营区的大礼堂进行，直径约为1米的圆形砖柱，每人每天要上下十多趟，一双崭新的胶鞋，没几天就得报废。脚和膝盖内侧的伤疤好了又破，破了又好。连续攀登一周，一条崭新裤子就会破损。功夫不负有心人，全军区九个侦察兵参赛队的比武，我班获得了侦察兵单兵战术比赛第二名的优异成绩。这就是所谓"一张奖状"。

亲爱的妞妞，或许外公现在和你说的这一切你还是不能明白，但外公希望你能明白，当下的生活是来之不易的。或许你不明白为什么你吃饱了饭，我还要让你吃掉饭碗中剩下的饭粒，或许你不明白为什么折纸飞机的纸我又将它重新铺好让你列算术，"廉洁、诚信、节约、向上"是外公一辈子的座右铭。谢谢你出现在我的晚年生活中，外公希望你一辈子快快乐乐，健康成长！

你的外公：陈云海

2022年8月1日

国家税务总局六盘水市税务局退休干部刘登高家书

家书创作说明

家书作者： 国家税务总局六盘水市税务局退休干部刘登高

写作时间： 2020 年 2 月 28 日

写作缘由： 刘登高的儿媳妇陈亚是贵州省六盘水市第二人民医院的一名医务工作者，2020 年疫情暴发高峰期间，她主动请缨，把不到周岁的二宝托付给了家人，勇赴武汉抗疫“主战场”。她到武汉后由于工作太忙很长一段时间顾不上和家里联系，家里人既是牵挂又是担心。但为了让孩子全心投入工作，作为孩子家长同时也是一名老党员的刘登高特以此家书鼓励她尽心尽力、不辱使命、平安归来。

孩子：

获悉你要去武汉支援抗疫工作，家中既欣喜又担忧。喜的是你作为一个白衣天使能够得到组织的信任和器重，成为疫情防控的“前行者”；喜的是在父母身边从未出过远门的你，在国家需要你的时候，你不惧危险，挺身而出，勇挑重担；喜的是曾经父母生病时只会嚎啕大哭的你，如今在组织的培养、个人的努力下，成为病毒来袭时的铜墙铁壁，保护着父母、保护着家人、保护着每一个需要帮助的人。忧的是你的二宝不满周岁，正是需要母亲的时候，你却不在她的身边，孩子多么可怜！

但是，孩子，你不仅是一名医护工作者，更是一名战士，我们全家人都支持你的决定，我们以你为荣，因为你们是疫情防控的“逆行者”。一方有难，八方支援。有了像你一样千千万万舍小家、为大家的医护人员的全力支持和鼎力相助，病人得到了更好的治疗。

此去武汉风险无可预料，你一定要服从团队领导的工作安排，严格执行疫情防控措施，配合协调好与同事的工作，你们不仅是工作伙伴，更是一个团队的战友，你们要互相鼓励、互相学习，工作认真再认真，确保工作圆满完成，不负组织的嘱托和信任。

家中一切安好，勿挂念！相约可共待，相聚可期！

家人：刘登高

2020年2月28日

国家税务总局黔东南苗族侗族自治州税务局退休干部马怀顺家书

家书创作说明

家书作者： 国家税务总局黔东南苗族侗族自治州税务局退休干部马怀顺

写作时间： 2022 年 2 月 6 日

写作缘由： 2022 年 2 月大年初二，马怀顺女儿一家回娘家省亲，在聊天的过程中提及母亲即将退休的话题。马怀顺总感觉爱妻吃不香、睡不好，终日闷闷不乐。他作为过来人，意识到爱妻不久后将要告别工作 36 年的税收岗位，难免黯然神伤，心里感到彷徨和无助。回想起曾经临退休的自己，也经历过失眠、焦虑等各种心理问题，也想起大部分干部临退休时对待工作的消极懈怠，为此，马怀顺想“写信”是特属于他们那个年代的浪漫，借用写情书的方式帮助爱妻度过这一段熬煎的日子，给予她精神鼓励，希望她不要感到迷惘和彷徨，站好最后一班岗，给年轻人做个好榜样。

吾妻卿卿：

在你即将退休的时候给你写这封信，是想以一个过来人的身份和你分享退休的感受，希望你不要感到迷惘和彷徨。我们作为税务人，为纳税人服务了一辈子，这是我们的荣幸。你虽然坚强嘴硬，但再硬也硬不过退休证。你再不可能坐在原来的办公室，去督促纳税人按期申报，去辅导纳税人发票应该怎么开。铁打的营盘流水的兵，不变的是“为国聚财、为民收税”的初心，变了的是我们逐渐苍老的容颜。

时间如白驹过隙，一晃即逝，转眼间我们青丝渐少，白发渐多，也到了含饴弄孙的年纪，回首艰难困苦，青春热血没有浪费。幸运的是家中老人健在，兄弟姊妹平安，子女工作顺心，孙子也已步入学堂。上奉养母亲尽孝，下操劳子女纷扰亦是人间一乐事，如今我们温饱都已无忧，千万不要盲目攀比，能按期退休已经是天大的幸福，要感恩知足。

早退晚退都得退，江山代有才人出，各领风骚数百年，这是自然规律。属于我们的税务时代已经过去了，一辈人有一辈人该做的事，剩下的工作就放心地交给年轻人了，相信他们会做得比我们更加出色，比我们更能创造出更大的辉煌。

愿你珍惜现在的时光，万不可因为要退休而松懈工作，要给年轻人做好榜样，站好最后一班岗。不要害怕，退休后你就有了大把时间来享受我们的余生，人生是一次漫长的旅行，我愿同你携手相伴，砥砺前行。

夫怀顺字

2022年2月6日

国家税务总局大姚县税务局退休干部毕乃玉家书

家书创作说明

家书作者：国家税务总局大姚县税务局退休干部毕乃玉

写作时间：2018 年 10 月 20 日

写作缘由：这是一名老税务干部、老党员在孙子考入税务系统工作，实现了“爷孙都是税务人”的夙愿而写给孙子的一封励志家书，字里行间都流露出爷爷对孙子的期望，望其将“忠厚担当，诚实守信，孝老敬亲，宽容待人，勤俭持家，饱读诗书，自强不息”的家风家训代代相传下去，殷切希望自己的后代成为社会有用之人。

吾孙敏敏：

你到税务局上班已近一个月了，作为你的爷爷，我非常高兴。你深知爷爷非常热爱税收事业，也希望儿孙们能有幸进入税务战线工作。现在，你实现了爷爷的夙愿。而我虽然退休多年，依然心系税务。闲暇之余把我从税多年的感悟与你分享，希望对你今后的成长有所帮助。

第一，要懂得感恩惜福。要感中国共产党的恩，珍惜今天的幸福生活。我们这一代人从新中国成立初的困难时期一路走来，亲身经历了中国共产党领导中国人民从站起来到富起来再到强起来的过程。而你们这一代生在新中国，长在红旗下，所经历的是物质生活富足，精神生活多彩的时代，没有吃过苦，受过饿。因此，爷爷要求你无论是现在还是将来，都不能忘记我们党的历史，要有政治信仰，做到爱国爱党，感党恩、听党话、跟党走。

第二，要持之以恒，加强学习，使自己尽快成长，成为税务战线的精兵强将。不但要学习税收业务，还要学习政治理论，二者不能厚此薄彼，只有政治素质与业务素质同步提升，才能干好税务工作。

第三，要遵纪守法，低调做人。我们的国家是法治国家，当下的社会是法治社会。只有崇法守纪，低调做人，高调干事，才能在工作生活中不犯错误，真正成为社会有用之人。

第四，要宽容待人，尊老爱幼。在单位上要与同事融洽相处，做老实人，干老实事，无论是老同志还是年轻同志都要尊重他们，用他们的优点来与自己的不足比较，做到包容他人。

第五，要艰苦朴素，勤俭节约，爱护公物。爱税如家，对一滴水、一张纸、一度电都要厉行节约，对单位财物、社会公物要倍加爱护，要自觉抵制违反公序良俗的行为。

吾孙敏敏，为爷一生，遵循上辈遗留“忠厚担当，诚实守信，孝老敬亲，宽容待人，勤俭持家，饱读诗书，自强不息”的家风家训做人做事，为国家、社会尽责，尽自己本分。望你阅信后深刻领悟爷爷初衷，对你今后人生之路有所帮助。

此致

爷爷：毕乃玉

2018年10月20日

国家税务总局双江拉祜族佤族布朗族傣族自治县税务局退休干部赵周家书

家书创作说明

家书作者：国家税务总局双江拉祜族佤族布朗族傣族自治县税务局退休干部赵周

写作时间：2015 年 1 月 26 日

写作缘由：2015 年 1 月，习近平总书记来到大理洱海边的古生村，和村民拉家常，并和大家伙做了一个约定。赵周老家在云南省大理州古生村，习近平总书记在古生村调研时，赵周的弟弟有幸和总书记交谈握手。赵周对弟弟亲自聆听了总书记的教诲颇为羡慕，通过书写家书表达了自己爱党思乡之情。

弟：

你好！

你 1 月 21 日来电话说：“昨天上午习近平总书记来到我们古生村视察调研。”几天来我也一直重视和关心观看这一重大新闻。

习近平总书记说，我是第一次来到大理，从小就知道苍山洱海，很向往。看到你们的生活，我颇为羡慕，舍不得离开。习近平总书记与村民拉家常、聊民情、谈生产生活。习近平总书记还说，一定要把洱海保护好。习近平总书记强调，新农村建设一定走符合农村实际的路子，遵循乡村自身发展规律，注意乡土味道，保留乡村风貌，留得住青山绿水，记得住乡愁。

你我都到耄耋年龄，从我们懂事至今，如果没有中国共产党的领导，没有中国共产党的培养教育，没有党的好政策，我们哪来今天的幸福生活？特别你说与习近平总书记握手，一股暖流流遍全身，无比幸福自豪，要一辈子牢记这是最幸福的时刻，兄真羡慕你！望你一定牢记总书记的教导，与全村社员一道为保护好洱海，为建设好古生村做一点力所能及的事，把余热发挥好，和以往一样，一辈子报党恩、听党的话，坚定信念永远跟党走！我这边一切都好，勿念。

祝万事如意，身体健康！

兄：赵周

2015年1月26日

国家税务总局宝鸡市税务局退休干部常宗省家书

家书创作说明

家书作者：国家税务总局宝鸡市税务局退休干部常宗省

写作时间：2019 年 11 月 21 日

写作缘由：常宗省为扶风县税务局退休干部，系扶风县税务局在职干部常军芳的父亲。2019 年 11 月正值常军芳同志参加工作 20 周年，也是常宗省同志退休 15 周年之际，常宗省同志给女儿家书一封，从政治信仰、工作作风、廉洁自律、家风家教等方面悉心教诲，寄托了对女儿和家族的深切期许与厚望。

军芳吾女：

你参加工作已有廿载，恰逢我退休十五年，想着我为党工作几十年，从农村到城镇，从基层到机关，闲暇之余，常对自己的一生反思回顾，有几点重要的体会与你交代，望你能认真领会，落实于自身的工作和生活中。

第一，要有坚定的政治信仰和党性修养。一个人无信仰则无以立身，容易迷失方向。特别是我们这一代人，从新中国成立初的困难时期一路走过来，亲眼看到，亲身经历，在共产党的正确领导下，国家从积贫积弱走到了繁荣富强，城乡居民安居乐业，生活水平不断提高，几十年的实践证明中国共产党绝对是一个伟大、光荣、正确的党，国家的社会政治制度绝对是一个行之有效的制度。你也是一名党员干部，一定要爱党、爱国，坚定政治信念，提高政治站位，确保对党绝对忠诚，坚定不懈地听党的话，一心一意跟党走，不要在关键的时候迷失方向，掉链子、摔跟头。

第二，要牢固树立全心全意为人民服务的思想，作风要实。与我同期或更早期的老党员干部，他们都能深入基层、深入群众，了解群众想什么、盼什么、怨什么，迫切需要解决什么问题，都非常熟悉农村情况，能俯下身子，放下架子。做人实，做事实，脚踏实地干事实，与群众打成一片，在群众中有较高威望，所以，你要学会做群众工作，用心为群众排忧解难，勇于担当，当干部像一个干部，这才是做一个合格党员的基本要求，不要脱离群众、高高在上。

第三，一定要勤政廉政，廉洁自律。我一生做人的原则是为党尽忠，丝毫不染，只拿出，不拿入。钱是一个好东西，钱也害人不浅。许多事实反复证明，只想眼前利益，必定行不久远，何况现在国家给我们的报酬也不低，应该感谢党和政府，清清白白做人，明明白白做事，放下小我、知足常乐，为党和人民多做贡献，这才是正道，才是根本，才能安心，才能长久。

第四，要重视家风家教。子孙后代是否成才，关键看我们如何教育引导。我历来重视家风家教，对家人子女要求比较严厉，防止家人子女走歪路，害自己，连累人，这既是我们的家庭传统，也是保持家族兴旺昌盛的关键。现在我们家族年轻后辈众多，所以希望你们要树好模范教育子孙，一定要走正路，一代管好一代，一代带好一代，使好家风代代相传，发扬光大。

军芳吾女，为父一生立党为公，不求私利，多做好事，福留子孙，这是很要紧的，望你能深刻体悟，走好自己的人生道路。

你的父亲：常宗省

2019 年 11 月 21 日

国家税务总局宝鸡市税务局退休干部梁宗信家书

家书创作说明

家书作者： 国家税务总局宝鸡市税务局退休干部梁宗信

写作时间： 2021 年 9 月

写作缘由： 2021 年 9 月，在小孙子梁浩宸入幼儿园，大孙子梁晟轩升四年级，儿子梁栋岗位变动，调整到国家税务总局宝鸡市税务局第三税务分局担任副局长，儿媳妇沈延春在国家税务总局宝鸡市税务局第二稽查局担任执行股股长之际，作为老父亲的梁宗信给儿子梁栋写下了一封家书，意在提醒家中晚辈，无论在什么时间、什么地方，都要践行“德、俭、勤、能”的优良家风。父母是孩子的镜子，只有家风端正清澈，孩子们才能茁壮成长，希望好的家风能够世代传承！

栋：

光阴似箭，日月如梭。不知不觉你已经长大，转眼你已是两个孩子的父亲。

30多年来，你带给我的点点滴滴的感动与感恩能垒起一座高耸入云的山峰，但却湮没在饭菜带起的浓浓油烟和偶尔的冲突争执中，令那些深情的话无论如何斟酌措辞都难以开口诉说。但我心知岁月如流沙，花开堪折直须折，莫待无花空折枝。如今，我将这些一直不曾开口说的话语折成一只只小小的船儿，放在这封家书的长河上，让它们载着我对你所有的爱和感动，随着这封家书的长河漂漂荡荡，漂到你心里去。

一、关于道德

做一个有道德的人，这个说法并不新鲜，我主要是想说怎么做的问题。道德首先是一种实践，善良不仅存于内心。

记得有一次坐公交，我主动给一位老人让座。当时你说，没想到我会让座。我问你们，老师不就是这样教你们的？你们说是，只是觉得做的时候会不好意思。

我理解年轻人的这种心理，我第一次帮助别人的时候，也很在乎别人的眼光。现在想来，根本不必。一件好事，不存私利，有何担心，怕什么议论？生活中有很多小事，只要信手拈来，就是一种善行。

当你帮助别人时，不要吝啬。世界将因你的举手之劳，变得更加美好。爸爸受过别人的恩惠，我们要懂得反哺社会的道理。

二、关于节俭

俭是一种节俭有度的生活态度，是一种化繁为简的生活方式。

俭，节俭，司马光曾在《由俭事康》中说过：“由俭入奢易，由奢入俭难。”中国古代历代帝王总是因为挥霍无度而不理朝政，最终导致国家灭亡，曲终人散。所以生活节俭才能居安思危。

当我们养成节俭的习惯，就不容易被眼前花花绿绿的世界迷惑，也才能更专心做好每一件事情。

三、关于勤奋

自古以来，妇孺之间广为传颂的就是“业精于勤荒于嬉”！古人也常常将勤作为立家之本。

你从小就听说了《马兰花》的故事，便立志要做一个勤劳勇敢、善良纯朴的人，也一直坚持得很好。

我相信勤奋是为人的本分。勤，不仅是勤于学习，也是勤于思考，更是勤于脚踏实地地做人做事。

不贪便宜，朴实诚信，做一个本分的人。

四、关于能力

能力源于知识，知识使得人生拥有更多的可能。知识决定一个人的气质、趣味、眼界、欣赏水平、价值观……这些都是影响生活质量的关键因素。这些都是知识熏陶的结果，而不是金钱交换的产物。

如今你已工作，只有知识的积淀，才能彰显你的能力，才能让你走得更远。

五、关于家庭

家庭是圃，孩子是苗，孩子只有在父母营养雨露的浇灌下，才能成长得更健康、更强壮。父母是孩子的镜子，良好的家风培养了孩子良好的性情，熏陶了孩子出类拔萃的优良品格。这种无形的力量会影响并且教育孩子在社会上的为人处世和人生态度。只有家风端正清澈，文化才得以昌盛，国家才得以富强。

世界上有千千万万个家庭，自然也有千千万万种家风，虽然每个家庭的家风不尽相同，但是，我相信家风都是以真善美为核心的，践行着德、俭、勤、能。孩子只有在优良家风的熏陶下，才能出类拔萃。希望你们能将好的家风世代传承！

栋，说一千道一万，都不如你亲自去实践。爸爸不能教会你所有，也不能陪伴你一生。时光流逝，生命不会常在；总有一天，别离会成永远。希望这些建议能有益于你。无论何时何地，都要快乐幸福。你若安好，我便幸福！

父：梁宗信

2021年9月

国家税务总局杨凌示范区税务局退休干部杨浩仙家书

家书创作说明

家书作者： 国家税务总局杨凌示范区税务局退休干部杨浩仙

写作时间： 1995 年 6 月 3 日

写作缘由： 党旗飘飘，岁月悠悠。国家税务总局杨凌示范区税务局退休干部杨浩仙见证了在中国共产党的领导下国家和社会的沧桑巨变，对党有着极其深厚的感情。杨浩仙 1964 年加入税务队伍，在工作岗位上尽职尽责，32 年间见证了税收事业发展的艰辛与不易。

杨浩仙有 4 个儿女，当时粮少人多，一大家人天天吃上饱饭也较为不易。在老人心中，是中国共产党改变了国家的命运，也改变了她的命运，她这一辈子都难忘党的恩惠。所以她将这份感激之情付诸于党和国家的税收事业之中，将自己一生的热情与精力奉献在为民服务之上。杨浩仙也注重年轻干部的培养，对单位中的年轻人不断帮扶，悉心教导。对自己的儿女更是高标准、严要求，从小引导他们要忠于党、爱于国、情系民。

杨浩仙的儿子在不懈努力下也成为了一名税务工作者。从事税务工作的母亲，有好多话要叮嘱刚进入税务大家庭的儿子，便写了一封家书对儿子进行教导和鞭策。

这封写于1995年的家书，满载着杨浩仙对党和国家及税收事业的热爱之心，也饱含着她对儿子的殷切期盼。纸张之上是一缕绵绵不断的爱子之情，纸张之下是一颗拳拳爱党的税务之心。

亲爱的儿子：

作为妈妈，没有比看着孩子一点一滴成长，最终有了稳定的生活与工作更开心的事了。你已经成为一名税务干部，妈妈便以书信的方式与你进行一次谈话。我的孩子，作为入职新人，我希望你拼搏奋进、苦干实干。做好眼前事，干好手头事，敢担当，勇奋斗。在税务的热土上不断成长，不断去磨炼自己的意志、能力、胆识、作风，继往开来，努力成为勇于担当、能堪大用的栋梁之材。妈妈希望你学会坚持，保持谦卑，终身学习。

学会坚持。妈妈不要求你干惊天动地的事业，只希望你在工作中找到擅长的领域去努力，认准了就坚持下去。当然，你一定会遇到很多困难，不要半途而废。话说，万事开头难。在做一件事时，只要你咬紧牙关坚持住，无论多大困难，最终都会迎来胜利，迎来成功。希望你在觉得最困难的时候告诉自己，要认准方向，不要放弃，就像太阳一样，每天东升西落永远不失方向。

保持谦卑。葛洪说，劳谦虚己，则附之者众；骄慢倨傲，则去之者多。生活其实就像爬山过坎，翻过了这座山，下一座山可能更高更难。在爬山的过程中，一个人可能难以为继，需要有同行之人的帮助。要好好与同事相处，要尊重每一个人，要宽容，要谦让，发生矛盾首先反省自己，要懂得换位思考。即使受点委屈，也无关紧要，多理解旁人，保持谦卑之心，这样你会拥有较好的人际关系，有利于自身工作的展开。工作中若取得小小的成绩不要骄傲自满，一个优秀而谦卑的人，一定是有所为的人，一定能获得众多人的支持和帮助。这般的人，大都经历过磨难，遭遇过失利，去过很多地方，读过很多书，见过很多厉害的人，他们知道天外有天，人外有人，敬畏天地，明白自己的渺小。妈妈希望你同他们一样，见识越多，谦卑越多。

终身学习。当今世界，信息瞬息万变，竞争日趋激烈，兴衰很可能就在一夜之间。在这种情况下，就必须终身学习。特别是作为一名税务工作者，更要树立活到老学到老的思想。你现在参加工作了，学习仍不能停止，要把工作与学习结合起来，在干中学，在学中干，要下艰苦卓绝的功夫，唯有如此，才能不断增长自己的本领，才能更好地完成工作、服务群众。在做好本职工作的同时，要多读书、多看报，多钻研业务。要不断开阔自己的视野，提高自己的修养，增长自己的本领。只有学到了真本事，才能展现自身价值，得到旁人尊重。

祝愿一切顺利！

妈妈

1995年6月3日

国家税务总局湟中区税务局退休干部曹秀芝家书

家书创作说明

家书作者： 国家税务总局湟中区税务局退休干部曹秀芝

写作时间： 2022 年 3 月 15 日

写作缘由： 曹秀芝的女儿大学毕业后，通过公务员考试被招录到某县纪检部门工作。为弘扬“尊廉、倡廉、助廉”的家庭美德，曹秀芝以家书的形式教育引导女儿遵规守纪，清正廉洁，在多元的社会里始终追求光明、坚持真理，把自己融入新时代的洪流中与之同呼吸、共命运，通过自己的努力，做一个对社会有用的人。

亲爱的女儿：

如今，你通过自己的艰苦努力，如愿以偿地实现梦想，考到了外县纪委，从事纪检监察工作，使命光荣，责任重大。“业精于勤，荒于嬉；行成于思，毁于随”。你一定要以只争朝夕的精神风貌、时不我待的责任担当，以勤勤恳恳、踏踏实实，一丝不苟、敬业奉献的状态投入到工作中，以自己的不凡业绩践行初心，回报党、回报社会。为此，为母在这里多唠叨几句，给你新的人生再提个醒：

做一个事业执着、积极奋进的人。首先，要树立勇攀高峰的志气、涵养胸有成略的底气，在学习中增强意志力、坚忍力、自制力；其次，要从实践中淬炼自身，拒当“温室里的花朵”，勇于担苦、担难、担重、担险，才能培塑锲而不舍的坚忍力、自制力。切记“蹄疾步稳，方能致远”，要踏踏实实、笃志守恒、持之以恒地干，孜孜不倦地耕耘，从一点一滴中完善自己，正心明道。

做一个遵规守纪、履职尽责的人。党有党纪，国有国法。你刚上大学时，我和你父亲就坚决支持你入党。作为一名在红旗下成长的共产党员，要不忘初心、坚定信念，正确处理公与私、廉与腐、俭与奢、苦与乐的关系，把纪律和规矩意识内化于心、外化于行，不能感情用事。作为纪检干部，肩负党和人民赋予的职权，要把忠诚刻在心上，把责任扛在肩上，把纪律挺在前面。同时，权力是一把双刃剑，希望女儿你要知法守法，坚守好底线，做一个让组织满意、让群众称赞、让家人放心的人。

母亲：曹秀芝

2022年3月15日

国家税务总局格尔木市税务局退休干部韩立新家书

家书创作说明

家书作者： 国家税务总局格尔木市税务局退休干部韩立新

写作时间： 2022 年 8 月 18 日

写作缘由： 韩立新和老伴长期在西宁居住。2022 年 8 月，两位老人聊起女儿在德令哈市工作很是不易，虽然两地相距并不太远，但已有半年多未见面了。当时疫情形势严峻，他们很挂念在外地工作的女儿，于是写了一封家书。

致女儿：

女儿上班离家远，疫情期间甚挂念。

社会复杂有凶险，处事需要长心眼。

防范之心不可无，做人根本心良善。

遇事多思为什么，路有险阻须转弯。

书山有路勤为径，要看美景往高攀。

聚会切莫多喝酒，贪杯出丑会丢脸。

日子过好需勤奋，努力进取前途坦。

手中有钱底气足，无忧无虑心坦然。

靠人不如靠自己，自身强大最保险。

伴侣互信是基础，心底无私正三观。

兴趣爱好多培养，不良恶习绝不沾。

相互促进共携手，遇事协商勇承担。

目前疫情正肆虐，水灾地震也频繁。

日常防护要做好，时刻警惕保平安。

父母视孩如宝贝，天南地北永挂牵。

孩子出息家中福，劳禄父母方心安。

父亲：韩立新

2022年8月18日

国家税务总局石嘴山市惠农区税务局退休干部马维忠家书

家书创作说明

家书作者： 国家税务总局石嘴山市惠农区税务局退休干部马维忠

写作时间： 2001 年 2 月

写作缘由： “宁宁已经离家一年有余了，今年春节就剩下我们两个人啦，老头子！”妻子闪烁着泪花对马维忠说道。身为父亲的马维忠其实心里早已经抑制不住对儿子的思念，深夜，他坐在昏暗的灯光下，提笔又放下，心里五味杂陈。屋外的鞭炮声零星响起，思虑许久，马维忠终于落下沉重的笔触，写下“宁宁我儿”四字，他心里压抑了很久的思念之情在此刻悄然释放。这封仅有半页的信，马维忠足足写到了天亮。

宁宁我儿：

你入伍已经有一年多了，已正式成为中国人民武装警察部队的一员。犹记得送你参军那天，你那还没长大的脸上，眼里充满对未来的憧憬和对家人的留恋。看着穿上新军装站在我面前的你，感觉你一下子长大了，你能成为一名士兵，我们全家人都为你感到骄傲。

为期一年的新兵强化训练，你不仅坚强勇敢地挺过来了，还获得了“优秀士兵”的荣誉，部队已将喜报寄到家里，全家为你感到骄傲和自豪。我知道你在部队很苦很累，但是你已经成长为一名光荣而又坚强的中国人民武警战士。你要积极向上，服从部队领导安排和管理。部队是一所学校，希望你能磨砺出军人的坚定意志，吃苦耐劳，遵纪守法，做一名优秀的人民战士。

父

2001年2月

国家税务总局青岛市税务局
退休干部时文宜家书

家书创作说明

家书作者： 国家税务总局青岛市税务局退休干部时文宜

写作时间： 1984 年 9 月 17 日

写作缘由： 1984 年 9 月初，在辽宁大连服役的 24 岁的时文宜利用回青岛探亲之机，在家人的撮合下，与 22 岁的女军人（在青岛服役）孙月霞匆匆地见了两面。这是时文宜结束休假回到部队驻地后，于 9 月 17 日晚上写给女方的第一封信。在写此信以前，二人相隔千里，男方并没有给女方留下多少印象，而且女方在所在的部队中不乏追求者。但是时文宜的这封信，给女方留下了深刻的印象。工整的字迹笔墨展现了时文宜不仅是一名舍生忘死、保家卫国的钢铁男儿，更是一个有理想有抱负的好男人。信中透露出的睿智和柔情，让女方找到了知音。这封信，最后成就了一段美满婚姻，二人于 1986 年 10 月结婚。时文宜于 1997 年转业进入国税系统，2020 年 6 月退休。

月霞同志：

你好！

近来精神愉快、工作顺利吧？

我于本月16日晚平安抵连，一切顺利，勿念。这次回家能和你在一起畅谈，我很高兴。看来你是一位很有礼貌、有修养、知书达理的姑娘。在你们家我受到了你的盛情款待，我走时，你又不辞劳苦地跑远路送，真不知怎样感谢才好。

你给我留下了很好的印象，性格温顺、恬静、真诚而开朗，和你相识相处是很荣幸的。你也许能觉察得出，在你面前我的话特别多，有好多话题只开了头并没说完，我也不知这是怎么了，哪来的那么多的话。我时常提醒自己要少说话多做事，但事实往往不能如愿。和你谈话时，有没能注意的地方，请多多包涵、原谅。实际上，我也没有什么值得骄傲的地方，踏入社会，参加工作时间不长，实际工作经验少得可怜；待人接物、为人处世、礼节礼貌等很多方面还很欠缺，而你在这方面比我强得多，愿能得到你真诚的帮助和指导。青年人在一起，对理想、事业人生讨论得比较多。我们这里闲聊的人比较多，我又不愿把时间过多的耗费在这上面。他们找我，我会振振有词、高谈阔论，事后又觉得可笑，我哪有那么高的思想境界，也不过是说起来容易做起来难罢了。看来咱们很合得来，我们有类似的经历、相同的认知，可谓一拍即合，配合默契。在你面前我没感到有什么拘束。直言不讳、滔滔不绝，无非是想表白自己，让你充分地了解我、认识我、理解我。唉！要让别人了解认识，仅靠几次谈话，谈何容易。

月霞，我理解你希望改变目前处境，渴望学习、深造的心情，不知我能否帮你什么？只要你愿意，我愿尽自己的最大努力帮助你。人就应该这样不满足现状，永无止境地追求，把学习作为一生中的主要任务。只是考虑和叹息是没有用的，应设法寻找创造一个学习条件，当机立断，做某些暂时必要的牺牲也可以。不妨可先假设确定一个主攻方向，比如二年后考上电大，有了目标压力，学习会很快上来的。看来，我要帮你，那就应尽快调回青岛了。现在你需要什么？书籍一类我可全部提供给你，过两天给你发一批书，还需什么望尽快来信告之，我好着手准备。

我们两家的老人对我们的事情很热心，抱有很大的期望。我希望我们不要辜负了她们的期望，伤老人们的心。当然，老人们可能把事情考虑得过于简单。我们可不能把终身大事当儿戏，应该对别人、对自己负责，你说对吧？我们全家都喜欢你，东屋大娘也说你好，几天的接触已说明确实不错，但愿咱们能相知、相熟、增进相互了解，逐步加深纯洁的友谊。祝愿你在学习工作上双获丰收。

我这两天的工作学习情况一切尚好，计算机班已开课，我将去听课。实际上以前在学校学过，再学一遍还会有新的收获，另外正筹备一个高中数学班，我暂不上课，由另一位教员上。别无他事。

代问你母亲和东屋大娘好，谢谢她们！

此致！

时文宜

1984年9月17日晚

国家税务总局深圳市盐田区税务局退休干部邓汝金家书

家书创作说明

家书作者： 国家税务总局深圳市盐田区税务局退休干部邓汝金的岳父黄翔

写作时间： 1956 年 9 月 28 日

写作缘由： 1976年9月，在邓汝金结婚前夕，其岳父黄翔（东江纵队老战士）与其进行了一次语重心长的谈话。岳父讲到，你们马上就要成家了，希望你们要承担起应负的各种责任。我们的家庭是清贫的无产阶级革命家庭，没有什么丰厚的钱财礼品相送，只有一封真心实意的家书相赠，请你们在结婚当天打开阅读、学习，并在以后的工作和生活中身体力行，以实现自己的人生价值。邓汝金同志一直珍藏着这个宝贵的礼物，始终把它作为座右铭和行动指南，提醒自己树立正确的人生观、价值观，谨记一位老革命的希望和嘱托，做一个对国家社会有用的人。

青年人：

最重要的是朝气，最可恨的是虚伪；

最可贵的是诚实，最完蛋的是享受；

最光荣的是劳动，最细致的是工作；

最神圣的是学习，最高尚的是风格；

最不易的是沉着，最开阔的是胸怀；

最可怕的是骄傲，最开朗的是性格；

最可耻的是安逸，最宝贵的是时间。

爸爸：黄翔

1956年9月28日